Manitou Hun

Comportement de l'interface d'un bicouche de chaussée urbaine

Manitou Hun

Comportement de l'interface d'un bicouche de chaussée urbaine

Influence de l'eau sur le décollement d'une interface entre béton de ciment et enrobé bitumineux par flexion

Presses Académiques Francophones

Impressum / Mentions légales
Bibliografische Information der Deutschen Nationalbibliothek: Die Deutsche Nationalbibliothek verzeichnet diese Publikation in der Deutschen Nationalbibliografie; detaillierte bibliografische Daten sind im Internet über http://dnb.d-nb.de abrufbar.
Alle in diesem Buch genannten Marken und Produktnamen unterliegen warenzeichen-, marken- oder patentrechtlichem Schutz bzw. sind Warenzeichen oder eingetragene Warenzeichen der jeweiligen Inhaber. Die Wiedergabe von Marken, Produktnamen, Gebrauchsnamen, Handelsnamen, Warenbezeichnungen u.s.w. in diesem Werk berechtigt auch ohne besondere Kennzeichnung nicht zu der Annahme, dass solche Namen im Sinne der Warenzeichen- und Markenschutzgesetzgebung als frei zu betrachten wären und daher von jedermann benutzt werden dürften.

Information bibliographique publiée par la Deutsche Nationalbibliothek: La Deutsche Nationalbibliothek inscrit cette publication à la Deutsche Nationalbibliografie; des données bibliographiques détaillées sont disponibles sur internet à l'adresse http://dnb.d-nb.de.
Toutes marques et noms de produits mentionnés dans ce livre demeurent sous la protection des marques, des marques déposées et des brevets, et sont des marques ou des marques déposées de leurs détenteurs respectifs. L'utilisation des marques, noms de produits, noms communs, noms commerciaux, descriptions de produits, etc, même sans qu'ils soient mentionnés de façon particulière dans ce livre ne signifie en aucune façon que ces noms peuvent être utilisés sans restriction à l'égard de la législation pour la protection des marques et des marques déposées et pourraient donc être utilisés par quiconque.

Coverbild / Photo de couverture: www.ingimage.com

Verlag / Editeur:
Presses Académiques Francophones
ist ein Imprint der / est une marque déposée de
OmniScriptum GmbH & Co. KG
Heinrich-Böcking-Str. 6-8, 66121 Saarbrücken, Deutschland / Allemagne
Email: info@presses-academiques.com

Herstellung: siehe letzte Seite /
Impression: voir la dernière page
ISBN: 978-3-8416-2036-1

Copyright / Droit d'auteur © 2013 OmniScriptum GmbH & Co. KG
Alle Rechte vorbehalten. / Tous droits réservés. Saarbrücken 2013

École Centrale de Nantes

ÉCOLE DOCTORALE

SCIENCES POUR L'INGENIEUR, GEOSCIENCES, ARCHITECTURE

Année 2012   N° B.U. : ....

Thèse de DOCTORAT

Spécialité : GENIE CIVIL

Présentée et soutenue publiquement par :

MANITOU - HUN

le 29 octobre 2012
à l'Institut Français des Sciences et Technologies des Transports, de l'Aménagement et des réseaux (IFSTTAR), Nantes

TITRE

INFLUENCE DE L'EAU SUR LE DÉCOLLEMENT D'UNE INTERFACE PAR FLEXION D'UN BICOUCHE DE CHAUSSÉE URBAINE

JURY

Président	: Marc FRANÇOIS	Professeur, Université de Nantes
Rapporteurs	: Emmanuel FERRIER	Professeur, IUT Lyon 1
	Gilles FORET	Professeur, École des Ponts ParisTech
Examinateurs	: Armelle CHABOT	Chargée de Recherche, LUNAM Université, IFSTTAR
	Ferhat HAMMOUM	Directeur de Recherche, LUNAM Université, IFSTTAR
	Anne MILLIEN	Maître de Conférence, Centre Universitaire de Génie Civil à Égletons
Invités	: Nicolas MOËS	Professeur, École Centrale de Nantes
	Jean-Luc GAUTIER	Directeur du Centre d'Expertise et de Documentation, COLAS

Directeur de thèse : Ferhat HAMMOUM
Laboratoire   : IFSTTAR
Co-encadrant   : Armelle CHABOT
Laboratoire   : IFSTTAR

N° ED 498.238

INSTITUT FRANÇAIS
DES SCIENCES
ET TECHNOLOGIES
DES TRANSPORTS,
DE L'AMÉNAGEMENT
ET DES RÉSEAUX

Thèse de doctorat

Soutenue le 29 octobre 2012

Influence de l'eau sur le décollement d'une interface par flexion d'un bicouche de chaussée urbaine

par **Manitou HUN**

en vue de l'obtention du titre de docteur de

l'**École Centrale de Nantes** dans le cadre de

l'**École Doctorale SPIGA n° 498 au SIE**

Structure de recherche d'accueil : **Groupe MIT, Département MAT**
UR-Structures, Département IM

À mes parents, mon frère, ma sœur et ma belle-sœur.

> Imagination is more important than knowledge. For knowledge is limited to all we now know and understand, while imagination embraces the entire world, and all there ever will be to know and understand.
>
> Albert Einstein, *American Physicist (German born)*, 1879 - 1955

Remerciements

Cette thèse s'inscrit dans le cadre d'Allocation de Recherche du LCPC/IFSTTAR (Laboratoire Central des Ponts et Chaussées/Institut Français des Sciences et Technologies des Transports, d'Aménagement et des Réseaux) dans l'Opération de Recherche CCLEAR dirigée par Ferhat Hammoum, Directeur de Recherche à l'IFSTTAR. J'aimerais d'exprimer en avant-propos les remerciements adressés à l'ensemble des personnes ayant contribué à l'aboutissement de ce travail de thèse.

Toute ma reconnaissance et mon admiration pour Ferhat Hammoum, mon directeur de thèse, et en particulier pour Armelle Chabot, mon encadrant de thèse, au dynamisme infatigable, qui m'ont guidé par leur judicieux conseils, encouragé et soutenu pendant toute la durée de cette thèse.

Je tiens à remercier le Professeur Emmanuel Ferrier du Département de Génie Civil de l'Université de Lyon 1, ainsi que le Professeur Gille Foret de l'École des Ponts ParisTech, d'avoir accepté la lourde tâche de rapporter cette thèse.

Toute ma gratitude s'adresse également à Anne Millien, Maître de Conférence au Centre Universitaire de Génie Civil à Égletons, qui m'a fait l'honneur de participer au jury de cette thèse. J'y associe le professeur Marc François, de l'Université de Nantes qui m'a fait l'honneur de présider mon jury. Un grand remercie à Nicolas MOËS, Professeur à l'École Centrale de Nantes et Jean-Luc GAUTIER, Directeur du Centre d'Expertise et de Documentation au COLAS, pour m'avoir accepté mon invitation de soutenance.

Mes plus vifs remerciements vont également à Jean-Michel Piau, Pierre Hornych, Jean-Pierre Kerzreho et Caroline Mauduit, les membres de mon comité de suivi, pour m'avoir apporté des idées et des conseils précieux de leur brillant esprit d'analyse.

Je tiens à remercier vivement Pop Octavian, Maître de Conférence, et Christophe Petit, Professeur au Centre Universitaire de Génie Civil à Égletons, de m'avoir accueilli pendant un séjour de deux semaines au sein de leur équipe.

Je tiens à cette occasion à remercier Jean-Marc Molliard, Chargé de Recherche à l'IFSTTAR et Sofiane Guessasma, Chercheur à l'INRA Nantes, de m'avoir donné des conseillés sur des techniques de mesures par l'analyse d'images.

J'adresse toute la reconnaissance envers les personnels du groupe MIT-

Département Matériaux et UR-Structure, Département IM, pour m'avoir accueilli chaleureusement, pour m'avoir apporté une aide quotidienne, pour leur sympathie et leur bonne humeur. Un grand merci aux techniciens du groupe, Jean-Luc Geffard, Olivier Burban, Jean-Philippe Terrier, Anthony Cussonneau, Sébastien Buisson, pour leur aide à la fabrication de mes éprouvettes d'essai. Un grand merci également à Jacques Kerveillant pour m'avoir aidé quand j'ai rencontré des problèmes informatiques même si je n'étais pas dans son équipe, et surtout pour avoir corrigé ma langue française. J'adresse également mes plus vifs remerciements à Stéphane Trichet pour sa sympathie, sa disponibilité et pour m'avoir apporté des solutions sur mon essai de laboratoire.

Je tiens à remercier vivement David Hamon pour m'avoir aidé sur la première conception du montage de l'essai. Je n'oublierais pas de remercier Jean-Noël Velien qui m'a aidé lors de ma campagne expérimentale et pour ses coups de scie magiques de mes éprouvettes.

Ma reconnaissance va également à Louis-Marie Cottineau, Fabrice Blaineau, Alain Grosseau, Jean-Philippe Gourdon et Christophe Bezias qui m'ont aidé pour la construction du montage de mon essai en laboratoire. J'adresse également mes sincères remerciement à Jean-Luc Sorin pour sa disponibilité, son aide, son conseil sur le plan technique de mesure et de conception de l'essai.

J'aimerais remercier également Nathalie Boutet et Sylvain Moreira du Laboratoire Régional des Ponts et Chaussées à Angers, qui m'ont aidé à fabriquer des plaques d'enrobé avec une bonne qualité.

Je tiens à saluer une dernière fois mes collègues doctorants, Saannibe-Ciryle Somé, Eric Gennesseaux, Antoine Martin, Mariane Audo, Layella Ziyani, Juliette Sohm qui m'a partagé son bureau pendant 1 an et tous les autres, et sans oublier les footballeurs de l'IFSTTAR; pour ces merveilleuses années passées ensemble. Je me souviens bien sûr de mes amis cambodgiens, Keang Sè, Sam Ath, Tithya, Sok Chea, Vengny, Nipaul, Solin d'avoir partagé de moments de joie mais aussi de stress.

Enfin, j'aimerais ici remercier profondément de tout mon cœur mes parents, mon frère, ma sœur et ma belle-sœur, qui m'ont aidé pendant cette période de ma vie : pour leur soutien moral, pour leur encouragements et leur soutien sans faille. Un grand merci à ma sœur pour prendre soin de maman alors que je suis loin de mon pays natal. Je souhaite également rendre hommage à mon père qui j'aime de tout mon cœur.

Résumé

Afin d'investiguer les mécanismes de décollement de chaussées urbaines, cette thèse se concentre sur leurs caractérisations en laboratoire. Dans ce travail, il s'agit de savoir si la présence d'eau (par infiltration dans les matériaux) combinée à des sollicitations mécaniques de flexion peut jouer un rôle dans la détérioration des interfaces couplant plus particulièrement du béton de ciment à de l'enrobé bitumineux. Un essai de flexion 4 points permettant de générer de la rupture d'interface en mode mixte (mode I et II) est choisi a priori et adapté. L'analyse mécanique de l'essai est menée en déformations planes à l'aide d'un Modèle élastique Multiparticulaire à Matériaux Multicouches spécifique dédié à l'étude des effets de bords dans les structures multicouches en flexion, le M4-5n. Le problème écrit analytiquement et résolu sous Scilab permet d'optimiser la géométrie des éprouvettes afin de favoriser le délaminage. Le montage de l'essai est mis au point en laboratoire. Des éprouvettes bicouches Alu/PVC sont utilisées pour calibrer le montage. Un aquarium spécifique est construit afin de pouvoir immerger les éprouvettes lors des essais sous eau. Les résultats expérimentaux mettent en évidence l'effet de la température sur la résistance de l'interface. Les techniques de corrélation d'images numériques sont utilisées pour mesurer expérimentalement les déplacements d'ouverture et de glissement de fissure. Ces techniques permettent de déterminer les facteurs d'intensité de contraintes et les taux de restitution donnés par Dundurs. Ces valeurs sont comparées avec succès à celles du M4-5n. À 20 °C sous eau, les essais montrent que l'eau privilégie le processus de décollement.

Mots-clés : décollement, effet de l'eau, flexion 4 points, M4-5n, corrélation d'images numériques, chaussée

SOMMAIRE

Remerciements · v

Résumé · vii

Sommaire · viii

Table des matières · x

Table des figures · xvi

Liste des tableaux · xxiii

INTRODUCTION GÉNÉRALE · xxv

I ANALYSE BIBLIOGRAPHIQUE   **1**

    1 CONTEXTE ET PROBLÉMATIQUE DES CHAUSSÉES COMPOSITES · 3

    2 BIBLIOGRAPHIE SUR LES ESSAIS EN LABORATOIRE ET MODÈLES POUR ÉTUDIER LA FISSURATION ET LE DÉCOLLEMENT · 33

II ESSAI DE DÉCOLLEMENT D'UN BICOUCHE EN FLEXION 4 POINTS   **69**

    3 ANALYSE MÉCANIQUE DE L'ESSAI · 73

    4 MISE AU POINT DE L'ESSAI DE DÉCOLLEMENT ET VALIDATION DU M4-5n · 95

III RÉSULTATS ET ANALYSE DES ESSAIS DE FLEXION 4 POINTS SUR BICOUCHE DE CHAUSSÉE   117

5 SYNTHÈSE DES RÉSULTATS D'ESSAI HORS EAU · 119

6 EFFET DE L'EAU SUR LA TENUE DE COLLAGE · 137

CONCLUSION GÉNÉRALE ET PERSPECTIVES   167

7 CONCLUSION GÉNÉRALE ET PERSPECTIVES · 167

BIBLIOGRAPHIE   175

Bibliographie · 175

ANNEXES   193

A DESCRIPTION DES MATÉRIAUX DE L'ÉTUDE · 193

B DESCRIPTION DE LA FABRICATION DE L'ÉPROUVETTE BICOUCHE · 203

C APPLICATION DU M4-5N EN DÉFORMATION PLANE · 209

D APPLICATION DU M4-5N SUR L'ESSAI DE FLEXION 4 POINTS BICOUCHE · 221

E DISPOSITIF EXPÉRIMENTAL DE L'ESSAI DE FLEXION 4 POINTS · 247

Table des matières

Remerciements   v

Résumé   vii

Sommaire   viii

Table des matières   x

Table des figures   xvi

Liste des tableaux   xxiii

INTRODUCTION GÉNÉRALE   xxv

I ANALYSE BIBLIOGRAPHIQUE   1

1 CONTEXTE ET PROBLÉMATIQUE DES CHAUSSÉES COMPOSITES   3
- 1.1 Introduction 3
- 1.2 Composition d'une structure de chaussée 3
- 1.3 Les differents types de structures de chaussée 5
- 1.4 Structures composites de chaussée inverses 7
  - 1.4.1 Béton Armé Continu sur Grave Bitume (BAC/GB) 8
  - 1.4.2 Béton de ciment mince collé (BCMC) 10
- 1.5 Les sollicitation dans les chaussées 12
  - 1.5.1 L'effet du trafic 12
  - 1.5.2 L'effet de la température 14
  - 1.5.3 L'effet de l'eau 15
- 1.6 Les dégradations des chaussées 19
  - 1.6.1 Dégradations par arrachement de matériaux en surface 19
  - 1.6.2 Mouvements de matériau 19
  - 1.6.3 Orniérage 19
  - 1.6.4 Fissuration et décollement 20
    - 1.6.4.1 Différents formes et motifs de fissuration 20

		1.6.4.2	Fissuration de fatigue des matériaux bitumineux .	22
		1.6.4.3	Fissures de vieillissement	22
		1.6.4.4	Fissuration de retrait	22
		1.6.4.5	Phénomène de fissuration réflective	23
		1.6.4.6	Fissures liées aux mouvements du sol support	25
		1.6.4.7	Fissures de construction	25
		1.6.4.8	Dégradations des chaussées BCMC	26
1.7	Effet de l'état d'interface			27
	1.7.1	Comparaison des effets du trafic et de la température sur différentes textures de surface du béton de ciment		29
	1.7.2	Effet de la température sur la résistance d'interface		31
	1.7.3	Effet de la teneur en eau sur la résistance d'interface		32
1.8	Bilan			32

2 BIBLIOGRAPHIE SUR LES ESSAIS EN LABORATOIRE ET MODÈLES POUR ÉTUDIER LA FISSURATION ET LE DÉCOLLEMENT   33

2.1	Introduction			33
2.2	Essai de caractérisation de l'effet de l'eau			33
	2.2.1	Essai Duriez NF EN 12697-12		33
	2.2.2	Essai de cisaillement coaxial (CAST)		34
	2.2.3	Essai de tenue au gel/dégel		35
2.3	Les essais de caractérisation de décollement			36
	2.3.1	Superpave Shear Test (SST)		37
	2.3.2	Essai de double cisaillement		38
	2.3.3	Essai de cisaillement direct		39
	2.3.4	Dispositif d'essai ASTRA		40
	2.3.5	Dispositif d'essai LPDS		41
	2.3.6	Essai de fendage par coin "Wedge Spitting Test"		41
	2.3.7	Les essais de flexion		43
		2.3.7.1	Essai de Poutre Console en Fatigue (EPCF)	43
		2.3.7.2	Essai de flexion 3 points	44
		2.3.7.3	End Notch Flexure (ENF) test	45
		2.3.7.4	Essai de flexion 4 points	45
2.4	Synthèse de la résistance mécanique de l'interface de BCMC			46
2.5	Modèles pour analyser la rupture d'un bicouche en flexion 4 points			47
	2.5.1	Modèles Multiparticulaires des Matériaux Multicouches M4-5n		47
	2.5.2	Mécanique de la rupture		56
		2.5.2.1	Taux de restitution d'énergie	56
		2.5.2.2	Critère de stabilité d'une fissure	66
2.6	Bilan et objectifs de la thèse			66

II ESSAI DE DÉCOLLEMENT D'UN BICOUCHE EN FLEXION 4 POINTS   69

3 ANALYSE MÉCANIQUE DE L'ESSAI   73
- 3.1 Introduction 73
- 3.2 Application du M4-5n 74
  - 3.2.1 Notations 74
  - 3.2.2 Écriture du système d'équations principales à résoudre 74
  - 3.2.3 Méthode de résolution du système principal 75
  - 3.2.4 Obtention des efforts d'interface 78
  - 3.2.5 Convergence numérique 80
  - 3.2.6 Effet du poids propre de la couche 1 sur les contraintes d'interface 80
  - 3.2.7 Calcul du taux de restitution d'énergie 81
    - 3.2.7.1 Méthode énergétique 82
    - 3.2.7.2 Méthode de fermeture virtuelle de fissure (VCCT) . 84
- 3.3 Validation des solutions du M4-5n appliquées à l'essai de flexion 4 points par comparaison avec des simulations EF 87
- 3.4 Optimisation de la géométrie pour favoriser le délaminage de l'éprouvette 89
  - 3.4.1 Dimensions initiales 89
  - 3.4.2 Critères d'optimisation 89
    - 3.4.2.1 Effet du rapport des modules d'Young 90
    - 3.4.2.2 Effet de la variation de la longueur a_2 ... 91
    - 3.4.2.3 Effet de l'espacement des forces extérieures L_{FF} .. 93
- 3.5 Bilan 94

4 MISE AU POINT DE L'ESSAI DE DÉCOLLEMENT ET VALIDATION DU M4-5n   95
- 4.1 Mise au point expérimentale de l'essai de flexion 4 points bicouche .. 95
  - 4.1.1 Description du dispositif expérimental 95
  - 4.1.2 Matériaux étudiés 99
    - 4.1.2.1 Béton Bitumineux Semi-Grenu (BBSG) 99
    - 4.1.2.2 Béton de ciment 100
  - 4.1.3 Préparation des éprouvettes bicouches de chaussées 101
- 4.2 Vérification du fonctionnement de l'essai sur l'éprouvette Alu/PVC .. 102
- 4.3 Technique de mesure de propagation de fissure 105
  - 4.3.1 Principe de la méthode DIC 106
    - 4.3.1.1 Calcul du cœfficient de corrélation 106
    - 4.3.1.2 Outils pour l'analyse d'image 108
    - 4.3.1.3 Préparation de la surface 108

		4.3.2	Application de la méthode DIC	109

        4.3.3   Premier résultat obtenu avec la méthode DIC sur l'éprouvette Alu/PVC 110

               4.3.3.1   Déplacement et déformation 110

               4.3.3.2   Facteurs d'intensité de contraintes et taux de restitution d'énergie 112

        4.3.4   Prévision de longueur de décollement par le M4-5n 116

  4.4   Bilan 116

III RÉSULTATS ET ANALYSE DES ESSAIS DE FLEXION 4 POINTS SUR BI-COUCHE DE CHAUSSÉE   117

5 SYNTHÈSE DES RÉSULTATS D'ESSAI HORS EAU   119

  5.1   Description du programme d'essai 119

  5.2   Identification et observation des modes de rupture 120

  5.3   Analyse des courbes expérimentales 127

  5.4   Analyse des résultats expérimentaux par simulation EF 132

  5.5   Bilan de la première campagne expérimentale 133

6 EFFET DE L'EAU SUR LA TENUE DE COLLAGE   137

  6.1   Description du programme d'essai 137

  6.2   Protocole de saturation des éprouvettes 138

  6.3   Essais sur éprouvette monocouche béton 139

  6.4   Essais sur éprouvettes bicouches béton/enrobé 141

        6.4.1   Modes de rupture obtenus 142

        6.4.2   Courbes charge-flèche et charge-déformation 146

        6.4.3   Résultats des mesures par la méthode de DIC 146

               6.4.3.1   Déplacement et déformation 147

               6.4.3.2   COD et CSD 153

               6.4.3.3   Longueur critique de fissure à l'interface 159

        6.4.4   Observation de l'influence du temps d'immersion sur le décollement de l'interface 160

        6.4.5   Détermination des facteurs d'intensité de contraintes et du taux de restitution d'énergie 160

        6.4.6   Détermination de l'énergie de rupture des éprouvettes bicouches béton/enrobé 161

  6.5   Conclusion 162

CONCLUSION GÉNÉRALE ET PERSPECTIVES 167

7 CONCLUSION GÉNÉRALE ET PERSPECTIVES 167

BIBLIOGRAPHIE 175

Bibliographie 175

ANNEXES 193

A DESCRIPTION DES MATÉRIAUX DE L'ÉTUDE 193
A.1 Béton bitumineux semi-grenu 193
A.1.1 Résultats du module complexe de l'enrobé 193
A.1.2 Modélisation pour obtenir des coefficients du modèle Huet-Sayegh 200
A.2 Béton de ciment 201

B DESCRIPTION DE LA FABRICATION DE L'ÉPROUVETTE BICOUCHE 203
B.1 Réalisation de l'éprouvette type I : BC/EB 203
B.1.1 Fabrication de la couche du BBSG 203
B.1.2 Fabrication de la couche de béton de ciment 204
B.2 Réalisation de l'éprouvette type II : EB/BC 205
B.3 Sciage des plaques pour obtenir la bonne géométrie de l'éprouvette 207
B.4 Réalisation de l'éprouvette Alu/PVC 207

C APPLICATION DU M4-5N EN DÉFORMATION PLANE 209
C.1 Définition des champs inconnues appliqué au problème 2D 209
C.1.1 Hypothèse d'étude en déformation plane 209
C.1.2 Les déplacements moyens 210
C.1.3 Les déformations généralisées 210
C.1.4 Les efforts généralisés 210
C.1.5 Les équations d'équilibre 210
C.1.6 Les équations de comportement des couches et de l'interface 210
C.1.7 Les équations algébriques 211
C.1.8 Les équations différentielles 212
C.2 Généralisation des équations 215
C.3 Réduction du système 218

D APPLICATION DU M4-5N SUR L'ESSAI DE FLEXION 4 POINTS BI-COUCHE 221
D.1 Les conditions aux limites 221

D.1.1 Pour la zone I 221
D.1.2 Pour la zone II 223
D.1.3 Pour la zone III 225
D.2 Adimensionnalisation du système à résoudre 226
D.3 Résolution du système d'équations différentielles 227
D.4 Résolution numérique 228
D.5 Obtention des inconnues secondaires 232
D.5.1 Correction de l'erreur 233
D.5.1.1 Erreur sur Φ_1^i 234
D.5.1.2 Erreur sur U_1^i 235
D.6 Calcul de l'énergie de déformation 235
D.7 Confrontation des résultats : M4-5n avec éléments finis 240
D.7.1 Définition des efforts généralisés éléments finis 240
D.7.2 Définition des efforts généralisés éléments finis 241
D.7.3 Comparaison des contraintes de cisaillement et d'arrachement 242
D.7.4 Comparaisons des champs d'efforts EF et des champs analytiques du M4-5n 243
D.7.4.1 Effort membranaire de la couche i 243
D.7.4.2 Moment membranaire de la couche i 243
D.7.4.3 Effort tanchant de la couche i 244
D.7.4.4 Contrainte σ_{xx} de la couche i 245
D.7.5 Comparaisons des champs de déplacements EF et des champs analytiques du M4-5n 245
D.7.5.1 Déplacement membranaire transverse de la couche i 245
D.7.5.2 Déplacement vertical de la couche i 245
D.7.5.3 Rotation de la couche i 245

E DISPOSITIF EXPÉRIMENTAL DE L'ESSAI DE FLEXION 4 POINTS 247
E.1 Description des matériels utilisés 247
E.2 Préparation de jauge 247
E.3 Préparation de surface de l'éprouvette pour DIC 248

TABLE DES FIGURES

1	Fissure au coin de dalle BCMC - Arrêt de Plessis Tison, Bd Jules Verne, Nantes, France	xxv
2	Fissure au coin de dalle BCMC - Minnesota, USA [Burnham, 2005]	xxvi
1.1	Terminologie de la chaussée	4
1.2	Exemple de profil en travers d'une chaussée en BAC [CIMbéton, 2009] ..	9
1.3	Diagrammes de contrainte illustrant le fonctionnement mécanique des structures-types catalogue 1998 et d'une structure composite [CIMbéton, 2009]	9
1.4	Illustration de préfissuration de la couche de BCMC	10
1.5	Influence de l'espacement des joints sur le BCMC [CIMbéton, 2004]	11
1.6	Influence du collage sur le diagramme des contraintes [CIMbéton, 2004] .	11
1.7	Influence de l'épaisseur résiduelle de la couche bitumineuse sur le BCMC [CIMbéton, 2004]	12
1.8	Chaussée BCMC - Arrêt de Plessis Tison, Bd Jules Verne, Nantes, France .	12
1.9	Schéma de fonctionnement d'une structure de chaussée sous l'application d'une charge roulante [Di Benedetto and Corté, 2005]	13
1.10	Effet de la température sur la structure de chaussée [Di Benedetto and Corté, 2005]	14
1.11	Series de nid de poule dans les bandes de roulement [Mauduit et al., 2007]	15
1.12	Mouvement d'eau dans une chaussée [O'Flaherty, 2002]	16
1.13	Schéma d'une rupture (a) adhésive ; (b) cohésive	16
1.14	Dégradation causée par action du trafic et effet de gel et de dégel	17
1.15	Différence de quantité d'eau infiltrant dans la surface scellée et non scellée [Vandenbossche et al., 2011]	18
1.16	Différents aspects des fissures : A) fissure franche linéaire ; B) fissure en branche ou dédoublée ; C) fissure ramifiée ou entrecroisée	21
1.17	Différents motifs des fissures en surface : A) fissure unique isolée ; B) fissures disposées en bloc ; C) fissures en bloc très dense, faïençage ou " alligator cracking "	21
1.18	Mouvement des lèvres d'une fissure	24

1.19	Mouvements possibles des lèvres de la fissure	24
1.20	Schéma de propagation des fissures réflectives [Pérez-Roméro, 2008]	26
1.21	Mouvement de panels [Kim et al., 2009]	27
1.22	Fissure au coin de dalle [Burnham, 2005]	27
1.23	Fissure réflective à travers la couche de BCMC [Burnham, 2005]	28
1.24	Exemple des vides au long de l'épaisseur pour (a) couche d'accrochage et (b) système intercouche géosynthétique ; (c) X-ray tomographie du système et 3D reconstruction du vide dans le système renforcé [Vismara et al., 2012]	29
1.25	Glissement de fissuration causé par la mauvaise adhérence d'interface	29
1.26	Texture de surface du béton de ciment [Al-Qadi et al., 2008]	30
1.27	Effet de la texture de surface du béton de ciment [Al-Qadi et al., 2008]	30
1.28	Influence de l'état de surface du béton de ciment [Pouteau, 2004]	31
1.29	Effet de la température sur la résistance d'interface [Al-Qadi et al., 2008]	31
1.30	Résistance d'interface selon différentes conditions hydriques [Al-Qadi et al., 2008]	31
2.1	Essai Duriez	34
2.2	Essai de cisaillement coaxial Poulikakos and Partl [2009]	35
2.3	Schéma de dispositif de l'essai de gel et de dégel [Mauduit et al., 2010]	36
2.4	Principaux types d'essai en laboratoire pour l'évaluation de l'interface de couche d'accrochage [Tashman et al., 2006]	37
2.5	Essai de flexion en mode mixte [Reeder and Crews, 1990]	38
2.6	Superpave Shear Tester [Mohammad et al., 2002]	38
2.7	Essai de double cisaillement [Diakhaté et al., 2011]	39
2.8	Essai de cisaillement direct [Al-Qadi et al., 2008]	40
2.9	Dispositif d'essai ASTRA [Santagata et al., 2009]	41
2.10	Dispositif d'essai LPDS [Santagata et al., 2009]	41
2.11	Essai de fendage par coin "Wedge Splitting Test" pour (a) matériau solide et (b) interfaces ; (c) différentes formes de l'éprouvette [Tschegg et al., 2011]	42
2.12	Effet de température sur : (a) la résistance d'interface ; (b) l'énergie de rupture G_F [Tschegg et al., 2007]	42
2.13	Schéma descriptif du dispositif de l'essai EPCF [Pouteau, 2004]	44
2.14	Schéma de l'essai de flexion 3 points avec différents angles d'inclinaison de l'interface	44
2.15	Schéma de l'essai de flexion 3 points avec une entaille [Shah and Chandra Kishen, 2011]	44
2.16	Schéma de l'essai ENF [Murri and Martin, 1993]	45
2.17	Schéma de l'essai 4ENF [Martin and Davidson, 1999]	45

2.18 Schéma de l'essai de flexion 4 points ; (a) Fissure en flexion ; (b) Fissure en flexion/cisaillement [Achinta and Burgoyne, 2011] 46
2.19 Schéma de l'essai de flexion 4 points modifié [Hofinger et al., 1998] 46
2.20 Différents modes de rupture de poutre renforcée par le matériau composite (FRP) [Teng et al., 2003] 47
2.21 Schéma de description du modèle par couche et notations [Pouteau, 2004] 50
2.22 Relations charge-déplacement caractéristiques pour un corps fissuré : (a) Charge constante pour une propagation de fissure, (b) propagation de fissure sous déplacement constant 57
2.23 Courbe charge-déplacement 60
2.24 Méthode de fermeture virtuelle de fissure (VCCT) pour 2D éléments solides [Krueger, 2004] 61
2.25 Méthode VCCT avec correction de grand déplacement 61
2.26 Propagation de fissure et VCCT [Caron et al., 2006] 62
2.27 Fissure à l'interface d'un bimatériau 64
2.28 Facteurs d'intensité de contrainte pour les fissures à l'interface [Bower, 2009] 65

3.1 Notations adoptées pour la modélisation par le M4-5n 74
3.2 Convergence de : (a) contrainte de cisaillement $\tau_1^{1,2}(L-a_2)$; (b) contrainte d'arrachement $v^{1,2}(L-a_2)$ 81
3.3 Effet du poids propre de la couche de l'enrobé sur les contraintes (a) d'arrachement, (b) de cisaillement à l'interface entre couches 82
3.4 Évolution de taux de restitution d'énergie G en fonction de la longueur de fissure normalisée a/L_F (pour $F=12$ kN, $E^1/E^2=17,4$, $L=420$ mm, $b=120$ mm, $a_1=a_2=70$mm, $e^1=e^2=60$mm) : (a) Comparaison des deux méthodes : énergétique et VCCT ; (b) G_I et G_{II} comparés à G_{Total} [Chabot et al., 2012]. 86
3.5 Évolution de la dérivée première du taux de restitution d'énergie en fonction de la longueur de fissure normalisée a/L_F 87
3.6 Différentes densités de maillage utilisées pour la comparaison entre le modèle M4-5n et le calcul par EF 88
3.7 Comparaison EF/M4-5n : (a) Contrainte de cisaillement $\tau_1^{1,2}(x)$ ou $\sigma_{xz}(x,e^1)$; (b) Contrainte d'arrachement $v^{1,2}(x)$ ou $\sigma_{zz}(x,e^1)$ 89
3.8 Paramètres géométriques de l'éprouvette à optimiser 90
3.9 Effet du rapport de module d'Young E^2/E^1 sur (a) Contrainte de traction en base de la couche de béton de ciment $\sigma_{xx}(x,e^1)$; (b) Contrainte d'arrachement $v^{1,2}(x)$ et de cisaillement $\tau_1^{1,2}(x)$ à l'interface 91

3.10	Effet de la longueur a_2 sur (a) Contrainte de traction en base de la couche de béton de ciment $\sigma_{xx}(x,e^1)$; (b) Contrainte d'arrachement $v^{1,2}(x)$ et de cisaillement $\tau_1^{1,2}(x)$ à l'interface	92
3.11	Effet de l'espacement des forces extérieures L_{FF} sur (a) Contrainte de traction en base de la couche de béton de ciment $\sigma_{xx}(x,e^1)$; (b) Contrainte d'arrachement $v^{1,2}(x)$ et de cisaillement $\tau_1^{1,2}(x)$ à l'interface	93
4.1	Dispositif de l'essai de flexion 4 points d'un bicouche	96
4.2	Illustration du dispositif construit	97
4.3	Circulation d'eau par circuit fermé à l'aide d'une pompe péristaltique . .	99
4.4	Schéma descriptif du dispositif de l'essai de flexion 4 points bicouche . .	100
4.5	Position des lignes de coupe pour mesurer le pourcentage de vide	102
4.6	Résultats du calcul par le M4-5n : (a) Contrainte de traction en base de couche Alu $\sigma_{xx}(x,e^1)$; (b) Contrainte d'arrachement $v^{1,2}(x)$ et de cisaillement $\tau_1^{1,2}(x)$ à l'interface ; (c) Évolution du taux de restituion d'énergie G_I, G_{II}, G_{Total}	104
4.7	Comparaison modèles/expérience de la flèche du haut de la couche Alu .	105
4.8	Éprouvette symétrique : Comparaison modèles/expérience de la déformation au milieu en base la couche PVC	106
4.9	Schéma du processus de déformation en deux dimensions [Sutton et al., 2000]	107
4.10	Illustration des trois différentes tailles de mouchetis [Fazzini, 2009]	109
4.11	Vue d'ensemble et détails du dispositif de mesure du champ cinématique par corrélation d'image	110
4.12	Zone d'étude sur l'image de référence	111
4.13	Résultats de déformation, décollement expérimental et déplacement (image n° 800) de l'éprouvette nonsymétrique 2	111
4.14	Évolution du déplacement vertical u_z au cours de l'essai de l'éprouvette nonsymétrique 2	113
4.15	Évolution du déplacement horizontal u_x au cours de l'essai de l'éprouvette nonsymétrique 2	114
4.16	Longueur de fissure et déplacement d'ouverture de fissure (image n° 780)	115
4.17	Charge, COD et CSD au cours du temps de l'éprouvette nonsymétrique 2	115
5.1	Synthèse des mécanismes de fissuration de l'essai	122
5.2	Aspect visuel des ruptures d'interface des éprouvettes de type I	124
5.3	Aspect visuel des ruptures d'interface des éprouvettes de type II	125
5.4	Aspect visuel des ruptures d'interface des éprouvettes de type II	126

5.5	Rupture parasite : (a) au milieu de l'éprouvette ; (b) au bord de l'interface due à l'irrégularité de l'épaisseur des couches (ex. Type I-PT-2-1)	126
5.6	Effet du poids propre de la couche de l'enrobé quelques heures après la rupture d'interface et béton	126
5.7	Exemple de courbes pour déterminer le module d'Young de l'enrobé (20 °C).	128
5.8	Courbe charge-flèche des éprouvettes bicouches testées à température ambiante en déplacement imposé (0,70 mm/min)	129
5.9	Courbe charge-déformation des éprouvettes bicouches testées à température ambiante en déplacement imposé (0,70 mm/min)	129
5.10	Courbes (a) charge-flèche ; (b) charge-déformation des éprouvettes bicouches testées à température ambiante en déplacement imposé (0,70 mm/min) (non décollées)	130
5.11	Courbe charge-flèche et charge-déformation des éprouvettes bicouches testées à basse température en déplacement imposé (0,70 mm/min) . . .	131
5.12	Comparaison du comportement des deux types d'interface à différentes températures	131
5.13	Différents scénarios de rupture de l'essai de flexion 4 points bicouche (à température ambiante)	133
5.14	Schéma de l'essai pour tester les éprouvettes de type II	134
6.1	Protection de jauge	138
6.2	Protocole de saturation des éprouvettes dans une cloche à vide	139
6.3	Illustrations de rupture des éprouvettes monocouches en béton de ciment testées en déplacement imposé (0,70 mm/min)	140
6.4	Courbe charge-flèche des éprouvettes monocouches testées hors et sous eau en déplacement imposé (0,70 mm/min)	141
6.5	Illustrations de décollement et aspect visuel de l'interface des éprouvettes des essais hors et sous eau à 20 °C	144
6.6	Illustrations de ruptures parasites des éprouvettes testées hors eau à 20 °C	145
6.7	Courbe charge-flèche des éprouvettes bicouches testées hors et sous eau à 20 °C en déplacement imposé (0,70 mm/min)	146
6.8	Courbe charge-déformation des éprouvettes bicouches testées hors et sous eau à 20 °C en déplacement imposé (0,70 mm/min)	147
6.9	Zone d'étude sur l'image de référence	148
6.10	Résultats de déformation, décollement expérimental et déplacement vertical de l'éprouvette I-PT-6-3 testée sous eau	149
6.11	Évolution du déplacement vertical u_z au cours de l'essai de l'éprouvette I-PT-6-2 testée sous eau	150

6.12	Évolution du déplacement vertical u_z au cours de l'essai de l'éprouvette I-PT-6-3 testée sous eau	151
6.13	Évolution du déplacement vertical u_z au cours de l'essai de l'éprouvette I-PT-4-3 testée sous eau	152
6.14	Charge, COD et CSD au cours du temps de l'éprouvette I-PT-4-3 testée sous eau	154
6.15	Charge, COD et CSD au cours du temps de l'éprouvette I-PT-5-1 testée hors eau	154
6.16	Charge, COD et CSD au cours du temps de l'éprouvette I-PT-6-2 testée sous eau	155
6.17	Charge, COD et CSD au cours du temps de l'éprouvette I-PT-6-3 testée sous eau	155
6.18	Évolution du déplacement horizontal u_x au cours de l'essai de l'éprouvette I-PT-5-1 testée hors eau	156
6.19	Évolution du déplacement vertical u_z au cours de l'essai de l'éprouvette I-PT-5-1 testée hors eau	157
6.20	Résultats de déformation, décollement expérimental et déplacement horizontal de l'éprouvette I-PT-5-1 testée hors eau	158
6.21	Résultats de déformation, décollement expérimental et déplacement vertical de l'éprouvette I-PT-5-1 testée hors eau	158
6.22	Scénario des ruptures de l'éprouvette I-PT-5-1 testée hors eau	159
6.23	Courbe charge-flèche pour calculer l'aire de la rupture d'éprouvettes (a) *I-PT-6-2*; (b) *I-PT-6-3* testées sous eau à température ambiante en déplacement imposé (0,70 mm/min)	162
A.1	Essais du module complexe sur BBSG 0/10 : Module dans le plan complexe	195
A.2	Essais du module complexe sur BBSG 0/10 : Isothermes	197
A.3	Essais du module complexe sur BBSG 0/10 : Isothermes dans l'espace Black	198
A.4	Essais du module complexe sur BBSG 0/10 : Isochrones du module complexe	199
A.5	Représentation du modèle analogique de Huet-Sayegh	200
A.6	Module complexe du BBSG dans l'espace de Cole et Cole	201
A.7	Module complexe du BBSG dans l'espace de Black	201
B.1	Banc de compactage MLPC à l'IFSTTAR Nantes	204
B.2	Banc de compactage MLPC au LRPC Angers	204
B.3	Banc gamma vertical	204
B.4	Resurfaçage de la surface du BBSG avec la moitié du ciment	205

B.5	Disposition d'une bande de polyane adhésive sur la surface du BBSG	205
B.6	Coffrage de la plaque d'enrobé	205
B.7	Plaque bicouche après décoffrage	205
B.8	Préparation de l'interface	206
B.9	Étape de fabrication de l'éprouvette type II	206
B.10	Étapes de sciage de la plaque pour obtenir la géométrie de l'éprouvette	208
B.11	Étapes de réalisation de l'éprouvette Alu/PVC	208
D.1	Schéma de discrétisation	228
D.2	Matrice assemblée pour la résolution numérique	231
D.3	Notations dans une tranche i d'éléments et contraintes moyennes par élément	241
D.4	Calcul du déplacement moyen d'une couche	241
D.5	Comparaison EF/M4-5n : Contrainte de cisaillement $\tau_1^{1,2}(x)$ ou $\sigma_{xz}(x, e^1)$	243
D.6	Comparaison EF/M4-5n : Contrainte d'arrachement $v^{1,2}(x)$ ou $\sigma_{zz}(x, e^1)$	243
D.7	Résultantes d'effort calculées par M4-5n et par CESAR-CLEO2D	243
D.8	Comparaison EF/M4-5n : Effort membranaire de la couche 1	244
D.9	Comparaison EF/M4-5n : Effort membranaire de la couche 2	244
D.10	Comparaison EF/M4-5n : Moment membranaire de la couche 1 $M_{11}^1(x)$	244
D.11	Comparaison EF/M4-5n : Moment membranaire de la couche 2 $M_{11}^2(x)$	244
D.12	Comparaison EF/M4-5n : Effort tranchant de la couche 1 $Q_1^1(x)$	244
D.13	Comparaison EF/M4-5n : Effort tranchant de la couche 2 $Q_1^2(x)$	244
D.14	Comparaison EF/M4-5n : Contrainte $\sigma_{xx}(x, e^1 + e^2)$ en dessus de la couche 2	245
D.15	Comparaison EF/M4-5n : Contrainte $\sigma_{xx}(x, e^1)$ en bas de la couche 2	245
D.16	Comparaison EF/M4-5n : Déplacement membranaire transverse de la couche 1	246
D.17	Comparaison EF/M4-5n : Déplacement membranaire transverse de la couche 2	246
D.18	Comparaison EF/M4-5n : Déplacement vertical de la couche 1	246
D.19	Comparaison EF/M4-5n : Déplacement vertical de la couche 2	246
D.20	Comparaison EF/M4-5n : Rotation de la couche 1	246
D.21	Comparaison EF/M4-5n : Rotation de la couche 2	246
E.1	Collage de la jauge	248
E.2	Réalisation de motif sur l'éprouvette	249

LISTE DES TABLEAUX

2.1	Synthèse de la résistance mécanique de l'interface de BCMC pour différents essais	48
3.1	Récapitulatif des conditions aux limites du bicouche à modéliser	79
3.2	Géométrie de l'éprouvette simulée et caractéristiques des matériaux utilisés	87
3.3	Dimensions de l'éprouvette pour l'étude initiale d'optimisation	90
3.4	Dimensions de l'éprouvette nonsymétrique	93
4.1	Valeurs des paramètres du modèle de Huet-Sayegh (T° de référence 15°C)	100
4.2	Pourcentage de vides de chaque ligne de coupe	102
4.3	Géométrie de l'éprouvette et de caractéristiques des matériaux	103
4.4	Intensités critiques des contraintes d'interface et du taux de restitution d'énergie du bicouche Alu/PVC par M4-5n	104
4.5	Comparaison des facteurs d'intensité de contraintes et du taux de restitution d'énergie théoriques et expérimentaux pour l'interface Alu/PVC	112
4.6	Comparaison de la flèche théorique (M4-5n) et expérimentale pour l'eprouvette Alu/PVC nonsymétrique 2 pour F_c=14 kN et a=70 mm	116
5.1	Résultats d'essais des éprouvettes type I et type II	121
5.2	Synthèse des surface de rupture et plages d'intensité de contraintes M4-5n maximum obtenues pour les interfaces type I et type II pour différentes températures	121
6.1	Synthèse des résultats d'essais sur éprouvettes monocouches béton de ciment	139
6.2	Degré de saturation des éprouvettes bicouches	142
6.3	Synthèse des résultats d'essais pour les éprouvettes type I : hors et sous eau	142
6.4	Longueur critique de fissure à l'interface obtenue par la méthode de DIC	160
6.5	Comparaison des facteurs d'intensité de contraintes et du taux de restitution d'énergie théoriques et expérimentaux pour l'interface type I	161
6.6	Énergie de rupture de l'interface des éprouvettes testées sous eau à température ambiante	162

A.1	Composition du BBSG - N° F10	193
A.2	Essai du module complexe sur BBSG : Mesures à différentes fréquences et températures	196
A.3	Composition théorique du béton de ciment	201
A.4	Contrôle des propriétés du béton de ciment	202
C.1	Synthèse des 3n équations générales du problème	219
D.1	Récapitulatif des conditions aux limites du bicouche modélisé	230
E.1	Vérification de mesure du capteur par la valise Depco	248

INTRODUCTION GÉNÉRALE

Depuis ces dernières années, les chaussées en béton de ciment mince collé (chaussées BCMC) [CIMbéton, 2004], connues sous le nom d'Ultra-Thin Whitetopping (UTW) aux USA [Armaghani et al., 2005], sont une solution technique alternative aux chaussées classiques. Elles sont utilisées en France notamment à l'urbain (ex. : nouvelles aires d'arrêt des chronobus Nantais (cf. Figure 1). Les propriétés élastiques de module élevé du béton de ciment associées au bon collage de ce matériau coulé directement sur l'enrobé à la fabrication, permet de régler en théorie les problèmes d'orniérage et plus particulièrement de fluage des matériaux bitumineux lors de chargements lourds en arrêt. Cependant la nécessité de scier des joints pour gouverner les fissures de retrait du béton de ciment rend ces structures fragiles en ces lieux. Après mise en service du trafic, la majorité des dégradations de ces chaussées, observées in-situ sous des conditions environnementales extérieures diverses, sont essentiellement des fissurations en "coin de dalle" (Figures 1 et 2) [Gucunski, 1998], [Rasmussen and Rozycki, 2004], [Burnham, 2005], [Armaghani et al., 2005].

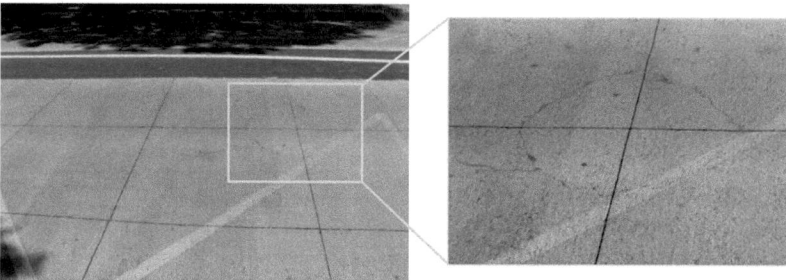

FIGURE 1 – *Fissure au coin de dalle BCMC - Arrêt de Plessis Tison, Bd Jules Verne, Nantes, France*

Ces endommagements peuvent apparaître très brutalement. Les effets du retrait du matériau ciment lors de son séchage [Turatsinze et al., 2005], [Perez et al., 2009], [Bissonnette et al., 2011], les effets de l'eau dans les matériaux [Gubler et al., 2005] et les structures [BLPC, 1979], [Vandenbossche et al., 2011], les gradients thermiques que les

FIGURE 2 – *Fissure au coin de dalle BCMC - Minnesota, USA [Burnham, 2005]*

dalles subissent au cours des cycles jour/nuit [Salasca, 1998] ainsi que la tenue du collage près des joints entre les deux matériaux sont d'autant d'éléments, qui, combinés à l'évolution du rapport de module entre ces deux matériaux ainsi qu'au trafic et sa position par rapport aux joints doivent être pris en compte pour expliquer ces dégradations [Pouteau, 2004]. Ces différents éléments, qui nécessitent d'être étudiés plus finement, parfois du point de vu de la chimie, de la physique et de la mécanique, rendent le problème relativement complexe à résoudre et à intégrer dans une méthode de dimensionnement.

Ainsi, en 2012, la méthode de dimensionnement des chaussées françaises [LCPC-SETRA, 1994] reste encore assez limitée à la fois pour dimensionner efficacement ce type de chaussée discontinue et plus généralement pour dimensionner et offrir des solutions de réparation de chaussées dégradées. Bien que la fatigue des matériaux, les aléas des épaisseurs de couche, les différents chargements et leur évolution, la nature des structures rendent finalement efficace la méthode de dimensionnement des couches de base des chaussées françaises neuves bitumineuses [LCPC-SETRA, 1994], le modèle mécanique sur lequel elle repose reste en particulier très limité, par ses hypothèses de calcul, à une géométrie irréaliste dans les autres cas. En effet, Le modèle mécanique élastique axisymétrique de Burmister (1943) utilisé suppose en particulier que les structures de chaussées soient des structures multicouches infiniment continues dans le plan des couches. Dans le cadre de ces hypothèses, ce modèle ne peut offrir de solutions aux chaussées discontinues et nécessite d'être remplacé par des modélisations 3D [Tran, 2004]. De plus, l'ajustement des conditions de collage entre couches complexes tels que finalement observés à la dégradation dans des cas environnementaux extrêmes [Vulcano-Greullet et al., 2010], [Vandenbossche et al., 2011] reste limité aux conditions aux limites de tout ou rien de collage ou de glissement parfait choisies généralement sur avis des experts routiers. Bien qu'il existe des travaux améliorants ces hypothèses [Petit et al., 2009], cet ajustement nécessite d'être amélioré par une procédure d'essai standard pour le déterminer dans laquelle outre les effets de chargement de flexion, l'eau ne peut être oubliée.

Sachant qu'il n'existe finalement pas ou peu d'études associant les effets de flexion combinés à une présence d'eau sur bi-matériaux de chaussée, les travaux de cette thèse se placent dans le cadre restreint de bicouches combinant à la fois un matériau en béton de ciment et un matériau bitumineux tel que utilisé dans les BCMC. Ces travaux de recherche se situent volontairement en amont du problème à résoudre et sont dédiés à la compréhension des mécanismes de décollement. Afin d'investiguer et observer les phénomènes de décollement, cette thèse se concentre ainsi essentiellement sur sa caractérisation mécanique en laboratoire. Il s'agit de savoir et de "voir" si la présence d'eau (par infiltration dans les joints et les matériaux) combinée à un chargement de flexion pourrait jouer un rôle dans le processus de détérioration des interfaces.

Les états de contrainte près des discontinuités verticales à l'interface entre deux milieux sont complexes et dans le cas présent des chaussées peuvent différer dans la réalité selon la position de la charge par rapport à la discontinuité verticale existante [Chabot et al., 2007]. Afin d'atteindre l'objectif de la thèse, le travail repose sur l'adaptation d'un essai de flexion 4 points avec ou sans eau permettant ainsi de générer de la rupture d'interface en mode mixte (mode I et II) sous sollicitation monotone.

Ce mémoire de thèse se décompose en trois parties.

La **première partie**, consacrée à l'étude bibliographique du sujet, est découpée en deux chapitres. Le premier chapitre présente les matériaux et structures de chaussée de façon générale avant de se concentrer sur la problématique des chaussées composites et BCMC. Ces dernières allient les matériaux en béton de ciment aux matériaux bitumineux. Le deuxième chapitre a pour but de dresser la liste des outils de la littérature disponibles pour alimenter et comprendre le sujet de cette thèse. Il donne une liste des principaux essais trouvés pour étudier le décollement d'interface d'une part et les effets de l'eau d'autre part dans les matériaux de chaussée. Les outils et modèles d'analyse mécanique de la rupture principalement utilisés sont alors décrits. Ces deux chapitres servent à dresser les objectifs et la démarche de l'étude.

La **deuxième partie** scindée elle-même en deux autres chapitres, est dédiée à l'analyse mécanique élastique de l'essai 4 points sur bicouche adapté et mis au point dans ce travail de recherche. Dans le chapitre 3, les équations du Modèle Multiparticulaire des Matériaux Multicouches à 5n équations d'équilibre, le M4-5n (où n est le nombre total de couches) appliquées à l'essai sont écrites entièrement analytiquement. On suppose qu'il peut être décrit par le M4-5n en déformations planes et que les matériaux sont homogènes et élastiques. Les équations du problème ainsi posées conduisent finalement à résoudre un système de 5 équations différentielles d'ordre 2 par différences finies dans le logiciel Scilab. L'outil de simulation créé permet aisément et rapidement d'optimiser la géométrie des éprouvettes bicouches afin d'en favoriser le délaminage à l'interface entre couche. La validation de cet outil est réalisée non seulement par des calculs éléments finis (CESAR-LCPC) mais également par les résultats expérimentaux présentés par la suite. Dans le chapitre 4, la mise au point du dispositif expérimental réalisé tout au long de la thèse ainsi que les phases de fabrication des éprouvettes en matériaux de chaussée sont décrites. La phase de mise au point de l'essai consiste à concevoir et mettre en place l'ensemble des pièces mécaniques et capteurs nécessaires aux tests de flexion 4 points sur éprouvettes bimatériaux avec et sans eau dans un environnement thermo régulé. Les techniques de corrélation d'images numériques employées afin de mesurer les déplacements d'ouverture et de glissement de fissure à l'interface lors de l'essai sont alors décrites. L'outil M4-5n de simulation réalisé, le dispositif expérimental complet associé à des mesures par analyse d'image sur éprouvette bicouche témoin en Aluminium et en PVC servent à calibrer et valider l'ensemble avant d'aborder la dernière phase de la thèse et de lancer des essais sur les matériaux de chaussée visés à l'origine.

La **troisième et dernière partie** de cette thèse est contenue dans deux chapitres ainsi consacrés à la présentation et à l'analyse des essais effectués sur éprouvettes bicouches béton/enrobé. Dans le chapitre 5, les résultats d'essais sans eau sont d'abord synthétisés. Pour le choix des deux matériaux de chaussée uniques étudiés de la thèse, afin d'évaluer la capacité du dispositif expérimental à délaminer les éprouvettes sont explorés deux types d'interface pouvant être rencontrés dans les structures de chaussées : Type I (Type BCMC) et Type II (enrobé sur béton de ciment via une couche d'accrochage). On tente d'analyser les résultats des courbes expérimentales et des ruptures observés à l'aide de différents scénarios simulés par éléments finis. Ces résultats sont obtenus essentiellement en déplacement contrôlé à la vitesse de 0.7mm/min pour une température ambiante et une température froide. Puis dans le chapitre 6, pour conforter les résultats des essais sur éprouvettes de type I et investiguer finalement les effets de l'eau, on réalise une deuxième campagne expérimentale à température ambiante. Le protocole de mise en eau de l'éprouvette est décrit. Comme pour l'éprouvette témoin Alu/PVC, les déplacements d'ouverture et de glissement de fissure à l'interface sont mesurés à l'aide des techniques de correlation d'images numériques (DIC : Digital Image Correlation). A l'aide de ces mesures, le taux de restitution d'énergie donné par Dundurs [Dundurs, 1969] est déterminé expérimentalement et comparé à celui du M4-5n. L'enveloppe des valeurs maximales des contraintes d'arrachement et de cisaillement d'interface béton/enrobé est également déterminée à l'aide du M4-5n. Des valeurs expérimentales d'énergie de rupture d'interface sous eau sont déterminées expérimentalement.

La **conclusion générale** synthétise les principaux enseignements qu'il faut retenir de ce travail et permet de dresser quelques perspectives d'avenir pour les prochains travaux de recherche pouvant être réalisés et donner une recommandation pour les chaussées BCMC confortée par une expérimentation récente de la littérature.

Première partie

ANALYSE BIBLIOGRAPHIQUE

CHAPITRE 1

CONTEXTE ET PROBLÉMATIQUE DES CHAUSSÉES COMPOSITES

1.1 Introduction

Ce premier chapitre donne quelques éléments bibliographiques nécessaires pour comprendre la problématique des chaussées. Les descriptions générales des chaussées sont d'abord rappelées. Nous présentons également les différentes sollicitations agissantes sur ces structures et pouvant les endommager telles que les effets de trafic, de la température, de l'eau. Puis, les phénomènes des dégradations de chaussées notamment la fissuration et le décollement à l'interface entre les couches sont décrits. Enfin, le dernier paragraphe rend compte de l'effet combiné de l'état d'interface, du trafic et de l'eau sur le décollement à l'interface entre bi-matériau.

1.2 Composition d'une structure de chaussée

Une chaussée est une structure composite qui se compose d'un empilement de couches de matériaux granulaires, liés ou non. Sur une coupe de chaussée, selon la description générale adoptée en France [LCPC-SETRA, 1994], on associe à chacune des couches une fonction (Figure 1.1).

La plate-forme support de chaussée est constituée du sol terrassé, dit sol support ou partie supérieure des terrassements (PST), surmontée généralement d'une couche de forme en matériaux granulaires, sableux ou limoneux, traités ou non traités au liant hydraulique. Pendant la phase de travaux, la couche de forme a pour rôle d'assurer une qualité de nivellement permettant la circulation des engins pour la réalisation du corps de chaussée. Vis-à-vis du fonctionnement mécanique de la chaussée, la couche de forme permet d'augmenter la capacité portante de la plate-forme support de chaussée.

Les couches d'assise sont généralement constituées d'une couche de fondation surmontée d'une couche de base. Elles apportent à la structure de chaussée l'essentiel de sa rigidité et répartissent (par diffusion latérale) les sollicitations, induites par le trafic, sur la plate-forme support afin de maintenir les déformations à un niveau admissible.

La couche de surface est constituée d'une couche de roulement reposant éventuellement sur une couche de liaison intermédiaire. La couche de roulement assure la fonction d'étanchéité des couches d'assise vis-à-vis des infiltrations d'eau et des sels de déverglaçage, et à travers ses caractéristiques de surface, elle garantit la sécurité et le confort des usagers.

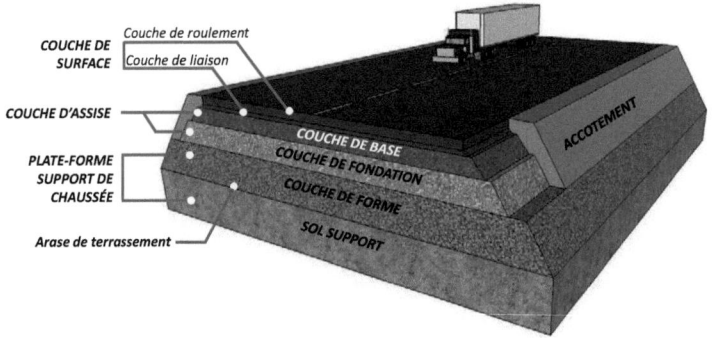

FIGURE 1.1 – *Terminologie de la chaussée*

Le guide technique français de conception et dimensionnement des structures de chaussée [LCPC-SETRA, 1994] définit cinq catégories de matériaux de chaussée qu'on peut classer en trois grandes familles :

- *les matériaux granulaires non liés* sont réunis par la norme NF EN 13285 (norme française NF P 98-129) sous l'appellation Graves Non Traitées (GNT). Ils sont fréquemment utilisés pour la réalisation de corps de chaussées à faible trafic ;
- *les matériaux noirs* (en référence à la couleur du liant) regroupent les matériaux traités aux liants hydrocarbonés à chaud (souvent désigné matériaux bitumineux) suivant les normes NF EN 13108-1 à NF EN 13108-8 et les matériaux traités à l'émulsion de bitume (autrement désigné matériaux bitumineux à froid) suivant la norme NF P 98-121 ;
- *les matériaux blancs* regroupent les matériaux traités aux liants hydrauliques NF

EN 14227-1 à NF EN 14227-5 et les bétons de ciment NF P 98-170.

1.3 Les differents types de structures de chaussée

Le réseau routier et autoroutier français est composé de plusieurs types de structures de chaussée. On présente ici les différentes familles de chaussée, des chaussées noires (composées uniquement de matériaux bitumineux) aux chaussées blanches (composées uniquement de matériaux traités aux liants hydrauliques). D'après le catalogue des structures types de chaussées neuves [LCPC-SETRA, 1998], on peut regrouper les différents types de chaussées comme suit :

- **les chaussees souples** traditionnellement comportent une épaisseur d'enrobés bitumineux inférieure ou égale à 15 cm et une ou plusieurs couches de matériaux granulaires non traités dont l'épaisseur totale courante varie de 20 à 50 cm, selon le trafic. Etant donnée leur faible rigidité, elles sont utilisées sur les réseaux peu sollicités par le trafic poids lourd. Pour le dimensionnement, les couches sont considérées comme étant collées entre elles.

- **les chaussées bitumineuses épaisses** comportent une couche de roulement sur un corps de chaussée en matériaux traités aux liants hydrocarbonés, fait d'une ou deux couches (base et fondation). L'épaisseur des couches d'assise est le plus souvent comprise entre 15 à 40 cm. Les contraintes verticales transmises au sol support sont faibles car atténuées par leur diffusion importante dans les couches d'assises liées. Celles-ci reprennent donc cette charge en termes de traction et flexion. Selon la qualité de l'interface, entre les couches d'assises, la déformation horizontale maximale sera située à la base de la couche la plus profonde (collage parfait) ou à la base de chacune des couches (glissement parfait). Pour le calcul de la chaussée neuve, on considérera un collage parfait.

- **les chaussées à assise traitée aux liants hydrauliques (semi-rigides)**, comportent une couche de surface bitumineuse (d'épaisseur variable selon le trafic supporté) sur une assise en matériaux traités aux liants hydrauliques disposés en une ou deux couches (base et fondation) dont l'épaisseur totale est de l'ordre de 20 à 50 cm. Grâce à sa grande rigidité, ces structures permettent de ne transmettre que des efforts verticaux très faibles au support. Par contre, elles sont elle-même soumises à des contraintes de traction-flexion importantes. La structure est modélisée en considérant un collage parfait entre la couche de roulement et la couche de base et entre la couche de fondation et le sol support. En revanche, la liaison entre la couche de base et la couche de fondation dépend de la nature du liant, elle peut être soit collée, soit décollée, soit intermédiaire (moyenne des cas collé et décollé). Elles sont utilisées sur les réseaux importants, notamment sur le réseau routier national.

- **les chaussées à structure mixte** comportent une couche de roulement et une couche de base en enrobés bitumineux (épaisseur de base 10 à 20 cm) sur une couche de fondation en matériaux traités aux liants hydrauliques (20 à 40 cm). Les structures qualifiées de mixtes sont telles que le rapport de l'épaisseur de matériaux bitumineux à l'épaisseur totale de la chaussée soit de l'ordre de 1/2. Alors que la couche de fondation sert à atténuer et à diffuser les contraintes transmises au sol support grâce à sa grande rigidité, la couche de base en matériaux traités aux liants hydrocarbonés, grâce à son épaisseur, a pour fonction de ralentir la remontée de la fissuration transversale de la couche inférieure en matériaux traités aux liants hydrauliques. Lors du calcul de ces structures, on considérera deux phases : initialement toutes les couches sont collées entre elles, et lors de la seconde phase de fonctionnement, l'interface entre la couche de base et la couche de fondation est glissante. Ces chaussées peuvent supporter un trafic conséquent, mais sont moins utilisées que les précédentes.

- **les chaussées à structure inverse** se composent de couches bitumineuses, d'une quinzaine de centimètres d'épaisseur totale, sur une couche en grave non traitée (d'environ 12 cm) reposant elle-même sur une couche de fondation en matériaux traités aux liants hydrauliques qui joue également le rôle de couche de fondation. L'épaisseur totale atteint 60 à 80 cm. Toutes les interfaces sont supposées collées. Ces structures sont faiblement utilisées, même si elles peuvent théoriquement supporter un trafic important.

- **les chaussées en béton de ciment ou chaussées rigides** sont constituées d'une couche de base en béton de ciment (BC) de 15 à 40 cm d'épaisseur, qui sert aussi de couche de roulement, et qui repose soit sur une couche de fondation en matériaux traités aux liants hydrauliques ou en béton maigre, soit sur une couche drainante en graves non traitées, soit sur une couche d'enrobé reposant elle-même sur une couche de forme traitée aux liants hydrauliques. La structure peut éventuellement être recouverte d'une couche bitumineuse mince. La dalle en béton est la partie de la structure qui reprend en flexion quasiment tous les efforts induits par le trafic.

Usuellement, on classe les types de chaussées en béton selon la façon dont sont localisées et, éventuellement, traitées les discontinuités associées aux retraits thermique et de la prise du béton [LCPC-SETRA, 2000] :

- **les chaussées à structures à dalles sans fondation**, sont une variante à la technique des dalles dites "californiennes". Elle sont installée sur une couche drainante (grave creuse ou géocomposite drainant). L'épaisseur des dalles en béton de ciment sans fondation varie de 28 à 39 centimètres.

- **les chaussées à dalles courtes non armées et goujonnées (BCg)** permettent d'améliorer le comportement des joints transversaux et le transfert de l'effort tranchant entre dalles. Des goujons sont ici disposés à mi-épaisseur de la dalle au droit de chaque joint. Cette technique est adaptée aux moyens et forts trafics. À titre indicatif, l'épaisseur des fondations en béton maigre varie de 14 à 22 cm et celle des dalles de béton de ciment goujonné de 16 à 22 centimètres.

- **les chaussées en béton armé continu (BAC)** sur une fondation en matériaux traités aux liants hydrauliques ou aux liants hydrocarbonés reposent sur une plate-forme traitée au liant hydraulique. Le béton armé continu s'avère bien adapté aux chaussées à fort trafic (pour lesquelles les contraintes d'exploitation sont importantes), en construction neuve et en renforcement.

Le dimensionnement de ces structures de chaussée est largement conditionné par les hypothèses mécaniques de transmission des contraintes au niveau des interfaces. Alors que les couches de matériaux bitumineux sont supposées collées sur la couche sous-jacente, les couches de matériaux hydrauliques ou béton sont généralement supposées collées 15 ans puis décollées sur une couche faite en enrobé. Ceci réduit l'intérêt économique de ces structures. Aussi, afin d'offrir une solution concurrente aux chaussées classiques, deux nouvelles structures se développent depuis les années 1990 aux états Unis [Cole et al., 1998] et sont employées depuis moins d'une dizaine d'année en France [CIMbéton, 2004]. Ces structures combinent une couche de béton de ciment (pour leurs propriétés de durabilité et leur haut module) avec des couches en matériaux bitumineux (pour leurs bonnes propriétés d'adaptation). L'intérêt technique et économique de ces structures dépend essentiellement de la qualité et de la pérennité de l'adhérence mécanique entre ces couches [Pouteau et al., 2004].

Du fait du module d'élasticité élevé du béton de ciment, les efforts induits par le trafic sont essentiellement repris en flexion par la couche de béton. Les contraintes de compression transmises au sol sont faibles. Comme pour les chaussées à assise traitée aux liants hydrauliques, la sollicitation déterminante est la contrainte de traction par flexion à la base. Lors de la prise et des cycles thermiques, le béton subit des phases de retrait. La fissuration correspondante est généralement contrôlée, soit par la réalisation de joints transversaux, soit par la mise en place d'armatures continues longitudinales destinées à répartir par adhérence les déformations de retrait en créant de nombreuses fissures fines.

1.4 Structures composites de chaussée inverses

En plus des chaussées classiques, il existe des structures composites inverses. Elles sont faites de béton sur enrobé et tendent ainsi à utiliser aux mieux les spécificités des matériaux les constituant, afin de réaliser des routes offrant un bon compromis entre qualité technique et économie [Pouteau, 2004]. Une chaussée composite inverse est schématiquement un revêtement béton (éventuellement armé continu) mis en œuvre sur un matériau bitumineux et recouvert éventuellement d'un béton bitumineux très mince (BBTM). Ce mélange des techniques permet de tirer profit des qualités de durabilité du béton de ciment et de souplesse des produits bitumineux. De plus, s'il est montré qu'un bon collage existe entre les couches, ces techniques peuvent être économiques et intéressantes par une réduction des épaisseurs des matériaux bétons résultants. Deux techniques de chaussée innovante composée de matériaux blancs sur noir : le béton armé continu sur le grave bitume et le béton de ciment mince collé (BCMC), sont présentées d'ici.

1.4.1 Béton Armé Continu sur Grave Bitume (BAC/GB)

En reposant sur le principe de l'utilisation optimale des qualités mécaniques intrinsèques des matériaux et du collage durable du béton coulé prévibré sur un matériau bitumineux, la technique BAC/GB est réalisée. La nouvelle chaussée composite optimisée devient alors une structure bicouche, couche de roulement-base en BAC et couche de fondation en GB, cette structure pouvant être recouverte d'une couche de roulement en béton bitumineux très mince (BBTM) [CIMbéton, 2009].

Les classes de plate-forme retenues dans cette structure de chaussée sont PF2, PF3 et PF4 conformément au catalogue des structures-types de chaussées neuves LCPC-SETRA [1998]. Pour le BAC, l'épaisseur minimale retenue est de 12 cm et elle varie en fonction du trafic. Le minimum technologique de mise en œuvre permettant le positionnement correct des armatures est actuellement de 10 cm. L'épaisseur minimale retenue est de 8 cm pour la GB (5 cm pour un BBSG) L'épaisseur maximale pour la mise en œuvre en une seule couche est de 14 cm.

On sait que le BAC est un matériau de module élastique élevé (35000 MPa), dont la valeur demeure constante dans le temps et surtout insensible à la température et à la durée d'application des charges. Il est idéalement destiné à être placé en couche supérieure de la chaussée, avec une durée de service probablement longue. Le taux d'armatures longitudinales représente 0.67% de la section de béton. Grâce aux armatures, il ne comporte pas de joints transversaux. Elles jouent principalement un rôle de contrôle sur la fissuration transversale sans participer à la résistance aux sollicitations du trafic.

Lors de la mise en œuvre du BAC, la surface de la couche de la grave-bitume doit être impérativement propre et exempte de toute pollution (poussière, huile, etc.) ; et suffisamment rugueuse. Un traitement de la surface de la GB par hydrorégénération, par grenaillage ou par fraisage léger à vitesse lente, permet d'améliorer les conditions de collage entre les deux couches.

1.4. STRUCTURES COMPOSITES DE CHAUSSÉE INVERSES

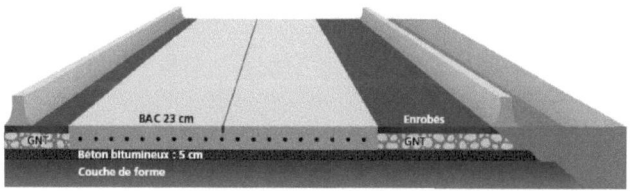

FIGURE 1.2 – *Exemple de profil en travers d'une chaussée en BAC [CIMbéton, 2009]*

L'innovation de cette structure de chaussée est de profiter de la présence de la couche de fondation traitée au bitume en tant que couche non érodable, pour l'intégrer à la structure et la faire travailler comme une couche de base dimensionnante. Nous ne sommes pas en présence d'une structure rigide classique "couche en béton non collée sur une couche de fondation non érodable", mais d'une structure réellement composite dont la couche béton est collée naturellement sur la couche de fondation en matériau bitumineux. De ce fait, cette dernière assure le rôle d'une couche de fondation non érodable et participe à la prise en charge des contraintes de traction imposées par le trafic. Le fonctionnement de cette structure est illustré par la figure 1.3. En tenant compte de l'hypothèse de collage total pour une durée de 15 ans, l'épaisseur des couches du béton est sensiblement diminuée pour les différents cas de trafic et de qualité de plate-forme par rapport à la structure BAC/BBSG.

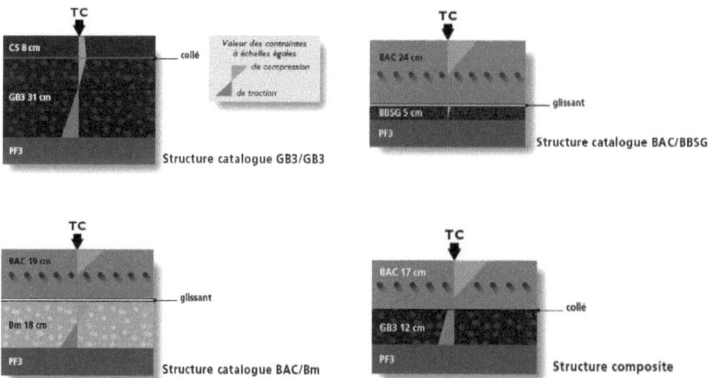

FIGURE 1.3 – *Diagrammes de contrainte illustrant le fonctionnement mécanique des structures-types catalogue 1998 et d'une structure composite [CIMbéton, 2009]*

1.4.2 Béton de ciment mince collé (BCMC)

Le BCMC est une technique d'entretien superficiel des structures bitumineuses, conçu spécifiquement pour remédier durablement au problème d'orniérage des chaussées bitumineuses [CIMbéton, 2004]. Il s'agit d'une technique relativement récente en France et qui tend à se développer à l'urbain. Inspirée de celle développée par les Américains, elle fait largement appel aux spécificités françaises, tant en matière de formulation du béton que de critères de caractéristiques de surface du revêtement (esthétique, uni, adhérence et bruit de roulement) [CIMbéton, 2004].

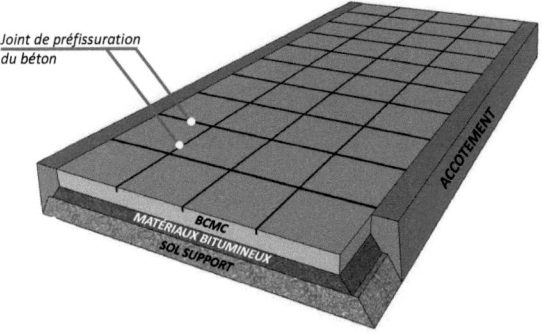

FIGURE 1.4 – *Illustration de préfissuration de la couche de BCMC*

La technique du BCMC consiste à fraiser ou à raboter la structure bitumineuse dégradée sur une épaisseur adéquate et à mettre en œuvre, après nettoyage de la surface, une couche mince de béton de ciment (6 à 10 cm pour les chaussées routières construites sur des plateformes PF3) qui adhère parfaitement à la couche bitumineuse résiduelle sous-jacente. Les joints sont sciés dans le béton jeune, sur environ le tiers de l'épaisseur, de façon à délimiter les dalles dont les dimensions sont de l'ordre de 15 à 20 fois l'épaisseur afin de minimiser le risque de fissuration en coin de dalle (cf. Figure 1.4). L'ouverture des joints est limitée à des valeurs qui sont suffisamment faibles afin de prévenir une pénétration excessive d'eau ou d'autres agents agressifs. Du fait de la faible épaisseur de la couche de béton, il est impératif de rapprocher les joints dans le but de réduire l'ouverture des fissures aux droits des joints et d'éviter les effets de tuilage des dalles (Figure 1.5).

Les facteurs de succès théorique de cette technique proviennent essentiellement :

- d'un bon collage entre le béton et la couche bitumineuse : en effet, la prise en compte du collage entre les couches modifiées, d'une façon fondamentale, le diagramme des contraintes, de par le déplacement de l'axe neutre. Le béton est

1.4. STRUCTURES COMPOSITES DE CHAUSSÉE INVERSES

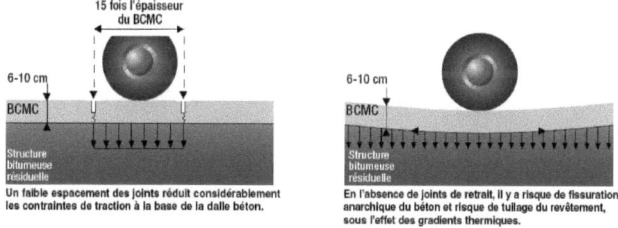

FIGURE 1.5 – *Influence de l'espacement des joints sur le BCMC [CIMbéton, 2004]*

ainsi moins sollicité en traction. D'où la possibilité de concevoir un revêtement en béton d'épaisseur faible (cf. Figure 1.6). Pour une structure résiduelle donnée, le déplacement de l'axe neutre vers le bas réduit les contraintes de traction à la base de la dalle béton.

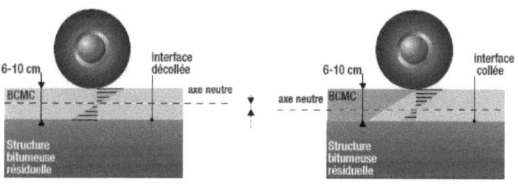

FIGURE 1.6 – *Influence du collage sur le diagramme des contraintes [CIMbéton, 2004]*

- d'une structure bitumineuse résiduelle de bonne qualité et d'épaisseur minimale 8 cm : en effet, plus l'épaisseur de la structure bitumineuse est grande, plus les contraintes de traction à la base du béton sont réduites (cf. Figure 1.7). Plus le déplacement vers le bas de l'axe neutre est grand et plus les contraintes de traction à la base de la dalle béton sont réduites.

Actuellement, le BCMC est une solution pour répondre à la problématique des chaussées bitumineuses qui sous l'effet des fortes températures et des durées d'application de charges élevées, ont tendance à orniérer. Cette technique peut être efficace si la validation du concept de collage à l'interface béton/enrobé est démontrée. Elle est utilisée en France notamment à l'urbain (ex. : nouvelles aires d'arrêt des chronobus Nantais (cf. Figure 1.8).

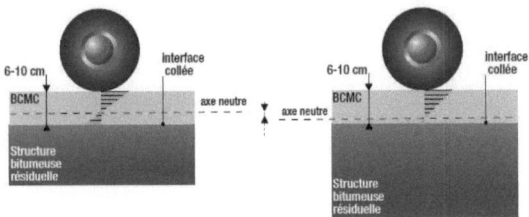

FIGURE 1.7 – *Influence de l'épaisseur résiduelle de la couche bitumineuse sur le BCMC [CIMbéton, 2004]*

FIGURE 1.8 – *Chaussée BCMC - Arrêt de Plessis Tison, Bd Jules Verne, Nantes, France*

1.5 Les sollicitation dans les chaussées

Sous l'effet des sollicitations externes, les structures de chaussées sont soumises à des phénomènes complexes. On y observe, par exemple, des phénomènes mécaniques, thermiques, physiques et chimiques qui apparaissent souvent de manière couplée. Les principales sollicitations auxquelles sont soumises les structures routières sont liées aux contraintes imposées par le passage des véhicules (effet du trafic) et aux effets créés par les conditions climatiques, principalement en raison des variations de température (effets thermiques).

1.5.1 L'effet du trafic

La structure d'une chaussée routière doit résister aux diverses sollicitations, notamment celles dues au trafic et elle doit assurer la diffusion des efforts induits par ce même trafic sur le sol de fondation. Le trafic est souvent considéré comme le facteur prépondérant dans la dégradation d'une chaussée. L'application d'une charge roulante

1.5. LES SOLLICITATION DANS LES CHAUSSÉES

engendre une déformation en flexion des couches de la structure (cf. Figure 1.9). Cette flexion entraîne des sollicitations en compression au droit de la charge et des déformations d'extensions à la base des couches d'enrobés.

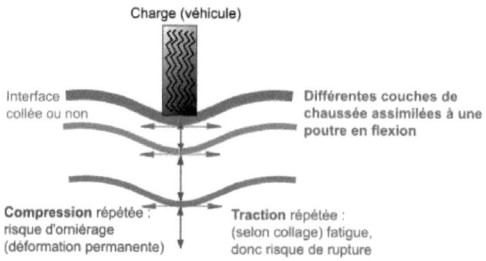

FIGURE 1.9 – *Schéma de fonctionnement d'une structure de chaussée sous l'application d'une charge roulante [Di Benedetto and Corté, 2005]*

Le passage d'un véhicule engendre des contraintes normales et de cisaillement dans toutes les directions des couches de la chaussée. La couche d'assise constituée de matériau bitumineux subit essentiellement le phénomène de fatigue causé par les cycles de traction/compression dans la direction parallèle à l'axe de roulement [De La Roche and Odeon, 1993].

Le calcul des efforts et des déformations s'effectue traditionnellement en considérant le modèle multicouche élastique linéaire isotrope de Burmister (1943), ce qui nécessite la détermination des valeurs du module d'Young et du coefficient de Poisson. Soulignons qu'en raison des propriétés particulières apportées par le bitume, les enrobés bitumineux ont un comportement (donc un module) fortement dépendant de la vitesse de chargement et également de la température. L'hypothèse d'un comportement élastique correspond à une approximation parfois non justifiée [Hammoum et al., 2009], [Chabot et al., 2010], [Chupin et al., 2010], [Chupin et al., 2012]. En particulier, les effets des non-linéarités et des irréversibilités s'accumulent avec le nombre de cycles qui peut atteindre plusieurs millions dans la vie d'une chaussée.

Ainsi l'agression mécanique des charges roulantes provoque des tassements et des flexions dans la structure routière. Leur répétition est à l'origine des phénomènes :
- d'orniérage (causé par les compressions successives des matériaux bitumineux, mais aussi par les déformations des couches non liées éventuelles) ;
- de fatigue par l'accumulation de micro-dégradations créées par les tractions transversales répétées qui peuvent entraîner la ruine du matériau ;
- de fissuration qui peut apparaître et se propager dans la chaussée.

1.5.2 L'effet de la température

Outre le vieillissement du matériau, la température a deux effets mécaniques principaux :

- le changement de la rigidité (module) du matériau dû au caractère thermo-susceptible du mélange bitumineux et plus particulièrement du liant hydrocarboné ;
- la création de contraintes et déformations au sein du matériau en raison des dilatations-contractions thermiques qui peuvent provoquer et faire se propager des fissures avec les cycles thermiques, surtout à basse température (les couches traitées aux liants hydrauliques sont sujettes quant à elles aux retraits thermique et de prise) (cf. Figure 1.10).

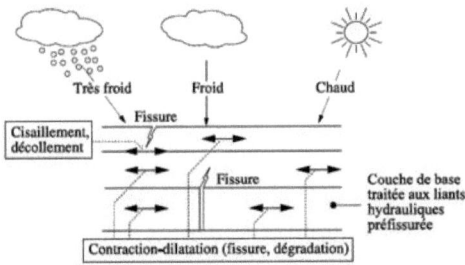

FIGURE 1.10 – *Effet de la température sur la structure de chaussée [Di Benedetto and Corté, 2005]*

En général, le premier effet est caractérisé par la dépendance du module de rigidité vis-à-vis de la température (thermo-susceptibilité). Le deuxième effet est particulièrement néfaste :

- lorsque des températures très basses sont appliquées, des fissures peuvent apparaître et se propager avec les cycles thermiques (journaliers ou autres) ;
- lorsqu'une couche de base traitée aux liants hydrauliques est mise en place dans la chaussée (structures semi-rigides), cette couche est sujette au retrait thermique, de prise et de dessiccation. Le retrait empêché par le frottement à l'interface peut provoquer une fissure dans le revêtement en enrobé bitumineux. Cette fissure évolue avec les cycles thermiques et peut traverser la couche. C'est le phénomène de remontée de fissure.

À une température basse, la rigidité élevée des enrobés bitumineux peut entraîner la fissuration thermique de la chaussée. Par contre, à la température élevée, la faible rigidité des enrobés bitumineux peut engendrer l'orniérage à la chaussée [Grimaux and Hiernaux, 1977], [Chen and Tsai, 1998].

1.5.3 L'effet de l'eau

Les dégâts causés par l'eau sont une des causes les plus importantes de la dégradation des chaussées. L'eau est une cause primaire de dégradation prématurée des chaussées puisqu'elle accélère ou cause typiquement des dégradations comme la remontée de fines, l'orniérage, la fissuration et les défauts localisés (nids de poule) [Hicks et al., 2003], [Mauduit et al., 2007], [Vulcano-Greullet et al., 2010]. La figure 1.11 illustre des series de nids de poule dans les bandes de roulement qui se produisent en période hivernale et plutôt en période de dégel et de phénomènes pluvieux importants.

FIGURE 1.11 – *Series de nid de poule dans les bandes de roulement [Mauduit et al., 2007]*

L'eau peut pénétrer dans la structure de chaussée par plusieurs voies [Mauduit et al., 2007] :
- latéralement, par remontée de la nappe phréatique dans le terrain naturel ou par circulation d'eau du terrain naturel vers la chaussée en déblai,
- par les fissures existantes sur la chaussée ou par les joints situés à la jonction de deux voies ou à la jonction chaussée/Bande d'arrêt d'urgence (BAU) ou Terre-plein central (TPC),
- à la limite BAU/berme avec infiltration des eaux de ruissellement et de fonte des cordons neigeux,
- par remontée capillaire dans les matériaux constituant la structure,
- par transport et condensation de vapeur d'eau dans les pores des matériaux,
- par infiltration directe des précipitations à travers le revêtement.

La figure 1.12 illustre les moyens par lequel l'eau peut entrer dans et sortir de la structure de chaussée [O'Flaherty, 2002]. Quand la teneur en eau de plate-forme est plus élevée que celle utilisée lors du dimensionnement, elle peut ramollir les couches de base qui cause alors des dégradations telles que la fissuration de surface, le développement d'orniérage, le développement des nids de poules et du délaminage.

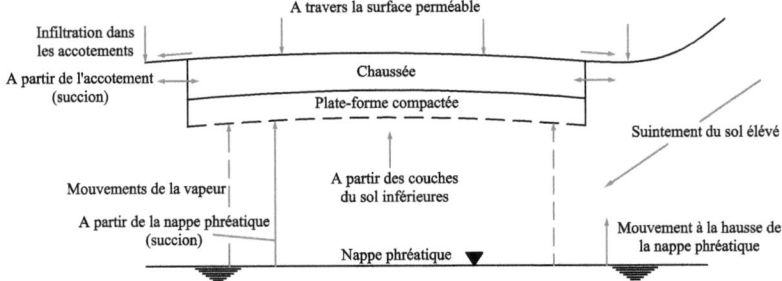

FIGURE 1.12 – *Mouvement d'eau dans une chaussée [O'Flaherty, 2002]*

Deux mécanismes d'interface (granulat/liant ou entre couches) sont liés aux dégâts causés par l'eau : une perte d'adhésion et une perte de cohésion [Hicks et al., 2003] (cf. Figure 1.13). Une rupture adhésive se produit à la surface de couche. Pour une rupture cohésive, elle se produit à l'intérieur de la couche d'accrochage. Une rupture cohésive indique que l'interface s'est comportée de manière plus forte que le cœur de la couche d'accrochage. Inversement, pour une rupture adhésive, l'interface a été moins résistante. L'eau s'immisce à l'interface granulat/bitume et diminue l'adhésion du mélange. Les phénomènes de gel et de dégel de l'eau contenue dans les pores des matériaux peuvent engendrer des déformations, des auto-contraintes (notamment dans le plan horizontal des couches) et des affaiblissements des matériaux bitumineux en augmentant la pression de vapeur saturante. L'action du trafic et l'effet de gel et dégel provoquent le décollement et l'arrachement du revêtement affaibli, formant in fine un nid de poule (Figure 1.14).

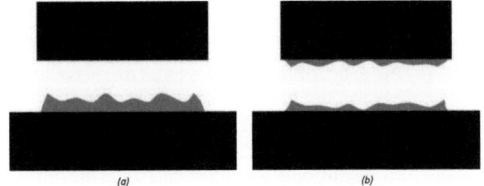

(http://fr.wikipedia.org/wiki/Adhesion)

FIGURE 1.13 – *Schéma d'une rupture (a) adhésive ; (b) cohésive*

Dans le cas des chaussées BCMC, on se pose la question de savoir si l'eau peut

1.5. LES SOLLICITATION DANS LES CHAUSSÉES

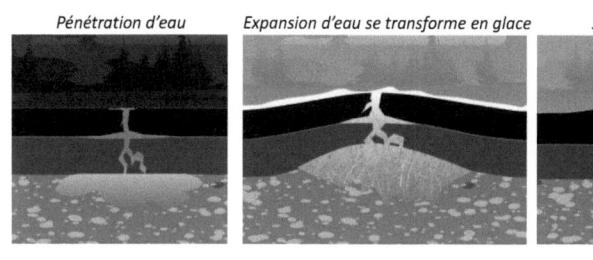

(http:
//www.mtq.gouv.qc.ca/portal/page/portal/Librairie/multimedias/Fr/reseau_routier/chaussees/final_0.swf)

FIGURE 1.14 – *Dégradation causée par action du trafic et effet de gel et de dégel*

s'infiltrer par les joints et affecter la tenue du collage entre les couches diminuant ainsi leur intérêt. L'infiltration de l'eau par les joints dans la structure de la chaussée facilite la dégradation des matériaux et du collage entre le béton de ciment et l'enrobé bitumineux [BLPC, 1979], [Vandenbossche et al., 2011]. La figure 1.15 montre une différence de quantité d'eau entre la surface de la section non scéllée et de la section scéllée des joints pendant qu'il pleut. La section non scéllée permet à l'eau de s'infiltrer dans la structure de chaussé tandis que, pour la section scéllée, la pluie forme une flaque d'eau sur la surface.

FIGURE 1.15 – *Différence de quantité d'eau infiltrant dans la surface scellée et non scellée [Vandenbossche et al., 2011]*

1.6 Les dégradations des chaussées

Dûs aux effets décrit précédemment, les chaussées peuvent présenter plusieurs types de dégradations et de ruptures selon leur nature, leur mise en œuvre et les efforts induits par les différents chargements auxquels elles sont soumises. Toute fissure pouvant être reconnue en surface représente un risque de dégradation accélérée de la chaussée. Dans plusieurs cas, leur identification et la connaissance du mode de fonctionnement de la structure de chaussée permettent de mieux comprendre l'origine des phénomènes et de proposer une ou des solutions de réparation.

D'après le catalogue des dégradations de surface des chaussées du LCPC [LCPC-SETRA, 1998], les dégradations des chaussées peuvent être classées en quatre familles : les arrachements, les mouvements de matériaux et les fissures.

1.6.1 Dégradations par arrachement de matériaux en surface

Ces dégradations concernent plutôt la qualité de la couche de surface et en ce sens des problèmes de sécurité routière en rapport avec l'adhérence et l'uni des chaussées. Ces phénomènes sont dûs soit à l'usure de la couche de surface, l'arrachement des gravillons de la couche de surface ou bien le départ du liant autour des granulats dans la couche de surface. Pour les chaussées bitumineuses épaisses, ces infiltrations d'eau accélèrent le désenrobage des granulats, provoquent des épaufrures des fissures aggravant le faïençage et des arrachements des matériaux.

1.6.2 Mouvements de matériau

Ces dégradations sont causées par des remontées du liant à la surface de la chaussée, par l'enfoncement de gravillons dans l'enrobé en période chaude, les remontées des éléments fins à la surface de chaussée, ou par l'éjection de l'eau à la surface lors du passage des véhicules lourds par suite de l'existence de cavités sous la couche de surface. Les recherches de [Castañeda-Pinzón and Such, 2004] sur l'existence de l'eau à l'interface entre le liant et le granulat ont permis de montrer ces phénomènes.

1.6.3 Orniérage

En général, ce sont celles qui donnent des déformations visibles en surface, comme les phénomènes irréversibles suivants : l'ornière, l'affaissement, le gonflement, le bourrelet, le décalage de joint de dalle ou bord de fissure, le flambement, les déformations de forme de tôle ondulée.

Les orniérages à grand rayon se produisent principalement sur des chaussées souples présentant une épaisseur insuffisante de matériaux granulaires non traités ou d'enrobés bitumineux pour le trafic supporté (sous-dimensionnement) ainsi que sur les structures réalisées sur un sol-support de faible portance ou mal drainé. Ces mêmes raisons peuvent provoquer des affaissements de rive ou de flaches. Dans le cas de sols gélifs sans protection adéquate, l'action du gel entraîne des gonflements importants sous forme de bourrelets et de fissuration en surface. Lors du dégel, des déformations permanentes se forment sous le trafic accentuant la fissuration. Pour les orniérages à petit rayon, on peut trouver des informations dans les travaux de thèse de [Sohm, 2011].

1.6.4 Fissuration et décollement

Les fissures sont considérées comme un des principaux modes de dégradations de chaussées. Elles sont à la base d'une accélération des dégradations propres à chaque type de chaussées par la diminution de la portance du support lors de l'infiltration d'eau et par la perte des conditions mécaniques nécessaires au maintien de la résistance des matériaux. En effet, leur présence associée ou non à l'eau met en péril la durabilité à terme de la structure sous le passage répété des véhicules lourds. Le problème de fissuration peut être observé du côté de l'endommagement des matériaux [Bodin et al., 2004], [Chkir et al., 2009] et de leur rupture comme le mettent en évidence par exemple les essais sur le comportement à la fatigue et à la rupture des liants bitumineux testés à température basse [Beghin, 2003], [Maillard et al., 2003]. Sur la structure de chaussée, pour un calcul de durée de vie, il est primordial de prévoir les évolutions de ces fissures. Par exemple, il est nécessaire de savoir évaluer les remontées des fissures comme dans les travaux de thèse de [Florence et al., 2004], [Laveissiere, 2001], [Pérez-Roméro, 2008] de comprendre la fissuration par le haut [Tamagny et al., 2004] ou de calculer la durabilité d'un collage entre les couches [Pouteau et al., 2004].

1.6.4.1 Différents formes et motifs de fissuration

Dans les chaussées réelles, la fissuration est souvent due à la combinaison de plusieurs phénomènes, mais cette distinction par modes de dégradation permet d'établir des différences fondamentales des mécanismes qui les gouvernent. [Colombier, 1997] a proposé cinq familles de fissures selon l'origine de leur apparition. En fonction de l'origine, du type de chaussées et du processus de fissuration, les fissures présentent des caractéristiques particulières. Les fissures sont en général de forme rectiligne d'orientation transversale (perpendiculaire au sens de déplacement du trafic) ou longitudinale (parallèle au sens de déplacement du trafic). Leur forme peut être aussi sinueuse, et l'orientation diagonale ou parabolique est très rarement observée. La largeur des fissures peut aller de quelques dixièmes de millimètres jusqu'à près de 1cm, selon l'origine de la fissuration et son avancée. Les trois aspects principaux des fissures présentés dans la figure 1.19 sont retenus [Colombier, 1997]. Elles se présentent en une seule branche (Figure 1.16A) dans la chaussée (début de la dégradation), en une ou plusieurs fissures parallèles ou entrecroisées (Figure 1.16B et Figure 1.16C - dégradation avancée).

1.6. LES DÉGRADATIONS DES CHAUSSÉES

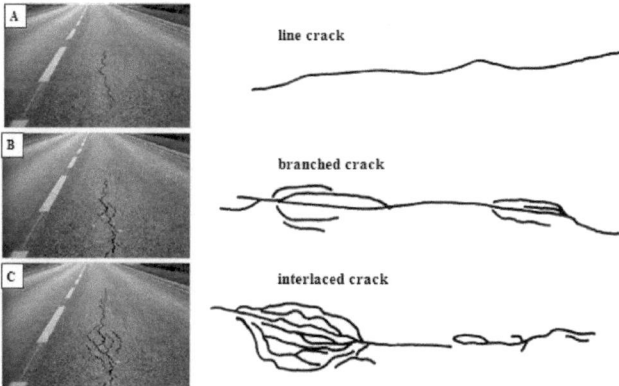

FIGURE 1.16 – *Différents aspects des fissures : A) fissure franche linéaire ; B) fissure en branche ou dédoublée ; C) fissure ramifiée ou entrecroisée*

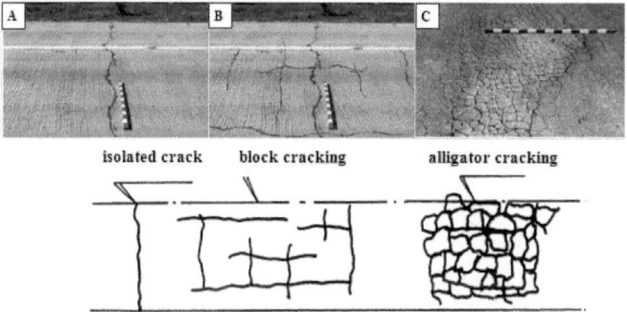

FIGURE 1.17 – *Différents motifs des fissures en surface : A) fissure unique isolée ; B) fissures disposées en bloc ; C) fissures en bloc très dense, faïençage ou " alligator cracking "*

Une zone fissurée d'une chaussée peut être plus ou moins étendue en fonction du nombre de fissures (une ou plusieurs), la distance qui les sépare (isolées ou en bloc) et leur degré d'entrecroisement (indépendantes ou maillées). L'extension de la fissuration en surface d'une chaussée peut être classée en trois cas si l'on observe de façon plus globale le motif de fissuration :

- fissure unique, isolée et indépendante (Figure 1.17A),
- fissures longitudinales et transversales s'entrecroisent et forment des blocs (Figure 1.17B),
- fissures très nombreuses, disposées en bloc et entremêlées de façon très dense

(Figure 1.17C), appelées aussi "faïençage ou alligator cracking"

1.6.4.2 Fissuration de fatigue des matériaux bitumineux

Lorsque la chaussée a subi un trafic cumulé supérieur à sa limite, ce type de fissures peut apparaître. C'est un phénomène qui peut affecter les matériaux de toutes les couches de la structure ou se limiter à la couche de base uniquement. Dans un premier temps, les fissures de fatigue, initiées dans la couche de base, sont fines et limitées aux voies circulées. Ensuite, ces fissures peuvent s'étendre à l'ensemble de la chaussée sous forme de faïençage plus ou moins dense.

1.6.4.3 Fissures de vieillissement

Sous l'effet combiné du vieillissement des bitumes et des variations thermiques, la fissuration peut apparaître. Les conditions atmosphériques et environnementales ont un effet important sur le vieillissement des matériaux bitumineux. Ce vieillissement des matériaux bitumineux est plus sévère à la surface et a pour conséquence une augmentation du module de rigidité et une diminution de la capacité à relaxer les contraintes. L'action des rayons UV fragilise le béton bitumineux et favorise la fissuration. Cette fragilité induit par une fissuration en surface issue de la combinaison entre les contractions thermiques et les déformations de la chaussée au cours de l'hiver.

1.6.4.4 Fissuration de retrait

La fissuration par retrait apparaît lorsqu'une couche de longueur supposée infinie est soumise à des sollicitations liées à un phénomène de retrait empêché. Cette fissuration de retrait peut apparaître à partir du moment où le frottement à la base de cette couche avec le support conduit à atteindre la limite en traction. Les fissures par retrait ou thermique ont lieu essentiellement dans les couches de matériaux traités aux liants hydrauliques mais peuvent exister aussi pour les matériaux traités aux liants hydrocarbonés lorsque les conditions climatiques sont sévères.

Dans le cas d'une chaussée à assise traitée aux liants hydrauliques, le matériau subit des contraintes uniformes systématiques dues au retrait de prise dès sa mise en place [Granju et al., 2004], [Bissonnette et al., 2011]. La couche d'assise est en traction uniforme sur toute l'épaisseur. Le frottement sur le sol-support provoque alors l'apparition d'une fissure progressant du bas vers le haut. Simultanément, les fissures se développent du haut vers le bas par des différences de valeurs d'hygrométrie. Dans son voisinage immédiat, les fissures n'ont pas un sens de propagation privilégié et la fissuration, même fine, peut se propager rapidement sur toute l'épaisseur de la couche.

1.6. LES DÉGRADATIONS DES CHAUSSÉES

1.6.4.5 Phénomène de fissuration réflective

Les chaussées et, plus en général, les structures de route sont composées de matériaux qui varient très largement non seulement dans la nature mais également dans les propriétés (granulats non liés, liants bitumineux, matériaux traités aux liants hydrauliques...). Toutes ces structures sont susceptibles de se fissurer par plusieurs causes, donnant lieu à des fissures de différentes formes et natures. Sous l'effet du trafic et des conditions climatiques, ces fissures produisent une grande variété de contraintes dans les chaussées. Le principal problème affectant la durée de vie des recouvrements en enrobé bitumineux sur des pavages fissurés provient de la propagation rapide de ces fissures à travers la nouvelle couche. Ce phénomène est connu sous le nom de "fissuration réflective" (reflective cracking).

L'observation des défauts de fissures et la connaissance de l'histoire de la structure permettent de déterminer l'origine de l'endommagement. Par conséquent, le contrôle de la fissuration réflective à travers les chaussées est une tâche complexe et de toute procédure efficace pour certains types de fissuration peut être inefficace pour les autres.

L'apparition de fissures à la surface de chaussée est un phénomène qui doit être évité pour la pérennité de la chaussée. En effet, les fissures dans la couche de roulement d'une chaussée provoquent de nombreux problèmes :

- la dégradation progressive de la structure de chaussée dans le voisinage des fissures dues aux déformations locales,
- l'intrusion de l'eau et la réduction de la capacité portante du sol,
- l'inconfort pour les usagers,
- la réduction de la sécurité.

1.6.4.5.1 Modes de fissuration

Les fissures réflectives se différencient en fonction de la forme, configuration, mode de mouvement des lèvres [Irwin, 1957], amplitude, vitesse de déformation et propagation. Trois modes de fissuration sont définis en fonction du mouvement des lèvres de la fissure (cf. Figure 1.18) :

- Le mode I correspond à l'ouverture de la fissure.
- Le mode II correspond au cisaillement des lèvres de la fissure.
- Le mode III correspond à une déformation de déchirement des lèvres de la fissure.

Les déformations d'origine thermique et le retrait au jeune âge de la couche d'assise induisent le mode I. La charge de trafic va causer le mode I, II ou III, en fonction de la position du véhicule par rapport à la fissure, ainsi que sur la géométrie de la fissure

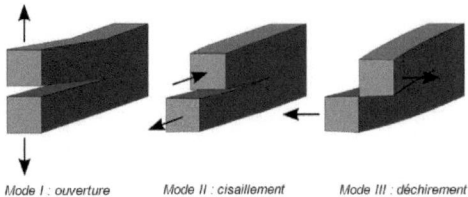

Mode I : ouverture Mode II : cisaillement Mode III : déchirement

FIGURE 1.18 – *Mouvement des lèvres d'une fissure*

[Colombier, 1997] :

- un véhicule qui s'approche d'une fissure transversale va le plus souvent induire les modes I et II. Lorsque l'essieu est au droitde la fissure, ses bords se déplacent dans le mode I (ouverture),
- un véhicule circulant à cheval sur une fissure longitudinale provoque les lèvres de fissure à s'ouvrir en mode I,
- un véhicule se déplaçant le long d'une fissure longitudinale continue va entraîner le mode II (cisaillement) (schéma 2 de la figure 1.19). Au bout de la même fissure (schéma 3 de la figure 1.19) le véhicule cause le mode III (déchirement).

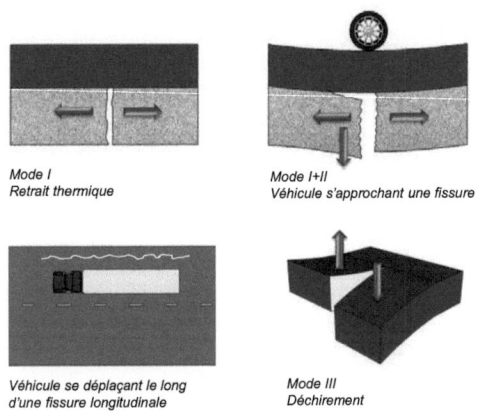

Mode I
Retrait thermique

Mode I+II
Véhicule s'approchant une fissure

Véhicule se déplaçant le long
d'une fissure longitudinale

Mode III
Déchirement

FIGURE 1.19 – *Mouvements possibles des lèvres de la fissure*

1.6.4.5.2 Description schématique du développement d'une fissure réflective

Le développement d'une fissure existante dans une couche superposée sous l'ac-

1.6. LES DÉGRADATIONS DES CHAUSSÉES

tion des différentes contraintes et charges généralement est produit par les trois étapes impliquant des mécanismes différents :

- Au stade de l'initiation, une fissure est provoquée par un défaut déjà présent dans la couche non fissurée ou par la discontinuité créée par la présence d'un joint ou d'une fissure dans la couche inférieure.
- Dans la phase de propagation lente, la fissure monte à travers toute l'épaisseur de la couche, à partir du point où elle a été induite par une concentration du trafic ou des contraintes thermiques.
- La rupture ou la phase finale est marquée par la fissure apparaissant à la surface de la couche.

L'importance relative de ces trois étapes peut différer selon la nature de la fissure et le type de charge agissant sur la structure. Sous une charge de trafic et un chargement thermique, la propagation des fissures réflectives peut se présenter sous différentes possibilités de progression décrites par [Goacolou and Marchand, 1982]. Les fissures se propagent soit verticalement quand l'état d'interface est bien collé avec un léger décollement ou sans décollement à l'interface, soit horizontalement en décollant l'interface. Sur la figure 1.20, les propagations des fissures sont représentées dans les travaux de [Pérez-Roméro, 2008]. Une fissure centrée aux interfaces décollées fait son apparition lorsque les décollements sont légers, une fissure décentrée lorsque les décollements sont importants et une fissure double décentrée lorsque les décollements et les déplacements verticaux sont importants. Dans les structures de béton de ciment composées d'une couche mince bitumineuse, on rencontre fréquemment ce dernier cas.

1.6.4.6 Fissures liées aux mouvements du sol support

De façon générale, une perte de portance du sol va conduire à des ruptures en dalles ou des fissures simples longitudinales et transversales. Les mouvements du sol peuvent être provoqués par une réduction de portance du sol support, un tassement lent du support lorsque celui-ci est compressible ou mal compacté, un glissement de terrain, une déformation du support créée par le gel. Une fissuration due aux mouvements ou à la perte de portance locale du sol sur laquelle la structure repose peut se propager dans les différentes couches de la structure.

1.6.4.7 Fissures de construction

La fissuration peut être à l'origine de certaines erreurs dans la conception des chaussées ou de mauvaises pratiques dans la construction :

- la variation transversale de la capacité portante se produit souvent à l'élargissement des chaussées. Une fissure longitudinale apparaît fréquemment au bord

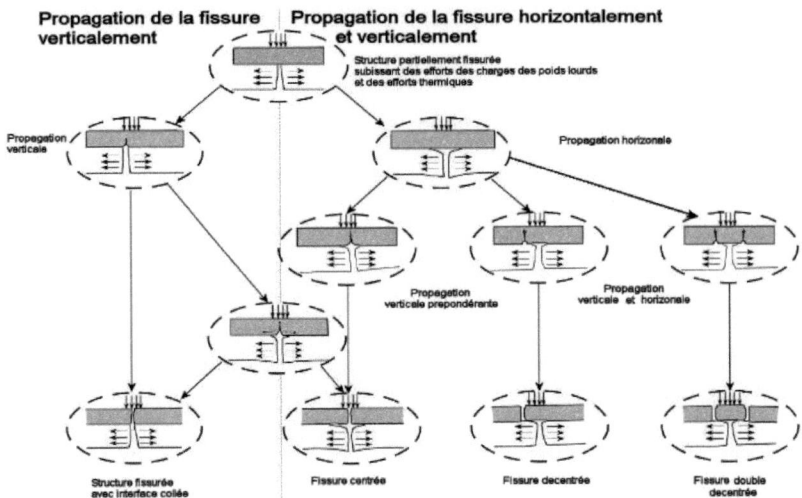

FIGURE 1.20 – *Schéma de propagation des fissures réflectives [Pérez-Roméro, 2008]*

de l'ancienne structure, en particulier lorsque le bord est enjambé par les nouveaux passages de roue des véhicules,
- les joints de construction : joints longitudinaux entre les voies adjacentes et joints d'arrêt transversaux sont les points faibles s'ils ont été mal construits. Ces défauts conduisent souvent à des fissures non seulement dans le matériau traité aux liants hydrauliques mais également dans les matériaux bitumineux,
- le glissement entre les couches : quand la couche de roulement n'est pas liée à la couche sous-jacente de la chaussée, elle peut rapidement fissurer sous l'action du trafic.

1.6.4.8 Dégradations des chaussées BCMC

Dans les chaussées en béton de ciment mince collé (BCMC), les fissurations les plus courantes sont la fissure en coin de dalle et la fissure réflective [Gucunski, 1998], [Rasmussen and Rozycki, 2004], [Pouteau, 2004], Burnham [2005], Armaghani et al. [2005], [Kim et al., 2009]. La figure 1.21 montre le mouvement de panels qui indique un mauvaise collage entre les couches. La fissure au coin de dalle (Figure 1.22) se produit au coin de la dalle près de bande de roulement. Cette fissure se produit lorsque la limite de fatigue du béton est atteinte (rapport contrainte/résistance). Ce rapport augmente avec le nombre de chargement. Le chargement répété du trafic provoque une déformation permanente de la couche d'enrobé en-dessous de la couche de béton et les vides en coin de dalle se produisent [Rasmussen and Rozycki, 2004]. Ces actions font augmenter la contrainte de traction au-dessus de la couche de béton. Une fois la limite de fatigue atteinte, le BCMC est détérioré par fissuration en coin de dalle. Une autre raison de fissures en coin de dalle est le décollement à l'interface entre les couches qui peut augmenter la contrainte de traction au-dessus de la couche de béton. L'autre fissure prédominante est la fissure réflective (Figure 1.23) due à la liaison avec la couche d'enrobé bitumineux et à la charge liées à la fissuration. Dans le cas des aires de stationnement utilisées à l'urbain, les fissures peuvent apparaître avant ou après les zones en BCMC.

FIGURE 1.21 – *Mouvement de panels [Kim et al., 2009]*

FIGURE 1.22 – *Fissure au coin de dalle [Burnham, 2005]*

1.7 Effet de l'état d'interface

Dans les structures où la couche de béton bitumineux est posée sur la couche de béton de ciment via une couche d'accrochage, le collage des couches est l'un des éléments les plus importants contribuant à la durée de vie de recouvrement [LCPC-SETRA, 1994], [Tschegg et al., 2007], [Al-Qadi et al., 2008]. La perte de liaison entre ces couches

FIGURE 1.23 – *Fissure réflective à travers la couche de BCMC [Burnham, 2005]*

peut entraîner des dégradations des chaussées comme le glissement de fissuration [Romanoschi, 1999]. Divers facteurs peuvent affecter l'état de liaison à l'interface tels que le comportement de l'enrobé, de la couche d'accrochage, le dosage en liant, la texture de surface du béton de ciment, la température et les conditions d'humidité. La rigidité de la chaussée ne dépend pas seulement de la résistance et de la rigidité de chaque couche, mais aussi de l'interface entre les couches. La fonction du matériau de couche d'accrochage est de fournir une adhérence nécessaire entre la couche sous-jacente et la nouvelle couche. Cette adhérence est nécessaire pour que les couches de chaussées travaillent ensemble pour supporter le trafic et les conditions climatiques variables. L'hypothèse prise dans la conception des chaussées est que les couches adjacentes sont entièrement collées sans glissement relatif. En réalité, ce n'est pas toujours vrai car pour assurer une interface entièrement collée, on doit vérifier différents facteurs, tels que la texture des surfaces de contact, le dosage d'application de la couche d'accrochage, la distribution non uniforme de la couche d'accrochage, et la qualité de compactage.

Par ailleurs, dans une structure comportante un système géosynthétique entre couches, la distribution non uniforme des vides tout au long de l'épaisseur peut être due à ce mauvais compactage (cf. Figure 1.24b). Le travail de [Vismara et al., 2012] a montré que le mauvais compactage des matériaux bitumineux lors de la phase de réalisation des chaussées peut créer des vides au niveau de la couche d'accrochage (cf. Figure 1.24). L'eau peut ainsi s'infiltrer à travers ces vides et engendrer des dégratations telles que la propagation de fissure ou de décollement à l'interface.

Aux endroits où l'adhérence des couches est mauvaise et/ou le décollement se

1.7. EFFET DE L'ÉTAT D'INTERFACE

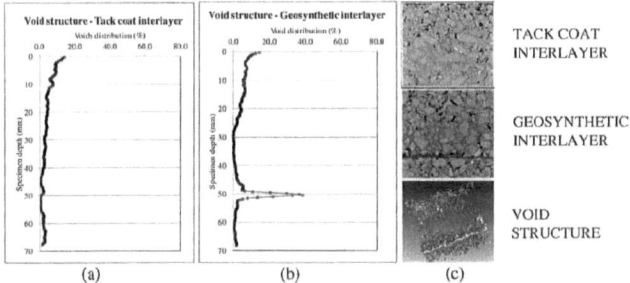

FIGURE 1.24 – *Exemple des vides au long de l'épaisseur pour (a) couche d'accrochage et (b) système intercouche géosynthétique ; (c) X-ray tomographie du système et 3D reconstruction du vide dans le système renforcé [Vismara et al., 2012]*

produit, le glissement de fissuration va apparaître rapidement (cf. Figure 1.25). Certains auteurs estiment que ce glissement entraîne une tension horizontale élevée et une adhérence insuffisante à l'interface entre les couches [Hachiya and Sato, 1997], [Shahin et al., 1987].

FIGURE 1.25 – *Glissement de fissuration causé par la mauvaise adhérence d'interface*

1.7.1 Comparaison des effets du trafic et de la température sur différentes textures de surface du béton de ciment

Dans le cas d'une structure enrobé sur béton de ciment, la texture du béton de ciment et le dosage du liant de la couche d'accrochage ont des effets sur la résistance au cisaillement d'interface entre l'enrobé bitumineux et le béton de ciment. Quatre types de surface du béton sont testés (cf. Figure 1.26). L'effet du dosage en liant sur les surfaces lisses est plus important que sur les surfaces striées et les surfaces fraisées (cf. Figure 1.27). La surface striée semble augmenter la résistance au cisaillement d'interface lorsque le dosage en liant est faible par rapport à la surface lisse. La figure 1.26 montre que l'orientation de striage n'a pas d'effet sur la résistance au cisaillement d'interface. La surface de fraisage donne une plus grande résistance au cisaillement d'interface que les surfaces lisses et tining. Comme le dosage en liant augmente au-delà du dosage en liant moyen, l'effet de l'état de surface diminue et devient sans importance. Parmi les quatre textures de surface, la surface fraisée du béton de ciment donne la meilleure résistance au cisaillement d'interface.

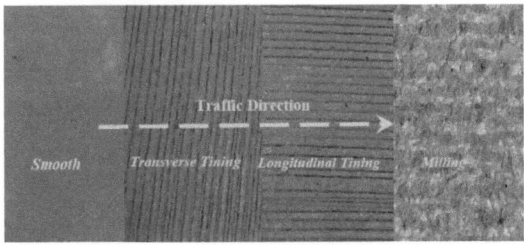

FIGURE 1.26 – *Texture de surface du béton de ciment [Al-Qadi et al., 2008]*

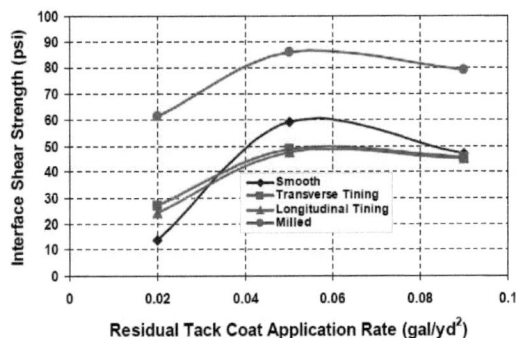

FIGURE 1.27 – *Effet de la texture de surface du béton de ciment [Al-Qadi et al., 2008]*

Notes : $1\ kPa = 0.145\ psi$; $1\ L/m^2 = 0.22\ gal/yd^2$

Par ailleurs, les travaux de recherche de [Pouteau, 2004], [Chabot et al., 2008], utilisant des essais accélérés en vrai grandeur et essais sur chaussée réelle [Pouteau et al., 2006], ont montré que l'état de surface est important pour avoir un bon collage entre le béton du ciment et l'enrobé bitumineux à température élevée. Par contre, il y a peu d'influence de l'état de surface de l'interface à basse température (cf. Figure 1.28). Il ressort de cette étude que les effets de la température et la position de la charge sur le joint affectent le collage. Par contre, ces travaux n'ont pas pu évaluer clairement les effets dûs à l'eau pouvant être importants.

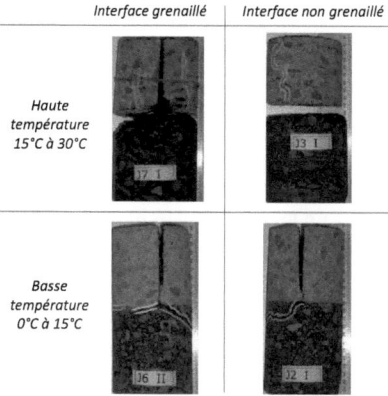

FIGURE 1.28 – *Influence de l'état de surface du béton de ciment [Pouteau, 2004]*

1.7.2 Effet de la température sur la résistance d'interface

Plusieurs études récentes ont montré que la température a un impact sur la résistance au cisaillement d'interface [Hachiya and Sato, 1997], [Woods, 2004], [West et al., 2005], [Al-Qadi et al., 2008], [Vulcano-Greullet et al., 2010]. Les essais ont été réalisés à trois températures : 10, 20 et 30 °C sur un enrobé bitumineux 0/9,5, une surface lisse du béton de ciment, et une couche d'accrochage SS-1HP avec un dosage en liant de 0,23 L/m^2. En fonction de l'augmentation de la température, la résistance au cisaillement d'interface diminue (Figure 1.29). En outre, à une température basse, la résistance d'interface devrait diminuer en raison de la fragilité des matériaux et de décollement possible dûs aux caractéristiques thermiques des différents matériaux.

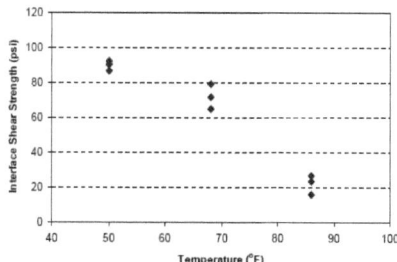

FIGURE 1.29 – *Effet de la température sur la résistance d'interface [Al-Qadi et al., 2008]*

Note : 1 kPa = 0.145 psi ; °C = (°F-32)*5/9

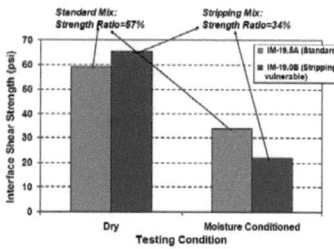

FIGURE 1.30 – *Résistance d'interface selon différentes conditions hydriques [Al-Qadi et al., 2008]*

1.7.3 Effet de la teneur en eau sur la résistance d'interface

Les travaux réalisés par [Al-Qadi et al., 2008] abordent l'effet de la teneur en eau sur la résistance au cisaillement d'interface entre l'enrobé bitumineux et le béton de ciment à l'aide de l'essai de cisaillement direct. Pour le mélange de classe standard, la résistance au cisaillement d'interface diminué de 59,1 psi à 33,7 psi (407,6 kPa à 232,4 kPa) (43% de réduction), tandis que pour le stripping-vulnerable mix, la baisse a été de 65,3 psi à 21,9 psi (450,3 kPa à 151,0 kPa) (réduction de 67%). Les résultats expérimentaux conduisent à conclure que la teneur en eau diminue de façon significative la résistance d'interface de la couche d'accrochage (Figure 1.30). Pour les interfaces de type BCMC, ces investigations n'ont pas été trouvées dans la littérature.

1.8 Bilan

De nombreuses études ont été menées pour étudier les phénomènes de dégradation des chaussées. Il a été constaté que, dans les chaussées mixant des matériaux hydrauliques et bitumineux, la tenue du collage d'interface entre les couches peut conduire à plusieurs problèmes prématurés dont le décollement à l'interface entre les matériaux. C'est une cause primordiale sur la détérioration de la chaussée. L'effet combiné de l'état d'interface, du trafic et des cycles de températures différentielles entre couches peut provoquer le décollement à l'interface entre bimatériau. La présence d'eau, quelque soit sa phase, semble ajouter à ce système complexe des dégradations irréversibles qui ne peuvent être ignorées. Nous proposons donc ici de tenter de caractériser le comportement d'interface entre le béton de ciment et l'enrobé bitumineux. In fine, l'objectif serait de pouvoir obtenir un moyen d'essai permettant de donner des caractéristiques d'interface pour aider à bien dimensionner la chaussée et ainsi prolonger la durée de vie des chaussées, réduisant alors les coûts associés directs et indirects. L'étude peut s'appuyer sur les modélisations numériques de la mécanique de la rupture et sur les essais de laboratoire.

CHAPITRE 2

BIBLIOGRAPHIE SUR LES ESSAIS EN LABORATOIRE ET MODÈLES POUR ÉTUDIER LA FISSURATION ET LE DÉCOLLEMENT

2.1 Introduction

De nombreuses études menées notamment à la Rilem ont été et sont encore réalisées afin de caractériser et d'évaluer les fissurations dans les structures de chaussée [RilemTC-MCD, 2011], [?]. Les propriétés adhésives des couches d'accrochage et de l'effet de l'eau dans ces couches sont également explorées comme le montre ce chapitre.

Nous présentons donc tout d'abord une revue des essais mécaniques de laboratoire pouvant guider ce travail de thèse et utilisés pour la caractérisation des effets de l'eau dans les matériaux bitumineux et du décollement de l'interface de système multicouche. Les principaux outils et modèles d'analyse mécanique de la rupture utilisés par la suite sont relatés dans un second temps.

2.2 Essai de caractérisation de l'effet de l'eau

2.2.1 Essai Duriez NF EN 12697-12

Dans le but d'étudier la tenue à l'eau des enrobés bitumineux, l'essai Duriez selon la norme européenne NF EN 12697-12 est utilisé (Figure 2.1). Le mélange d'enrobé bitumineux est compacté dans un moule cylindrique par une pression statique à double effet. Une partie des éprouvettes est conservée sans immersion à température 18 °C et hygrométrie contrôlées à 50 % d'humidité pendant 7 jours. L'autre partie est mise sous vide avec une pression résiduelle de 47±3 kPa dans une cloche à vide et maintenue cette pression pendant 120±10 min avant d'injecter l'eau dans cette cloche à vide. Les éprouvettes sont conservées immergées dans un bain d'eau à 18 °C pendant 7 jours. Chaque groupe d'éprouvettes est écrasé en compression simple avec une vitesse comprise entre 45 mm/min et 65 mm/min.

FIGURE 2.1 – *Essai Duriez*

2.2.2 Essai de cisaillement coaxial (CAST)

L'objectif de cet essai est d'étudier l'évolution des propriétés mécaniques des matériaux bitumineux sous l'effet combiné de l'eau et de la température [Poulikakos and Partl, 2009], [Gubler et al., 2005]. Le principe de l'essai est de produire des dommages mécaniques dus à des cycles répétés de chargement, de température, et d'immersion des éprouvettes dans l'eau. Le noyau central est relié à la presse hydraulique qui pilote le déplacement vertical avec des chargement sinusoïdaux (Figure 2.2). La charge de cisaillement est appliquée perpendiculairement à la surface circulaire du spécimen par l'intermédiaire du noyau central, avec un confinement latéral fourni par un anneau métallique entourant l'éprouvette. Cette configuration permet un chargement le long du même axe que celui de la circulation des véhicules alors que le confinement latéral simule une situation semi-infinie connue sur la route. La configuration de base est modifiée de sorte que l'échantillon soit immergé dans l'eau avec au moins 10 mm d'eau au-dessus de la surface supérieure de l'échantillon (Figure 2.2). Cette procédure d'essai permet de produire un écoulement d'eau vertical et un pompage d'eau similaire à la charge réelle. Les dimensions typiques de l'éprouvette CAST sont de 150mm de diamètre D et de 55mm de hauteur h. Les surfaces latérales intérieure et extérieure de l'échantillon sont scellées avec une résine époxy et collées dans le moule de l'essai. Puis le tout est placé dans une chambre climatique.

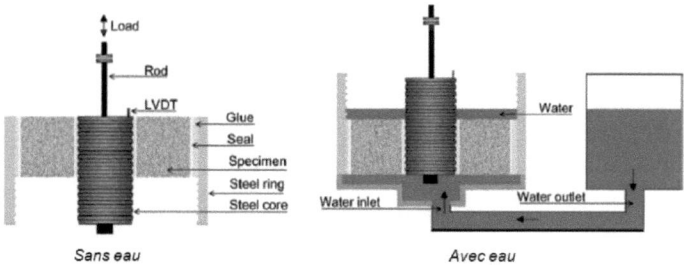

FIGURE 2.2 – *Essai de cisaillement coaxial Poulikakos and Partl [2009]*

2.2.3 Essai de tenue au gel/dégel

Afin d'évaluer et caractériser le possible gonflement et la détérioration des matériaux au gel, des essais provenant des géomatériaux pour évaluer le gonflement des sols par le gel ont été dernièrement mis au point sur matériaux bitumineux. En fait, l'action des cycles de gel-dégel produit deux principaux types de détériorations du matériau :
- la fissuration interne dans les matériaux
- l'écaillage des surfaces.

L'essai avec les cycles gel/dégel mis au point dans [Mauduit et al., 2010] consiste à utiliser un dispositif qui permet d'appliquer un front de gel d'une manière unidimensionnelle. Il est constitué de six cellules qui permettent d'évaluer simultanément six échantillons différents. La figure 2.3 représente l'une de ces six cellules du dispositif, lui-même composé d'un réservoir contenant un liquide à température contrôlée légèrement supérieure à 0° C dans lequel les éprouvettes sont placées. Un piston en métal réfrigéré est utilisé pour appliquer des cycles gel/dégel à la surface de l'éprouvette. Il est possible d'immerger la partie inférieure de l'échantillon préalablement saturé en eau sous vide de la même façon que la procédure utilisée dans ce travail de thèse dans chaque cellule dans un réservoir d'eau à température contrôlée à 1 ou 2°C, afin de maintenir un taux de saturation constant. La déformation de l'éprouvette est mesurée par des jauges de déformation collées sur l'échantillon.

Dans le travail de stage récent de [Dekkiche, 2012], on montre qu'il y a une diminution conséquente des cœfficients de dilation/contraction apparents du matériau lors du changement de phase solide/liquide sur les déformations libres du matériau. Cet essai reste en cours de développement dans l'opération CCLEAR de l'IFSTTAR. L'idée est de pouvoir également évaluer les effets de gel/dégel sur éprouvette cylindrique bi-

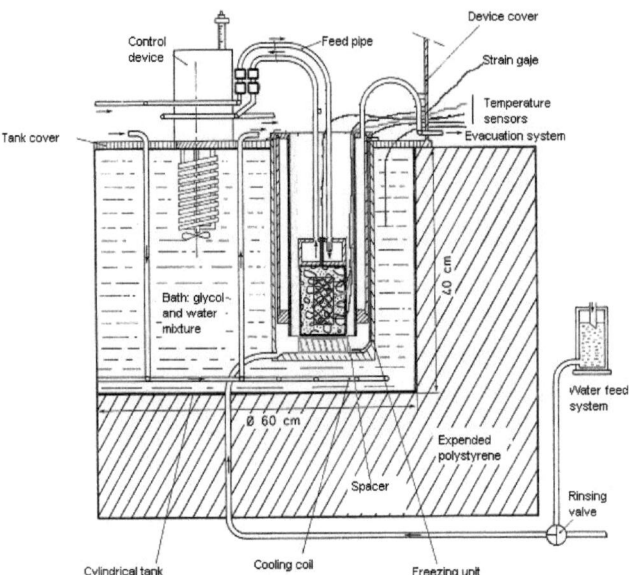

FIGURE 2.3 – *Schéma de dispositif de l'essai de gel et de dégel [Mauduit et al., 2010]*

matériaux.

2.3 Les essais de caractérisation de décollement

Dans la littérature des essais de laboratoire sur matériaux de chaussée (sur liant bitumineux ou matériaux bitumineux), il existe en général trois essais différents reposant sur des mécanismes de chargements différents indiqués dans la figure 2.4 pour étudier la performance de l'adhérence d'interface entre les couches. Ce sont des essais de cisaillement direct, des essais de traction, et des essais de cisaillement en torsion [Tashman et al., 2006]. Il est important de noter que certains de ces essais ont une composante de charge normale et certains n'ont pas, en se basant sur le fait que l'interface de la couche d'accrochage n'est pas sensible à la pression normale. La configuration de test le plus couramment utilisé pour mesurer la résistance au cisaillement d'interface utilise un mécanisme de cisaillement direct, où la charge est appliquée pour générer une rupture en cisaillement dans le plan d'interface prédéfini. Une revue complète de ces essais pour les matériaux bitumineux est disponible dans le chapitre 6 de l'ouvrage état de l'art publié par le comité technique de la RILEM (TC206-ATB) [Canestari et al., 2013]. Nous ne donnons dans ce paragraphe qu'une illustration de ces principaux essais.

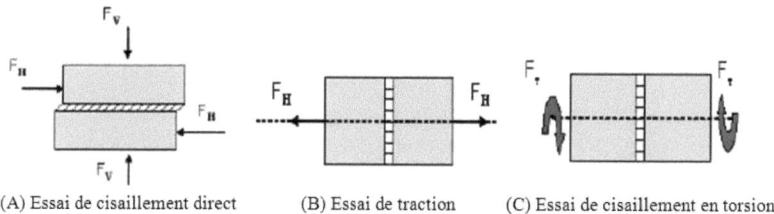

(A) Essai de cisaillement direct   (B) Essai de traction   (C) Essai de cisaillement en torsion

FIGURE 2.4 – *Principaux types d'essai en laboratoire pour l'évaluation de l'interface de couche d'accrochage [Tashman et al., 2006]*

Dans la littérature des essais de rupture d'interface des bi-matériaux autres que ceux des chaussées, on trouve l'essai MMB (Mixed-Mode Bending) qui est un essai de flexion en mode mixte [Reeder and Crews, 1990]. La figure 2.5 illustre le schéma et la géométrie de l'essai. Dans cet essai, une charge est appliquée sur un levier de chargement et une articulation qui se transforment en deux charges résultantes agissant sur l'éprouvette pour réaliser un essai en mode mixte (Figure 2.5(b)). La position de c détermine l'amplitude relative des deux charges résultantes de l'éprouvette. Par conséquent, elle détermine le rapport de mode de rupture (mode I et II). Le mode II pur de chargement se produit lorsque la charge appliquée est directement à mi-portée dessus de l'éprouvette ($c=0$). Le mode I pur de chargement peut être obtenu en tirant sur l'articulation. Cet essai bien que très intéressant présente l'inconvénient d'avoir tous les supports disposés sur les matériaux. Cet état ne peut être envisageable dans ce travail où l'on souhaite le plus possible s'affranchir des effets visqueux des matériaux bitumineux.

2.3.1 Superpave Shear Test (SST)

Afin d'évaluer l'influence des types de liant, du dosage en liant et de la température sur la résistance au cisaillement des couches d'accrochages, [Mohammad et al., 2002] utilise l'essai de cisaillement dit "Superpave Shear Tester (SST)" (Figure 2.6). L'appareil de cisaillement possède deux parties qui maintiennent les spécimens au cours des essais. L'appareil de cisaillement est monté à l'intérieur de la SST. La charge de cisaillement est appliquée à un taux constant de 222,5 N/min (50lb/min) sur l'échantillon jusqu'à la rupture. Les tests sont effectués à 25 et 55 °C (77 et 131 °F). Les matériaux de couche d'accrochage comprennent quatre émulsions (CRS-2P, SS-1, CSS-1 et SS-1h) et deux liants routiers (PG 64-22 et PG 76-22M) appliqués à cinq différents taux de 0,0 à 0,2 gal/yd^2 (0,0 à 0,9 l/m^2). Les études effectuées ont identifié l'émulsion CRS-2P comme le meilleur compromis en terme de résistance au cisaillement d'interface avec un dosage

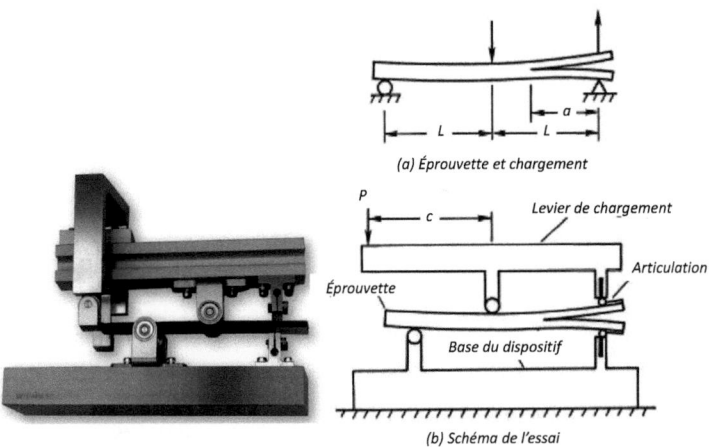

FIGURE 2.5 – *Essai de flexion en mode mixte [Reeder and Crews, 1990]*

optimal de 0,09 l/m² (0,02 gal/yd²). Les résultats montrent également que les tests à 25 °C aboutissent à des résistances au cisaillement généralement environ cinq fois supérieures aux forces de cisaillement obtenues à 55 °C. Les tests à 25 °C permettent également de mieux distinguer les différences de dosage en liant.

FIGURE 2.6 – *Superpave Shear Tester [Mohammad et al., 2002]*

2.3.2 Essai de double cisaillement

Afin de symétriser l'essai de cisaillement classique du type précédent (géométrie et sollicitation) sur interface entre deux couches, le laboratoire 3MsGC de l'Université de Limoges a développé un essai de double cisaillement (DC), initialement créé pour évaluer l'endommagement par cisaillement des enrobés [Diakhaté et al., 2006], [Diakhaté et al., 2011]. L'essai DC est réalisé sur une éprouvette composée de trois couches, deux à deux collées par une couche d'accrochage (cf. Figure 2.7). Les vitesses de sollicitation adoptées varient de 0,002 à 4,8 MPa/s pour les essais monotones. Les essais cycliques sont réalisés avec une fréquence comprise entre 0+ε Hz et 15 Hz. La température d'essai peut varier entre -300 °C et 60 °C.

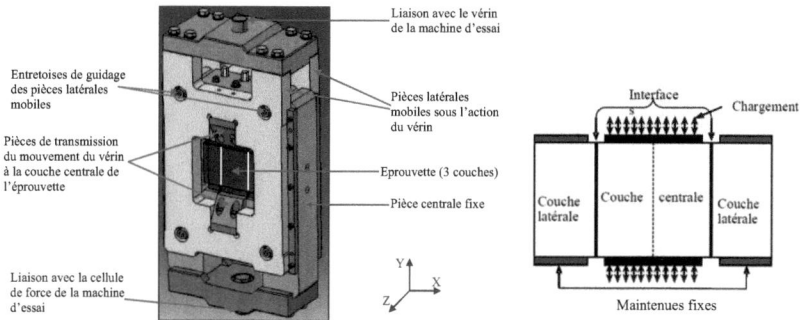

FIGURE 2.7 – *Essai de double cisaillement [Diakhaté et al., 2011]*

2.3.3 Essai de cisaillement direct

L'essai de cisaillement direct est en général réalisé en déplacement imposé ($\simeq$ 50 mm/min) et évalué par une caractéristique de cisaillement facilement calculable égale à équation (2.1) :

$$\tau = \frac{4F}{\pi d^2} \qquad (2.1)$$

où

- τ est le contrainte de cisaillement (MPa)
- F est la force maximale appliquée sur l'éprouvette (N)
- d est le diamètre de l'échantillon (mm)

La taille du diamètre des éprouvettes peut être soit 100 mm soit 150 mm. L'essai de cisaillement, nommé Leutner, est incorporé dans plusieurs normes et réglementations nationales [Swiss-Standard, 2000], [Austrian-Standard, 1997], [ALP.A-StB, 1999], [MCHW, 2004].

Afin d'étudier les caractéristiques d'interface entre l'enrobé bitumineux et le béton de ciment et de déterminer la résistance au cisaillement d'interface en laboratoire, une version modifiée du dispositif de l'essai de cisaillement direct développée par [Donovan and Loulizi, 2000] a été construite et utilisée (Figure 2.8) dans [Al-Qadi et al., 2008]. Ce dispositif est conçu pour appliquer une force de cisaillement dans la direction verticale et une force normale dans le sens horizontal. Les effets de moment de flexion induit par l'excentricité de la force de cisaillement sont éliminés par le bras de chargement en forme de U sur la figure 2.8. Deux critères sont utilisés dans la littérature pour déterminer le dosage en liant : la contrainte de cisaillement maximale pour les essais monotones ou le nombre maximum de cycles des tests. Le premier critère est le plus couramment utilisé en raison de sa simplicité d'utilisation et de contrôle au cours des essais. Toutefois, le deuxième critère simule mieux la situation réelle des chaussées. Dans cette étude, des essais préliminaires sont effectués pour comparer les deux modes de test, et il est constaté que l'essai monotone quantifie plus précisément l'effet des caractéristiques de l'interface que l'essai cyclique. Par conséquent, un test monotone est sélectionné. Le test est réalisé ainsi avec un déplacement imposé à un taux de cisaillement constant de 12 mm/min (0,47 in/min). Ce taux est compatible avec d'autres études [Romanoschi, 1999].

FIGURE 2.8 – *Essai de cisaillement direct [Al-Qadi et al., 2008]*

2.3.4 Dispositif d'essai ASTRA

Le dispositif d'essai ASTRA (Ancona Shear Testing Research and Analysis) [Santagata and Canestari, 1994], [Santagata et al., 2009]consiste à mesurer le déplacement dans la direction normale ainsi que la direction de cisaillement. Ce dispositif est issu du dispositif de mécanique des sols. La figure 2.9 illustre son schéma de fonctionnement. Une charge verticale constante (correspondant à une contrainte normale de 0,2MPa, dans des conditions standard) est appliquée à l'échantillon alors que la table mobile se déplace à une vitesse constante (2,5mm/min, dans des conditions standard) en transmettant la force de cisaillement à l'interface. Le tout est placé dans une enceinte climatique afin de pouvoir contrôler la température de l'essai.

2.3. LES ESSAIS DE CARACTÉRISATION DE DÉCOLLEMENT

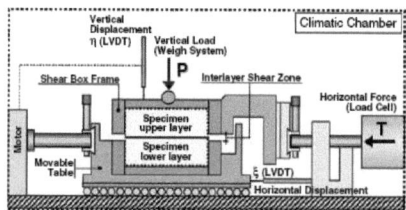

FIGURE 2.9 – *Dispositif d'essai ASTRA [Santagata et al., 2009]*

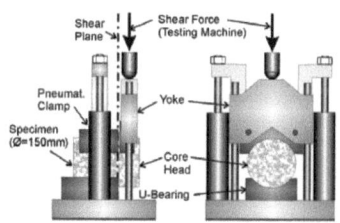

FIGURE 2.10 – *Dispositif d'essai LPDS [Santagata et al., 2009]*

2.3.5 Dispositif d'essai LPDS

Le dispositif d'essai LPDS (Layer-Parallel Direct Shear) [Partl and Raab, 1999], [Santagata et al., 2009] est une version modifiée de l'essai Leutner [Leutner, 1996] mis au point en Allemagne en 1979. Ce type d'essai permet de déterminer les propriétés de l'interface. Le fonctionnement de l'essai pour les échantillons cylindriques (150mm de diamètre) est représenté sur la figure 2.10. Une partie de l'échantillon bicouche est placée sur un U-bearing et l'autre partie est déplacée avec une vitesse constante (50,8mm/min, dans des conditions standard) au moyen d'un joug, permettant l'application d'une force de cisaillement à l'interface. Les échantillons sont conditionnés dans une chambre climatique pendant 8h et tous les essais sont effectués à 20°C.

2.3.6 Essai de fendage par coin "Wedge Spitting Test"

Afin d'étudier les propriétés mécaniques de rupture d'interface entre couches d'enrobé bitumineux et de béton de ciment, [Tschegg et al., 1996], Tschegg et al. [2007], [Tschegg et al., 2011] ont mis au point une nouvelle méthode d'essai de fendage par coins ("Wedge Spitting Test") inspiré de l'essai de poutre DCB (Double Cantilever Beam). Le principe de cet essai est schématiquement décrit sur la figure 2.11. Les éprouvettes sont préparées avec une rainure à l'interface et fendues par l'intermédiaire d'un coin d'un angle donné descendant et produisant ainsi un effort de traction sur l'interface ouvrant celle-ci en mode I. Il existe différentes formes d'éprouvettes (Figure 2.11). Le coin, l'entaille, l'interface et le zone des supports linéaires sont positionnés dans le même plan vertical. Le coin transmet une force F_M de la machine d'essai à l'échantillon (l'angle de coin α est compris entre 5 et 15 degrés). Le coin mince exerce une composante horizontale F_H égale à $\frac{F_M}{\tan\frac{\alpha}{2}}$ et une composante verticale F_V sur l'échantillon. La composante horizontale divise l'échantillon le long de l'interface avec une vitesse de 0,5 mm/min. Le fractionnement doit avoir lieu au cours de la propagation des fissures jusqu'à ce que l'échantillon soit complètement séparé. Le coin est extrêmement rigide, c'est à dire que le flux de force est court et direct, et très peu d'énergie de déformation est stockée.

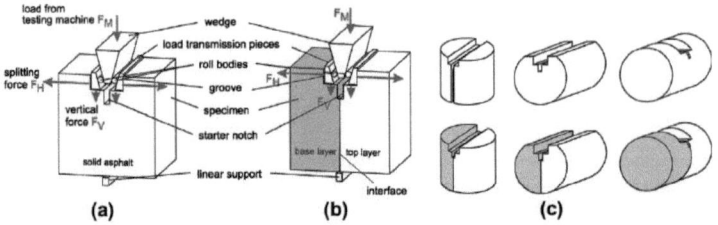

FIGURE 2.11 – *Essai de fendage par coin "Wedge Splitting Test" pour (a) matériau solide et (b) interfaces; (c) différentes formes de l'éprouvette [Tschegg et al., 2011]*

La courbe charge-déplacement est obtenue à partir de la force F_H et du déplacement d'ouverture de fissure δ (CMOD : Crack Mouth Opening Displacement). La surface en-dessous de cette courbe correspond à l'énergie de rupture G_F qui est déterminée par l'intégration numérique. Les essais sur éprouvettes de type BCMC avec différents traitements d'interface tels que sans prétraitement (interface type BCMC), prétraitement avec du mortier de ciment (cement grout) et prétraitement avec du mortier de ciment plus dispersion plastique, sont réalisés à différentes températures (-10, 0, 10 et 22 °C) [Tschegg et al., 2007]. Cet essai montre que à température basse (10 °C) la valeur de l'énergie de rupture de l'interface est relativement grande par rapport à celle obtenue aux autres températures. La résistance de l'interface diminue avec l'augmentation de température. Les auteurs montent également que la résistance de l'interface type BCMC est plus grande que celle des autres interfaces (cf. Figure 2.12).

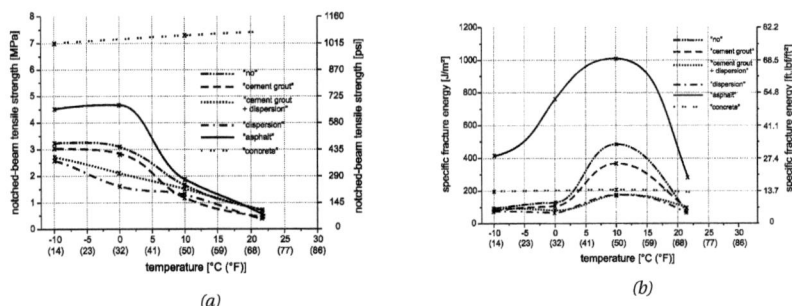

FIGURE 2.12 – *Effet de température sur : (a) la résistance d'interface; (b) l'énergie de rupture G_F [Tschegg et al., 2007]*

2.3.7 Les essais de flexion

L'essai de flexion utilisé pour tester la résistance en flexion d'une interface consiste à fléchir une éprouvette composite. On utilise soit la flexion en poutre console soit la flexion dite "trois points" ou la flexion dite "quatre points". Comme la plupart des éléments de structure travaillant en flexion, cet essai est bien adapté à l'étude en laboratoire car il reproduit un état de contrainte proche de la réalité.

2.3.7.1 Essai de Poutre Console en Fatigue (EPCF)

Dans le but d'étudier le décollement d'une interface type BCMC entre un béton du ciment et une grave bitume, un essai dit de "Poutre Console en Fatigue" a été réalisé dans le cadre de la thèse de Bertrand Pouteau [Pouteau, 2004] au Laboratoire Central des Ponts et Chaussées (LCPC). La figure 2.13 illustre le schéma du dispositif expérimental de l'EPCF. Le principe est de pouvoir disposer d'un essai de rupture d'interface en mode mixte par flexion tel que recherché dans ce présent document. L'éprouvette bicouche collée à des casques à chacune de ses extrémités est posée sur un bâti en béton armé. Ce dernier est isolé des vibrations du sol par des patins amortisseurs. L'encastrement du pied de l'éprouvette est fixé par boulonnage sur une platine de fixation sur le bâti en béton armé. La charge est appliquée sur la tête de l'éprouvette par l'intermédiaire d'une pièce de transfert de sollicitation. L'essai est piloté en déplacement soit à l'aide du capteur de déplacement intégré au vérin, soit à l'aide d'un capteur inductif de déplacement mesurant le déplacement sur l'éprouvette. Un capteur de force sur supports mobiles permet de mesurer les forces appliquées. Les mesures de la force et du déplacement sont enregistrées sur un PC.

L'essai peut être fait non seulement en statique mais aussi en fatigue. Les conditions de l'essai sont les suivantes :

- Température : 0 °C
- Fréquence de la sollicitation : 10 Hz
- Déplacement : sinusoïdal de la forme $d(t) = d_0 \sin(2\pi f)$ avec $d_0 = 5\mu m$

D'après les résultats obtenus, il a été conclu en laboratoire que l'état de l'interface a une grande influence vis-à-vis de la durabilité du collage à la température de 0°C. Par contre, cet effet a été nuancé sur les essais accélérés FABAC menés in-situ [Chabot et al., 2008]. L'utilisation de la loi de Paris tentée afin de définir un critère de propagation précis semble inutilisable à cause de la viscoélasticité de l'enrobé. Enfin, le principe de l'essai génère des problèmes d'encastrement parasitant ainsi son interprétation.

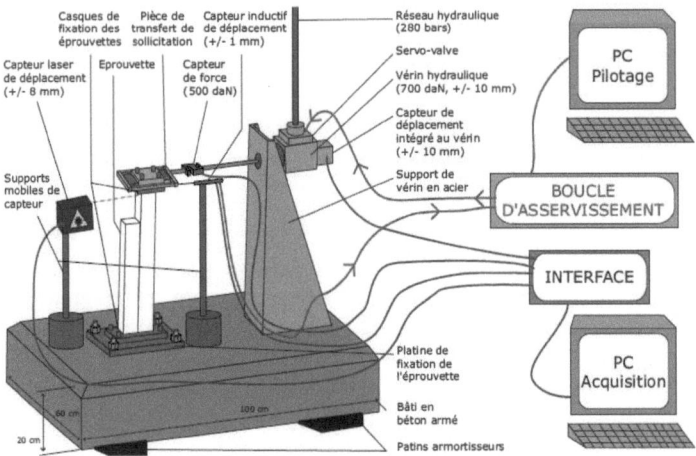

FIGURE 2.13 – *Schéma descriptif du dispositif de l'essai EPCF [Pouteau, 2004]*

2.3.7.2 Essai de flexion 3 points

Dans le but d'étudier le comportement de l'interface des produits de réparation en béton, un essai de flexion 3 points avec une interface oblique (angles de 0°, 45°, 60° ou 90°) est utilisé suivant les normes canadiennes [Do et al., 1992], [Pan, 1995]. La figure 2.14 représente les différentes géométries de l'interface de l'éprouvette. Les contraintes à l'interface dépendent fortement de cette géométrie. On trouve également dans le travail de [Shah and Chandra Kishen, 2011] l'essai de flexion 3 points avec une entaille pour initialiser la fissure. Il a été utilisé pour caractériser les propriétés de l'interface entre les bétons de ciment (Figure 2.15).

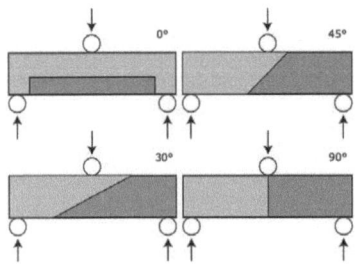

FIGURE 2.14 – *Schéma de l'essai de flexion 3 points avec différents angles d'inclinaison de l'interface*

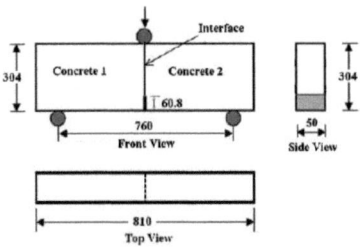

FIGURE 2.15 – *Schéma de l'essai de flexion 3 points avec une entaille [Shah and Chandra Kishen, 2011]*

2.3.7.3 End Notch Flexure (ENF) test

L'essai ENF est un essai de flexion modifié en préfissurant l'interface entre couches pour favoriser la propagation de fissure à l'interface. Il existe l'essai de flexion 3 points (ENF) (Figure 2.16) développé par [Murri and Martin, 1993] et également l'essai de flexion 4 points (4ENF) (Figure 2.17) [Schuecker and Davidson, 2000], [Nguyen, 2009]. L'essai ENF a été utilisé dans le travail de [Pankow et al., 2011] et [de Morais, 2011] pour étudier le délaminage d'interface des matériaux composites. L'inconvénient de l'ENF est que la propagation de fissure est instable. L'ENF a été récemment modifié en passant de la flexion 3 points à 4 points afin d'évaluer la différence entre l'ENF et l'4ENF [Martin and Davidson, 1999],[Schuecker and Davidson, 2000]. Il est montré que si la complaisance de l'éprouvette et la longueur de fissure sont mesurées correctement, l'essai 4ENF et ENF produiront essentiellement les mêmes valeurs de ténacité.

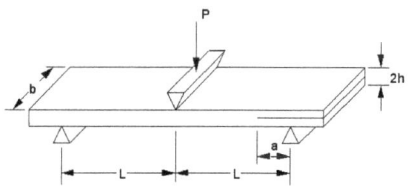

FIGURE 2.16 – *Schéma de l'essai ENF [Murri and Martin, 1993]*

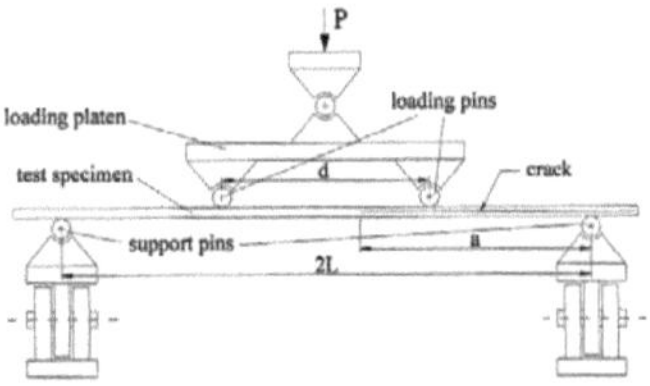

FIGURE 2.17 – *Schéma de l'essai 4ENF [Martin and Davidson, 1999]*

2.3.7.4 Essai de flexion 4 points

L'un des essais en flexion le plus connu est l'essai de flexion 4 point. La différence principale de l'essai de flexion 4 points avec la flexion 3 points se situe entre les deux charges : le moment fléchissant est constant et l'effort tranchant est nul. Cette situation est qualifiée de flexion pure. Le phénomène de délaminage de l'interface entre le matériau composite (FRP : Fiber reinforced polymers) et la poutre en béton armé est décrit par exemple dans [Achinta and Burgoyne, 2011], [Ferrier et al., 2011], [Pan et al., 2010], [Teng et al., 2003] et [Smith and Teng, 2002]. L'essai conduit à une étude d'optimisation de la longueur du FRP utilisé pour réparer une poutre endommagée. Il produit un essai en mode mixte (cf. Figure 2.18). La figure 5.2 illustre des différents modes de rupture observés lors de l'essai [Teng et al., 2003]. Ces ruptures sont (a) la rupture en flexion de la plaque FRP; (b) la rupture en flexion due à la rupture en compression du béton; (c) la rupture en cisaillement; (d) la séparation d'enrobage du béton; (e) le décollement d'interface; (f) la fissure en flexion provoquant le décollement d'interface; et (g) la fissure en cisaillement provoquant le décollement d'interface. Le travail de [Zhang and Teng, 2010] donne des différentes approches de modélisation par éléments finis afin de quantifier les intensités des contraintes d'interface et modes de rupture. Cet essai est intéressant du point de vue du délaminage qu'il peut produire et complémentaire de l'essai EPCF de [Pouteau, 2004].

La littérature fournit également de nombreuses études expérimentales pour lesquelles la géométrie de l'éprouvette est adaptée au problème traité [Charalambides et al., 1989] et [Hofinger et al., 1998]. Le schéma de principe de l'essai de flexion 4 points modifié est représenté sur la figure 2.19. L'éprouvette se compose soit d'une bicouche soit d'une tricouche avec une entaille. Cette modification permet d'étudier la propagation de fissure à partir d'une fissure initiale générée en milieu de l'éprouvette.

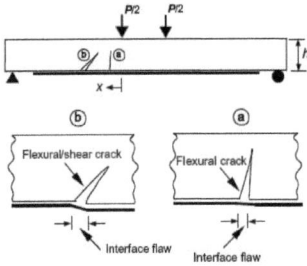

FIGURE 2.18 – *Schéma de l'essai de flexion 4 points ; (a) Fissure en flexion ; (b) Fissure en flexion/cisaillement [Achinta and Burgoyne, 2011]*

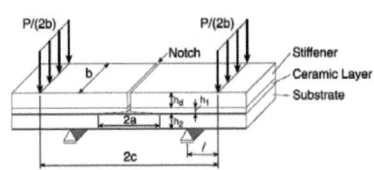

FIGURE 2.19 – *Schéma de l'essai de flexion 4 points modifié [Hofinger et al., 1998]*

2.4 Synthèse de la résistance mécanique de l'interface de BCMC

Plusieurs études en laboratoire ont été réalisées afin de caractériser le comportement de l'interface de BCMC. On présente ici quatre essais qui ont été utilisés pour l'étude du collage entre le béton de ciment et l'enrobé bitumineux. En mode I, on trouve l'essai de traction directe [Petersson and Silfwerbrand, 1993], [Pariat, 1999], [Mack et al., 1997] et le Wedge splitting test [Tschegg et al., 2007]. En mode II, il s'agit de l'essai de cisaillement direct [Grove et al., 1993], [Delcourt and Jasenski, 1994], [Mack et al., 1997], [Silfwerbrand, 1998], [Tarr et al., 2000]. En mode mixte, [Pouteau, 2004] a réalisé un essai de poutre console en fatigue (EPCF). Le tableau 2.1 présente une synthèse de la résistance mécanique de l'interface de BCMC. La contrainte à l'interface se décompose en une contrainte de cisaillement τ et une contrainte d'arrachement v.

Pour l'expérience des chantiers expérimentaux des chaussées BCMC, les lecteurs peuvent se reporter sur les travaux de [Baroin et al., 2001], [Pouteau, 2004], [Rasmussen and Rozycki, 2004], [Burnham, 2005], Kim et al. [2009].

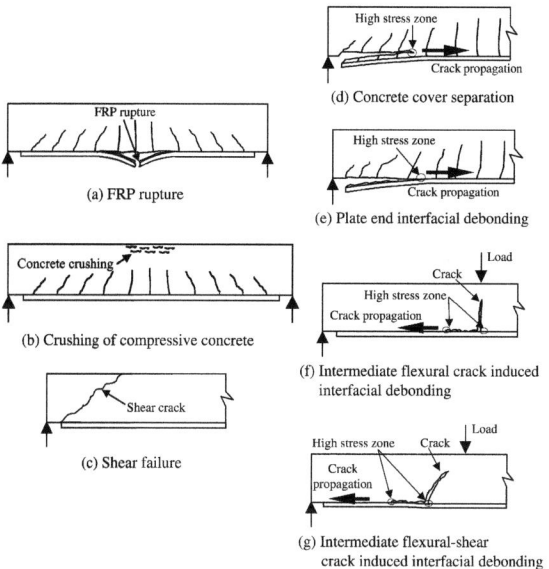

FIGURE 2.20 – *Différents modes de rupture de poutre renforcée par le matériau composite (FRP)* [Teng et al., 2003]

2.5 Modèles pour analyser la rupture d'un bicouche en flexion 4 points

L'endommagement des structures multicouches est un phénomène complexe à étudier. Du point de vue mécanique, la mécanique de la rupture peut être un excellent outil pour décrire et déterminer le comportement mécanique de ces structures. Cette partie vise à présenter les outils d'analyse plus ou moins classiques ou utilisés dans ce travail pour interpréter les essais mis au point.

2.5.1 Modèles Multiparticulaires des Matériaux Multicouches M4-5n

Dans les structures multicouches, les concentrations de contraintes existantes à l'interface entre deux couches près des bords ou macro-fissures verticales, dits effets de bord, sont compliquées à analyser par les modèles et méthodes classiques. Parmi les premiers développements pour étudier ces concentrations de contraintes près des bords entre deux milieux élastiques, on trouve dans la littérature de nombreux travaux dont ceux à l'origine de [England, 1965], [Dundurs, 1969], [Cook and Erdogan, 1972], [Comninou, 1977], [Wang and Crossman, 1977], [Raju and Crews, 1981], [Leguillon and

Tableau 2.1 – *Synthèse de la résistance mécanique de l'interface de BCMC pour différents essais*

Type d'essai	Description des éprouvettes	Résultats
Essai de traction direct (Mode I)	Carottes d'une chaussée en dalle continue après 2 ans de service - Stockholm, Suède [Petersson and Silfwerbrand, 1993]	$\nu = 0,3$MPa
	Carottes d'une chaussée en béton de latex sur béton bitumineux mise en service en 1981 - Cimenterie de Rochefort/Nenon, France [Pariat, 1999]	$\nu > 0,5$MPa
	Carottes d'un BCMC (surface rabotée) après 6 mois de trafic - St. Louis, Missouri, USA [Mack et al., 1997]	$\nu = 0,5$MPa
	Carottes d'un BCMC après 4 mois de service [Tschegg et al., 2007]	$\nu = 0,8$ à $1,2$MPa
Wedge splitting test (Mode I)	Carottes d'un BCMC après 4 mois de service	$\nu = 2,6$ à $3,2$MPa (test à -10°C)
		$\nu = 1,3$ à $1,6$MPa (test à 10°C)
		$\nu = 0,7$MPa (test à 22°C)
Essai de cisaillement direct (Mode II)	Carottes d'un BCMC (surface rabotée) à la mise en œuvre - Dallas, Iowas USA [Grove et al., 1993]	$\tau = 1$MPa
	Carottes sur une structure de dalles de béton sur assise en matériaux bitumineux [Delcourt and Jasenski, 1994]	$\tau = 0,8$MPa
	Carottes d'un BCMC (surface rabotée) après 6 mois de trafic [Mack et al., 1997]	$\tau = 0,7$MPa
	Carottes d'un BCMC (surface rabotée) [Silfwerbrand, 1998]	$\tau = 0,4$MPa
	Carottes d'un BCMC après 1 an de service [Tarr et al., 2000]	$\tau = 0,5$ à $0,7$MPa
EPCF (Mode mixte)	Éprouvettes fabriquées en laboratoire [Pouteau, 2004]	$\nu = 0,6$ à 1MPa, $\tau = 0,3$ à $0,8$MPa (essai monotone à 0°C - 0,11mm/min)
		$\nu < 1,8$MPa, $\tau < 0,8$MPa (essai fatigue à 0°C et 10Hz)

Sanchez Palencia, 1985], [Sun and Jih, 1987],[He and Hutchinson, 1989].

En effet, la présence de bords libres ou de fissures joint à l'hétérogénéité du comportement des matériaux d'une structure multicouche engendre des concentrations de contrainte hors plan aux interfaces, non négligeables, qu'il est nécessaire d'étudier afin de prévoir la rupture de ces structures [Chabot, 1997]. Pour ce faire, une famille de Modèles Multiparticulaires des Matériaux Multicouches (M4) a été en particulier développé à l'école Nationale des Ponts et Chaussées parmi de nombreuses autres approches [Chabot and Ehrlacher, 1998] pour étudier les problèmes de délaminage dans les matériaux composites. Cette famille a été conçue pour résoudre le problème du délaminage ou de la fissuration dans les structures multicouches. Parmi différents modèles proposés, celui à $5n$ champs cinématiques, dit le M4-5n est bien approprié à la modélisation des problèmes de flexion. [Carreira, 1998] a validé la construction du M4-5n à l'aide des calculs par éléments finis pour des problèmes de quadricouches composites soumis en traction avec bord droit ou avec un trou. Plusieurs développements ont été faits parmi eux, l'analyse des contraintes dans les joints de colle a été faite avec succès dans les travaux de [Hadji-Ahmed et al., 2001]. De plus, les mécanismes de rupture des poutres ou dalles renforcées ou réparées par les matériaux composites ont été analysés afin de développer un outil de dimensionnement en contrainte ultime [Limam, 2003].

L'avantage de ce type de modèle est qu'il conduit à ce que l'intensité des contraintes calculée au bord de l'interface soit finie. Il permet également l'écriture de critère de délaminage sur ces contraintes. L'étude en élasticité de la propagation de fissure à l'interface peut ainsi se mener quasi-analytiquement par la méthode d'extension virtuelle de fissure [Chabot, 1997], [Chabot et al., 2000], [Caron et al., 2006]. Pour l'application du M4-5n à l'analyse des champs mécaniques dans les structures de chaussée discontinues, les travaux de [Tran et al., 2004], [Chabot et al., 2004a], [Chabot et al., 2004b], [Bürkli, 2010], [Berthemet, 2012] ont montré qu'il était possible de développer un outil d'analyse pertinent soit par l'introduction d'un massif de Boussinesq ou de Winkler.

Comme pour tous les M4 après le choix de définition de contrainte moyenne par couche, le principe général du modèle M4-5n repose sur une approximation polynômiale en z (coordonnée hors plan) de degré 1 des contraintes membranaires des couches i. Par les équations d'équilibre, on obtient alors successivement du degré 2 puis 3 pour les contraintes de cisaillement hors plan et les contraintes normales de couche i. En utilisant la fonctionnelle d'Hellinger-Reissner [Reissner, 1950] donnée ci-dessous pour le couple déplacements contraintes solutions (U^*, σ^*) :

$$H.R.(U^*,\sigma^*) = \int_\Omega \left[\sigma^*(x,y,z) : \varepsilon\left(U^*(x,y,z)\right) - f(x,y,z).U^*(x,y,z) \right.$$
$$\left. - \frac{1}{2}\sigma^*(x,y,z) : S(x,y,z) : \sigma^*(x,y,z) \right].d\Omega \qquad (2.2)$$
$$- \int_{\partial\Omega_U} (\sigma^*.n)(x,y,z).\left(U^* - U^d\right)(x,y,z).dS - \int_{\partial\Omega_T} T^d(x,y,z).U^*(x,y,z).dS$$

avec

- $U^*(x,y,z)$ un champ de vecteur continu 3D sur le volume solide Ω, C^1 par morceaux,

- $\sigma^*(x, y, z)$ et $\varepsilon\left(U^*(x, y, z)\right)$ des champs de tenseur d'ordre 2 symétrique, C^1 par morceaux sur Ω,
- $U^d(x, y, z)$ est le déplacement imposé sur la partie $\partial\Omega_U$ de la frontière Ω,
- $T^d(x, y, z)$ est le vecteur contrainte imposé sur la partie $\partial\Omega_T$ de la frontière Ω,
- $f(x, y, z)$ et $S(x, y, z)$ représentent respectivement les forces volumiques et la matrice de souplesse du solide considéré.

On obtient par variation dans cette fonction sur ces champs solutions, les équations du modèle. Les champs étant complètement définis suivant z, l'objet initialement 3D est analysé par les M4 par un objet 2D dont les épaisseurs et l'ordre des empilements sont représentés par l'intermédiaire des indices i de couche et $i, i+1$ d'interface (cf. Figure 2.21). Le M4-5n peut être vu comme une superposition de n plaques de Reissner où chaque champ mécanique inconnu ne dépend que des variables de plan (x, y).

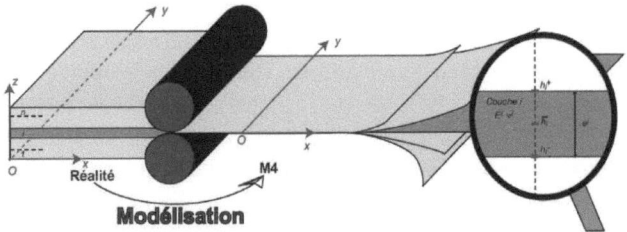

FIGURE 2.21 – *Schéma de description du modèle par couche et notations [Pouteau, 2004]*

Dans ce modèle, on utilise donc les notations suivantes :
- n est le nombre total de couches dans la structure,
- $i \in [1, n]$ est le numéro de la couche courante,
- $\partial\Omega$ est le contour de la structure,
- $\alpha, \beta, \gamma, \delta \in [1, 2]$ sont des indices qui indiquent l'orientation des champs.

L'empilement des couches et les notations utilisées avec la géométrie du modèle sont illustrés sur la figure 2.21. Pour une couche i donnée, on adopte les notations suivantes :
- E^i : module d'Young du matériau de la couche i
- v^i : coefficient de Poisson de la couche i
- e^i : épaisseur de la couche i
- h_i^+ : la cote supérieure de la couche i
- h_i^- : la cote inférieure de la couche i

2.5. MODÈLES POUR ANALYSER LA RUPTURE D'UN BICOUCHE EN FLEXION 4 POINTS

- $\overline{h}_i$: la cote moyenne de la couche i
- G^i : module de cisaillement de la couche i

Le M4-5n définit ces efforts généralisés de couche i par l'intermédiaire des tenseurs d'efforts membranaires $N_{\alpha\beta}^i(x,y)$, d'efforts tranchants $Q_\alpha^i(x,y)$ et de moments membranaires $M_{\alpha\beta}^i(x,y)$ de la couche i ($i = 1..n$) ainsi :

$$N_{\alpha\beta}^i(x,y) = \int_{h_i^-}^{h_i^+} \sigma_{\alpha\beta}(x,y,z)\,\mathrm{d}z \tag{2.3}$$

$$Q_\alpha^i(x,y) = \int_{h_i^-}^{h_i^+} \sigma_{\alpha 3}(x,y,z)\,\mathrm{d}z \tag{2.4}$$

$$M_{\alpha\beta}^i(x,y) = \int_{h_i^-}^{h_i^+} \left(z - \overline{h}_i\right)\sigma_{\alpha\beta}(x,y,z)\,\mathrm{d}z \tag{2.5}$$

Le M4-5n définit ses efforts de cisaillement et d'arrachement à l'interface entre les couches i et $i+1$ ($i = 1..n-1$) comme ci-dessous :

$$\tau_\alpha^{i,i+1}(x,y) = \sigma_{\alpha 3}(x,y,h_i^+) = \sigma_{\alpha 3}(x,y,h_{i+1}^-) \tag{2.6}$$

$$\nu^{i,i+1}(x,y) = \sigma_{33}(x,y,h_i^+) = \sigma_{33}(x,y,h_{i+1}^-) \tag{2.7}$$

Si $f_\alpha(x,y,z)$ ($\alpha = [1,2]$) et $f_3(x,y,z)$ désignent respectivement les forces volumiques transversales et verticales. Il est alors aussi possible de définir [Tran, 2004] :

- Le vecteur plan des efforts membranaires des forces volumiques de la couche i :

$$F_\alpha^i(x,y) = \int_{h_i^-}^{h_i^+} f_\alpha(x,y,z)\,\mathrm{d}z \quad \alpha = [1,2] \tag{2.8}$$

- Le vecteur plan des moments membranaires des forces volumiques de la couche i :

$$M_\alpha^i(x,y) = \int_{h_i^-}^{h_i^+} \left(z - \overline{h}_i\right) f_\alpha(x,y,z)\,\mathrm{d}z \quad \alpha = [1,2] \tag{2.9}$$

- Le scalaire plan des efforts volumiques hors plan de la couche i :

$$F_3^i(x,y) = \int_{h_i^-}^{h_i^+} f_3(x,y,z)\,\mathrm{d}z \tag{2.10}$$

- Le scalaire plan des moments des forces volumiques hors plan de la couche i :

$$M_3^i(x,y) = \int_{h_i^-}^{h_i^+} \left(z - \overline{h}_i\right) f_3(x,y,z)\,\mathrm{d}z \tag{2.11}$$

- Le scalaire plan des seconds moments des forces volumiques hors plan de la couche i :

$$MM_3^i(x,y) = \int_{h_i^-}^{h_i^+} \left(\frac{e_i^2}{e^i} - \left(z - \overline{h}_i\right)\right) f_3(x,y,z)\,\mathrm{d}z \tag{2.12}$$

Avec ces définitions, l'approximation des contraintes polynomiales en z dans la couche i du M4-5n s'écrit comme suit :

$$\sigma_{\alpha\beta}^{5n}(x,y,z) = \frac{N_{\alpha\beta}^i(x,y)}{e^i} + \frac{12\left(z-\overline{h}_i\right)}{e^{i3}} M_{\alpha\beta}^i(x,y) \qquad (2.13)$$

$$\sigma_{\alpha 3}^{5n}(x,y,z) = \frac{Q_\alpha^i(x,y)}{e^i} + \left(\tau_\alpha^{i,i+1}(x,y) - \tau_\alpha^{i-1,i}(x,y)\right)\frac{(z-\overline{h}_i)}{e^{i3}}$$
$$+ \left(Q_\alpha^i(x,y) - \frac{e^i}{2}\left(\tau_\alpha^{i,i+1}(x,y) + \tau_\alpha^{i-1,i}(x,y)\right)\right)\left(-\frac{6}{e^i}\left(\frac{z-\overline{h}_i}{e^i}\right)^2 + \frac{1}{2e^i}\right) \qquad (2.14)$$

$$\sigma_{33}^{5n}(x,y,z) = \left(\left(\frac{v^{i,i+1}(x,y) + v^{i-1,i}(x,y)}{2}\right) + \frac{e^i}{12}\left(\tau_{\alpha,\alpha}^{i,i+1}(x,y) + \tau_{\alpha,\alpha}^{i-1,i}(x,y)\right)\right)$$
$$+ \left(-\frac{Q_{\alpha,\alpha}^i(x,y)}{5} + \frac{e^i}{10}\left(\tau_{\alpha,\alpha}^{i,i+1}(x,y) + \tau_{\alpha,\alpha}^{i-1,i}(x,y)\right) + \left(v^{i,i+1}(x,y) - v^{i-1,i}(x,y)\right) - \frac{6MM_3^i(x,y)}{e^{i2}}\right)\left(\frac{z-\overline{h}_i}{e^i}\right)$$
$$+ \left(\frac{e^i}{12}\left(\tau_{\alpha,\alpha}^{i,i+1}(x,y) + \tau_{\alpha,\alpha}^{i-1,i}(x,y)\right) + \frac{M_3^i(x,y)}{e^i}\right)\left(-6\left(\frac{z-\overline{h}_i}{e^i}\right)^2 + \frac{1}{2}\right)$$
$$+ \left(-Q_{\alpha,\alpha}^i(x,y) + \frac{e^i}{2}\left(\tau_{\alpha,\alpha}^{i,i+1}(x,y) + \tau_{\alpha,\alpha}^{i-1,i}(x,y)\right) - \frac{30MM_3^i(x,y)}{e^{i2}}\right)\left(-2\left(\frac{z-\overline{h}_i}{e^i}\right)^3 + \frac{3}{10}\left(\frac{z-\overline{h}_i}{e^i}\right)\right)$$
$$(2.15)$$

Les définitions des déplacements généralisés du M4-5n par couche sont alors déduites comme les :

- Composantes du déplacement plan moyen de la couche i :

$$U_\alpha^i(x,y) = \int_{h_i^-}^{h_i^+} \frac{U_\alpha(x,y,z)}{e^i} \mathrm{d}z \qquad (2.16)$$

- Composantes du champ de rotation moyen de la couche i :

$$\Phi_\alpha^i(x,y) = \int_{h_i^-}^{h_i^+} \frac{12\left(z-\overline{h}_i\right)}{e^{i2}} U_\alpha(x,y,z) \mathrm{d}z \qquad (2.17)$$

- Composantes du champ de déplacement tangent de l'interface supérieure de la couche i :

$$u_{+\alpha}^i(x,y) = U_\alpha\left(x,y,h_i^+\right) \qquad (2.18)$$

- Composantes du champ de déplacement tangent de l'interface inférieure de la couche i :

$$u_{-\alpha}^i(x,y) = U_\alpha\left(x,y,h_i^-\right) \qquad (2.19)$$

- Composante du déplacement normal moyen de la couche i :

$$U_3^i(x,y) = \int_{h_i^-}^{h_i^+} \frac{1}{e^i} U_3(x,y,z) \mathrm{d}z \qquad (2.20)$$

- Composantes du champ de déplacement normal de l'interface supérieure de la couche i :

$$u_{+3}^i(x,y) = U_3\left(x,y,h_i^+\right) \qquad (2.21)$$

2.5. MODÈLES POUR ANALYSER LA RUPTURE D'UN BICOUCHE EN FLEXION 4 POINTS 53

- Composantes du champ de déplacement normal de l'interface inférieure de la couche i :

$$u^i_{-3}(x,y) = U_3\left(x, y, h_i^-\right) \tag{2.22}$$

Les définitions des déformations généralisées du M4-5n sont les suivantes :

- Déformations membranaires de la couche i ($i = 1..n$) :

$$N_{\alpha\beta} \leftrightarrow \epsilon_{\alpha\beta} = \frac{1}{2}\left(U^i_{\alpha,\beta} + U^i_{\beta,\alpha}\right) \tag{2.23}$$

- Courbures de la couche i ($i = 1..n$) :

$$M_{\alpha\beta} \leftrightarrow \chi_{\alpha\beta} = \frac{1}{2}\left(\Phi^i_{\alpha,\beta} + \Phi^i_{\beta,\alpha}\right) \tag{2.24}$$

- Déformation de cisaillement de la couche i ($i = 1..n$) :

$$Q^i_\alpha \leftrightarrow d^i_\alpha = \Phi^i_\alpha + U^i_{3,\alpha} \tag{2.25}$$

- Déformation de cisaillement de l'interface $i, i+1$ ($i = 1..n-1$) :

$$\tau^{i,i+1}_\alpha \leftrightarrow D^{i,i+1}_\alpha = \left(U^{i,i+1}_\alpha - U^i_\alpha - \frac{e^i}{2}\Phi^i_\alpha - \frac{e^{i+1}}{2}\Phi^{i+1}_\alpha\right) \tag{2.26}$$

- Déformation normale de l'interface $i, i+1$ ($i = 1..n-1$) :

$$\nu^{i,i+1} \leftrightarrow D^{i,i+1}_3 = \left(U^{i,i+1}_3 - U^i_3\right) \tag{2.27}$$

Par stationnarité de la fonctionnelle d'Hellinger-Reissner (cf. Équation (2.2)) [Reissner, 1950] par rapport aux champs de déplacement approchés, on obtient $5n$ équations d'équilibre (pour $i = 1..n$) :

$$N^i_{\alpha\beta,\beta}(x,y) + \left(\tau^{i,i+1}_\alpha(x,y) - \tau^{i-1,i}_\alpha(x,y)\right) + F^i_\alpha(x,y) = 0 \tag{2.28}$$

$$Q^i_{\beta,\beta}(x,y) + \left(\nu^{i,i+1}(x,y) - \nu^{i-1,i}(x,y)\right) + F^i_3(x,y) = 0 \tag{2.29}$$

$$M^i_{\alpha\beta,\beta}(x,y) + \frac{e^i}{2}\left(\tau^{i,i+1}_\alpha(x,y) + \tau^{i-1,i}_\alpha(x,y)\right) + M^i_\alpha(x,y) = Q^i_\alpha(x,y) \tag{2.30}$$

Si les forces volumiques transversales $f_\alpha(x,y,z)$ sont polynomiales de degré 1 en z dans la couche i, on obtient donc d'après (2.8) et (2.9) :

$$f_\alpha(x,y,z) = \frac{1}{e^i}F^i_\alpha(x,y) + \frac{12}{e^{i2}}\left(\frac{z - \overline{h}_i}{e^i}\right)M^i_\alpha(x,y) \tag{2.31}$$

Si la force volumique verticale $f_3(x,y,z)$ est polynomiale de degré 2 en z dans la couche i, alors d'après (2.10) et (2.11) :

$$f_3(x,y,z) = \frac{1}{e^i}F^i_3(x,y) + \frac{12}{e^{i2}}\left(\frac{z - \overline{h}_i}{e^i}\right)M^i_3(x,y) + \frac{30}{e^{i3}}\left(-6\left(\frac{z - \overline{h}^i}{e^i}\right)^2 + \frac{1}{2}\right)MM^i_3(x,y)$$

$$\tag{2.32}$$

Après avoir décomposé le champ de déplacement 3D $U^*(x, y, z)$ ainsi :

$$U_\alpha^*(x, y, z) = U_\alpha^{i^*}(x, y) + \left(z - \overline{h}_i\right)\Phi_\alpha^{i^*}(x, y) + \Delta U_\alpha^{*i}(x, y, z) \tag{2.33}$$

$$U_3^*(x, y, z) = U_3^{i^*}(x, y) + \Delta U_3^{*i}(x, y, z) \tag{2.34}$$

Les conditions aux limites sur le bord de la surface Ω de l'objet 2D sont alors :

$$N_{\alpha\beta}^i n_\beta = N_{d_\alpha}^i = \int_{h_i^-}^{h_i^+} T_\alpha^d(x, y, z)\,\mathrm{d}z \tag{2.35}$$

$$M_{\alpha\beta}^i n_\beta = M_{d_\alpha}^i = \int_{h_i^-}^{h_i^+} \left(z - \overline{h}_i\right) T_\alpha^d(x, y, z)\,\mathrm{d}z \tag{2.36}$$

$$Q_\beta^i n_\beta = Q_d^i = \int_{h_i^-}^{h_i^+} T_3^d(x, y, z)\,\mathrm{d}z \tag{2.37}$$

Les efforts d'interface en haut et en bas du multicouche sont reliés aux conditions aux limites s'appliquant sur ces faces. On pose ainsi :

$$\begin{cases} \tau_\alpha^{0,1}(x, y) & = -T_\alpha^-(x, y) \\ \tau_\alpha^{n,n+1}(x, y) & = T_\alpha^+(x, y) \\ \nu_\alpha^{0,1}(x, y) & = -T_3^-(x, y) \\ \nu_\alpha^{n,n+1}(x, y) & = T_3^+(x, y) \end{cases} \tag{2.38}$$

En introduisant quelques hypothèses de plaque mince de simplification des expressions en contrainte, la stationnarité de la fonctionnelle d'Hellinger-Reissner par rapport aux champs de déplacement approchés permet de déduire des lois de comportements des couches i et des lois de comportement des interfaces $i, i+1$ [Chabot, 1997]. De fait, le comportement est déduit par l'intermédiaire de la variation des énergies écrits en contraintes telles que données dans l'équation (2.44).

$$\varepsilon_{\alpha\beta}^i(x, y) = \frac{S_{\alpha\beta\delta\gamma}^i}{e^i} N_{\delta\gamma}^i(x, y) \tag{2.39}$$

$$\chi_{\alpha\beta}^i(x, y) = \frac{S_{\alpha\beta\delta\gamma}^i}{e^{i3}} S_{\alpha\beta\delta\gamma}^i M_{\gamma\delta}^i(x, y) \tag{2.40}$$

$$d_\alpha^i(x, y) = \frac{6}{5e^i} 4 S_{\alpha3\beta3}^i Q_\beta^i(x, y) - \frac{1}{10} 4 S_{\alpha3\beta3}^i \left(\tau_\beta^{i-1,i}(x, y) + \tau_\beta^{i,i+1}(x, y)\right) \tag{2.41}$$

$$\begin{aligned} D_\alpha^{i,i+1}(x, y) = & -\frac{1}{10} 4 S_{\alpha3\beta3}^i Q_\beta^i(x, y) - \frac{1}{10} 4 S_{\alpha3\beta3}^{i+1} Q_\beta^{i+1}(x, y) \\ & + \frac{-e^i}{30} 4 S_{\alpha3\beta3}^i \tau_\beta^{i-1,i}(x, y) + \frac{-e^{i+1}}{30} 4 S_{\alpha3\beta3}^{i+1} \tau_\beta^{i+1,i+2}(x, y) \\ & + \frac{2}{15}\left(e^i 4 S_{\alpha3\beta3}^i + e^{i+1} 4 S_{\alpha3\beta3}^{i+1}\right) \tau_\beta^{i,i+1}(x, y) \end{aligned} \tag{2.42}$$

$$\begin{aligned} D_3^{i,i+1}(x, y) = & \frac{9}{70} e^i S_{3333}^i v^{i-1,i}(x, y) + \frac{9}{70} e^{i+1} S_{3333}^{i+1} v^{i+1,i+2}(x, y) \\ & + \frac{13}{35}\left(e^i S_{3333}^i + e^{i+1} S_{3333}^{i+1}\right) v^{i,i+1}(x, y) \end{aligned} \tag{2.43}$$

2.5. MODÈLES POUR ANALYSER LA RUPTURE D'UN BICOUCHE EN FLEXION 4 POINTS

Avec ces hypothèses, l'énergie de déformation élastique W_e pour le M4-5n s'exprime pour $i \in [1, n]$ en fonction des termes suivants [Chabot, 1997] :

$$W_e(a) = \sum_{i=1}^{n} \int_{\omega} \left(\omega_C^{5ni} + \omega_\nu^{5ni} + \omega_Q^{5ni} \right) d\omega \qquad (2.44)$$

où

- ω_C^{5ni} est l'énergie élastique des efforts membranaires de la couche i :

$$\omega_C^{5ni} = \frac{1}{2} \tilde{N}^i : \frac{\tilde{\tilde{S}}}{e^i} : \tilde{N}^i + \frac{1}{2} \tilde{M}^i : \frac{12\tilde{\tilde{S}}}{e^{i3}} : \tilde{M}^i \qquad (2.45)$$

- ω_ν^{5ni} est l'énergie élastique des efforts normaux à la couche i :

$$\omega_\nu^{5ni} = \frac{1}{2} S_\nu^i \left[e^i \left(\frac{\nu^{i,i+1} + \nu^{i-1,i}}{2} \right)^2 + \frac{e^i}{12} \left(\frac{6}{5} \left(\nu^{i,i+1} + \nu^{i-1,i} \right) \right)^2 + \frac{e^i}{700} \left(\nu^{i,i+1} + \nu^{i-1,i} \right)^2 \right] \qquad (2.46)$$

- ω_Q^{5ni} est l'énergie élastique du cisaillement perpendiculaire au plan de la couche i :

$$\begin{aligned}\omega_Q^{5ni} &= \frac{1}{2} \left[\tilde{Q}^i \cdot \frac{\tilde{\tilde{S}}_Q^i}{e^i} \cdot \tilde{Q}^i + \left(\tilde{\tau}^{i,i+1} + \tilde{\tau}^{i-1,i} \right) \cdot \frac{\tilde{\tilde{S}}_Q^i e^i}{12} \cdot \left(\tilde{\tau}^{i,i+1} + \tilde{\tau}^{i-1,i} \right) \right.\\ &\left. + \left(\tilde{Q}^i - \frac{e^i}{2} \left(\tilde{\tau}^{i,i+1} + \tilde{\tau}^{i-1,i} \right) \right) \cdot \frac{\tilde{\tilde{S}}_Q^i}{5e^i} \cdot \left(\tilde{Q}^i - \frac{e^i}{2} \left(\tilde{\tau}^{i,i+1} + \tilde{\tau}^{i-1,i} \right) \right) \right]\end{aligned} \qquad (2.47)$$

La définition des matrices de souplesse liées au module d'Young E^i, au coefficient de Poisson ν^i et au module de cisaillement G^i de chaque couche i s'écrit :

$$\begin{pmatrix} S_{1111}^i & S_{1122}^i & 2S_{1112}^i \\ S_{2211}^i & S_{2222}^i & 2S_{2212}^i \\ 2S_{1211}^i & 2S_{1222}^i & 4S_{1212}^i \end{pmatrix} = \begin{pmatrix} \frac{1}{E^i} & -\frac{\nu^i}{E^i} & 0 \\ -\frac{\nu^i}{E^i} & \frac{1}{E^i} & 0 \\ 0 & 0 & \frac{1}{G^i} \end{pmatrix} \qquad (2.48)$$

$$\begin{pmatrix} 4S_{1313}^i & 4S_{1323}^i \\ 4S_{2313}^i & 4S_{2323}^i \end{pmatrix} = \begin{pmatrix} \frac{1}{G^i} & 0 \\ 0 & \frac{1}{G^i} \end{pmatrix} \qquad (2.49)$$

$$S_{3333}^i = \frac{1}{E^i} \qquad (2.50)$$

Notons que Diaz Diaz [2001] a généralisé ce modèle afin de prendre en compte des comportements inélastiques à l'intérieur des couches ou aux interfaces. [Tran, 2004] a utilisé également ces développements pour introduire des effets de retrait des matériaux dans le calcul de structure de chaussée.

2.5.2 Mécanique de la rupture

La mécanique de la rupture est utilisée pour obtenir des critères de rupture nécessaires à l'évolution de la durée de vie finale d'un ouvrage. Parmi ces critères, il existe usuellement des critères locaux types facteurs d'intensité des contraintes et des critères énergétiques [Bui, 1978], [Pommier et al., 2009]. Dans ce paragraphe, nous donnons leur définition dans le cas de milieux élastiques.

Dans les multi-couches hétérogènes, un critère énergétique de délaminage basé sur le taux de restitution d'énergie totale est difficile à interpréter pour des ruptures en mode mixte [Hutchinson and Suo, 1992]. Dans les calculs usuels, il est nécessaire de savoir séparer les énergies. Afin de déterminer ces taux de restitution d'énergie, plusieurs techniques peuvent être appliquées. Dans ce paragraphe, nous introduisons tout d'abord la notion de taux de restitution d'énergie total, G, l'énergie nécessaire pour faire progresser la fissure par unité de surface. Le G est influencé non seulement par la précision des mesures de l'effort et du déplacement mais aussi par la précision des mesures de la longueur de fissure et de la variation de complaisance par rapport à la longueur de fissure [O'Brien, 1998]. Plusieurs approches expérimentales, connues comme la méthode de l'aire, la méthode de la complaisance sont possibles. Les méthodes de fermeture de fissure et analytiques pour l'étude de problèmes plans offrent la possibilité d'estimer les valeurs de taux de restitution d'énergie en séparant les modes de rupture. Cette section explore les méthodes d'exploitation des résultats d'essais les plus souvent rencontrées.

2.5.2.1 Taux de restitution d'énergie

Pour propager une fissure, il est nécessaire d'évaluer l'énergie critique fournie par la structure pour faire avancer cette fissure à sa pointe. Cette énergie circule au fond de fissure à travers l'élasticité du corps et est dissipée par déformation irréversible et par l'énergie de surface.

La prévision de la croissance des fissures peut donc être basée sur un bilan énergétique. [Griffith, 1920] a déterminé un critère pour la croissance des fissures en élasticité en utilisant cette approche énergétique. Il est basé sur le concept que l'énergie doit être conservée durant le processus de fissuration. En général, pour un corps élastique contenant une fissure de longueur a et une largeur B, on peut déterminer une force d'extension de fissure, G, telle que :

$$G = -\frac{\partial \Pi}{\partial A} \tag{2.51}$$

$$\Pi = U_E - W_{ext} \tag{2.52}$$

où Π représente l'énergie potentielle du système, U_E l'énergie élastique, W_{ext} l'énergie des forces extérieures, l'incrément de surface correspondant à l'extension de fissure. Notons que $A = aB$ quand il n'y a que la pointe de la fissure (crack tip) (ex. l'élément fissuré au bord) et $A = 2aB$ pour le système fissuré au centre.

La détermination de l'énergie potentielle dépend du mode de chargement lors de l'essai. La figure 2.22 représente les différentes charge-déplacement caractéristiques d'un corps fissuré. L'initiation de propagation des fissures est conclue possible par la détermination expérimentale du taux de restitution d'énergie critique G_c. Lorsqu'il n'y a pas de propagation $G < G_c$. Quand la propagation de fissure s'initie d'un $\Delta a \to 0$, on a $G = G_c$. La fissure se propage quand $G > G_c$.

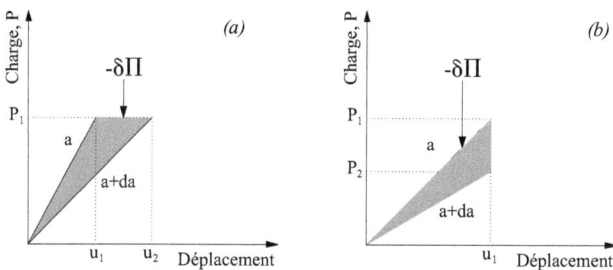

FIGURE 2.22 – *Relations charge-déplacement caractéristiques pour un corps fissuré : (a) Charge constante pour une propagation de fissure, (b) propagation de fissure sous déplacement constant*

2.5.2.1.1 Condition de charge constante

Ainsi dans le cas d'un essai mené à force imposée, la variation de l'énergie potentielle $\delta\Pi$ entre une fissure initiale de longueur a et un accroissement de longueur da est la différence entre l'énergie potentielle des forces extérieures et l'énergie de déformation élastique (cf. Figure 2.22(a)) entre deux états de déplacement u_1 et u_2. L'énergie stockée dans une éprouvette pour une fissure de longueur $a + da$ est plus grande que lorsque la fissure est de longueur a, l'augmentation étant :

$$\delta U_E = \frac{1}{2} P_1 u_2 - \frac{1}{2} P_1 u_1 \quad (2.53)$$

Cependant, pour atteindre cette énergie stockée dans le système la charge s'est déplacée d'une distance $u_2 - u_1$ et alors l'énergie potentielle faite par la force extérieure imposée est :

$$\delta W_{ext} = P_1 (u_2 - u_1) \quad (2.54)$$

L'énergie totale stockée dans le système est alors égale à :

$$-\delta\Pi = \delta W_{ext} - \delta U_E = P_1(u_2 - u_1) - \frac{1}{2}(P_1 u_2 - P_1 u_1) = \frac{1}{2} P_1 (u_2 - u_1) = \frac{1}{2} P_1 \delta u \quad (2.55)$$

2.5.2.1.2 Condition de déplacement constant

Dans le cas d'un essai effectué à déplacement constant (Figure 2.22(b)), aucun travail de force extérieure n'est fait pendant la propagation de fissure. Le changement d'énergie est alors dû au changement de l'énergie de déformation stockée. Une augmentation de la longueur de fissure da provoque alors une diminution d'énergie de déformation stockée donnée par :

$$\delta U_E = \frac{1}{2}(P_1 - P_2)u_1 = \frac{1}{2}u_1 \delta P \qquad (2.56)$$

2.5.2.1.3 Détermination de G à partir de la complaisance

La complaisance, C, d'une éprouvette est définie comme l'inverse de la rigidité de sa structure. Elle n'est pas une propriété matériau, mais dépend du chargement et de la géométrie. Pour une éprouvette élastique linéaire avec une longueur de fissure a, on peut donc écrire en notant P l'effort et u le déplacement :

$$C = \frac{u}{P} \qquad (2.57)$$

Pour une charge constante, le taux de restitution d'énergie, G, peut être ainsi exprimé comme suit [Lachaud, 1997], [Mézière, 2000] :

$$G = \frac{P}{2B}\left(\frac{\partial u}{\partial a}\right)_P = \frac{P^2}{2B}\left(\frac{\partial C}{\partial a}\right)_P \qquad (2.58)$$

Pour un déplacement constant ($\partial P = u\, \partial C$), il s'écrit :

$$G = -\frac{1}{2B}u\left(\frac{\partial P}{\partial a}\right)_u = \frac{1}{2B}\frac{u^2}{C^2}\left(\frac{\partial C}{\partial a}\right)_u = \frac{P^2}{2B}\left(\frac{\partial C}{\partial a}\right)_u \qquad (2.59)$$

Autrement dit, bien que l'énergie potentielle dépende du mode de chargement, la valeur du taux de restitution d'énergie ainsi calculé, G, est indépendante de la nature du chargement que ce soit en force imposée ou en déplacement imposé. Ces expressions peuvent être utilisées pour mesurer expérimentalement G.

À partir des notions précédentes, on peut déterminer la complaisance expérimentalement au cours de l'avancée de fissure afin de finalement estimer la valeur du taux de restitution d'énergie critique [Ewalds and Wanhill, 1989] [Berry, 1963] [Ozdil et al., 1999]. Cette méthode consiste à fitter sur sa partie initiale une courbe de complaisance obtenue par la formule (2.57) pour plusieurs tailles de fissure initiale a ou plusieurs points de la courbe charge-déplacement pour lesquels on connaît la taille de l'avancée de fissure. La méthode des moindres carrés est utilisée pour ajuster la courbe de la complaisance par rapport aux données de longueur de la fissure a à une fonction de

2.5. MODÈLES POUR ANALYSER LA RUPTURE D'UN BICOUCHE EN FLEXION 4 POINTS

puissance de manière à obtenir les paramètres R et n dans l'expression proposée par [Berry, 1963] :

$$C = Ra^n \quad (2.60)$$

Une fois ces deux paramètres obtenus expérimentalement, le taux de restitution d'énergie critique est alors calculé par la différentiation de l'équation (2.60) par rapport à la longueur de fissure. Le taux de restitution d'énergie critique est calculé par substitution de la charge critique mesurée, P_c, au début de l'avancement de fissure sous l'expression :

$$G_c = \frac{P_c^2}{2B} nRa^{n-1} \quad (2.61)$$

Cette méthode bien qu'intéressante nécessite de pouvoir mesurer précisément la taille de la fissure au cours de sa propagation.

2.5.2.1.4 Méthode de l'aire

Simulairement à ce qui a été décrit précédemment, le taux de restitution d'énergie peut être mesuré directement et généralement par la méthode de l'aire [Tamuzs et al., 2003], donnée par l'expression :

$$G = \frac{S}{B \triangle a} \quad (2.62)$$

où S est l'aire calculée à partir de la courbe charge-déplacement obtenue expérimentalement (Figure 2.23). L'aire d'un triangle illustré sur la figure 2.23 est :

$$S = P_1 u_2 - \frac{1}{2} P_1 u_1 - \frac{1}{2} P_1 u_1 - \frac{1}{2} (P_1 - P_2)(u_2 - u_1) = \frac{1}{2}(P_1 u_2 - P_2 u_1) \quad (2.63)$$

Le taux de restitution d'énergie pendant la propagation de fissure peut donc être calculé comme suit :

$$G = \frac{(P_i u_j - P_j u_i)}{2B(a_j - a_i)} \quad (2.64)$$

Cette méthode permet de determiner le taux de restitution d'énergie dans le cas ou le comportement est non-linéaire élastique. Pour un comportement inélastique, observable par un déplacement résiduel dans le graphe $P - u$, la méthode des aires prend en compte l'énergie dissipée de façon irreversible dans le taux de restitution d'énergie et entraîne une surestimation de celui-ci [Lachaud, 1997], [Mézière, 2000].

2.5.2.1.5 Méthode de fermeture virtuelle de fissure (VCCT)

La méthode VCCT (Vitual Crack Closure Technique) est une méthode bien établie pour le calcul du taux de restitution d'énergie lors de l'analyse des problèmes de rupture par la méthode des éléments finis par exemple. Pour les problèmes de rupture

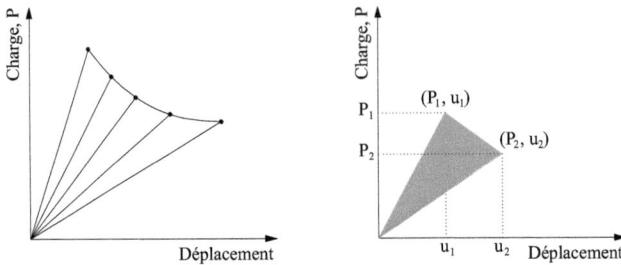

FIGURE 2.23 – *Courbe charge-déplacement*

en mode mixte, la VCCT est également utilisée pour séparer les modes de rupture, c'est à dire pour les taux de restitution d'énergie liés aux trois modes de rupture, G_I, G_{II} et G_{III} [Bui, 1978] [Krueger, 2004] (cf. Figure 1.18). Cette méthode nécessite de calculer les discontinuités de déplacements sur les lèvres de la fissure et l'intensité de contrainte à l'interface au fond de fissure afin de déterminer les expressions analytiques du taux de restitution d'énergie par la méthode VCCT.

Cette méthode est ainsi basée sur l'hypothèse que l'énergie libérée lorsqu'une fissure se propage d'une distance Δa est identique à l'énergie nécessaire pour refermer la fissure, sous un même effort externe. Avec l'utilisation d'un code aux EF la figure 2.24 montre le principe de calcul du G en 2D. Les composantes du mode I et II du taux de restitution d'énergie, G_I et G_{II} sont calculées pour éléments à 4 nœuds (Figure 2.24(a)) comme suit :

$$G_I = \frac{1}{2\Delta a} Z_i (w_l - w_{l^*}) \tag{2.65}$$

$$G_{II} = \frac{1}{2\Delta a} X_i (u_l - u_{l^*}) \tag{2.66}$$

où X_i et Z_i sont respectivement les efforts de cisaillement et d'arrachement à la pointe de fissure (nœud i). Les déplacements relatifs sont calculés par les déplacements à la surface supérieure u_l et w_l (nœud l) et les déplacements à la surface inférieure u_{l^*} et w_{l^*} (nœud l^*) respectivement.

Les composantes du mode I et II du taux de restitution d'énergie, G_I et G_{II} sont calculés pour les éléments à 8 nœuds comme indiqué sur la figure 2.24b. Les nœuds l, l^* et m, m^* servent à mesurer les déplacements relatifs dans le repère XZ. Les efforts de réaction sont mesurés aux noeuds i et j. Quand une fissure avance d'une distance

2.5. MODÈLES POUR ANALYSER LA RUPTURE D'UN BICOUCHE EN FLEXION 4 POINTS 61

$\triangle a$, les composantes G_I et G_{II} peuvent alors être déterminées par :

$$G_I = \frac{1}{2\Delta a}\left[Z_i(w_l - w_{l^*}) + Z_j(w_m - w_{m^*})\right] \quad (2.67)$$

$$G_{II} = \frac{1}{2\Delta a}\left[X_i(u_l - u_{l^*}) + X_j(u_m - u_{m^*})\right] \quad (2.68)$$

En plus, les efforts X_j et Z_j au nœud du milieu de l'élément de degré 2 à 8 nœuds (nœud j) sont requis. De même, des déplacements relatifs aux nœuds l et l^*, les déplacements relatifs aux nœuds m et m^* sont requis. Ils sont calculés à partir des déplacements à la face supérieure de fissure u_m et w_m et les déplacements u_{m^*} et w_{m^*} à la face inférieure de fissure [Raju, 1987].

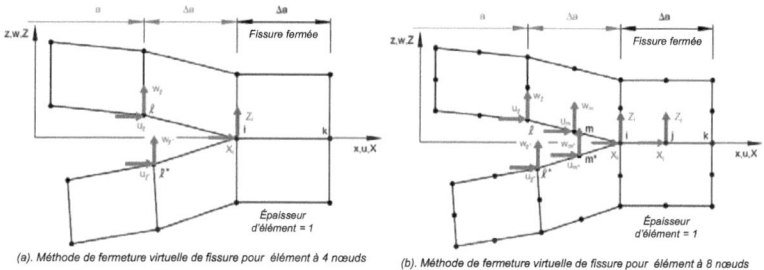

FIGURE 2.24 – *Méthode de fermeture virtuelle de fissure (VCCT) pour 2D éléments solides [Krueger, 2004]*

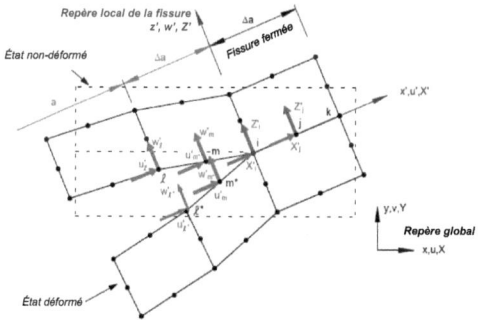

FIGURE 2.25 – *Méthode VCCT avec correction de grand déplacement*

Si la pointe de fissure se situe dans une zone qui présente un grand déplacement, la rotation relative du repère de la fissure par rapport au repère global doit être prise en compte comme le montre la figure 2.25. Les efforts et les déplacements doivent être passés dans le repère local $X'Z'$ avant le calcul des G_I et G_{II} [Krueger, 2004].

Ces énergies peuvent également être calculées par le M4-5n utilisé dans ce travail. Nous présentons, ici, les expressions analytiques du taux de restitution d'énergie données par [Chabot et al., 2000], [Caron et al., 2006], [Diaz Diaz et al., 2007]. On considère d'abord l'état initial A représenté par σ^A, U^A et $\gamma^{k,k+1^A}$ et l'état de propagation de fissure B représenté par σ^B, U^B et $\gamma^{k,k+1^B}$ (Figure 2.26). Les termes σ, U et $\gamma^{k,k+1}$ représentent respectivement les champs de contraintes, de déplacements et de discontinuité de déplacement. Afin de fermer la fissure, les forces virtuelles sont appliquées dans la plage $[a, a+da[$ sur la surface supérieure de la couche $k+1$ et la surface inférieure de la couche k. La densité linéaire de travail virtuel réalisée pour fermer la fissure dans l'état B s'écrit :

$$W = \frac{1}{2} \int_{x=a}^{x=(a+da)^-} \left(\tau_1^{k,k+1^A} \gamma_1^{k,k+1^B} + \tau_2^{k,k+1^A} \gamma_2^{k,k+1^B} + \nu^{k,k+1^A} \gamma_3^{k,k+1^B} \right) dx \qquad (2.69)$$

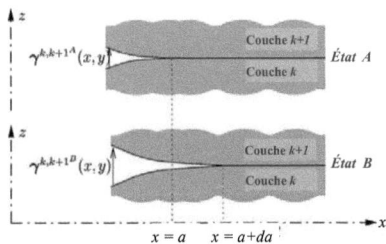

FIGURE 2.26 – *Propagation de fissure et VCCT [Caron et al., 2006]*

Quand la croissance de fissure da tend vers zéro, le vecteur de discontinuité de déplacement à l'état B sur la plage de $[a, a+da[$ devient :

$$\gamma^{k,k+1^B}(x,y) \xrightarrow[x \in [a, a+da[}{da \to 0} \gamma^{k,k+1^B}(a,y) = \gamma^{k,k+1^B}(a^-, y) \qquad (2.70)$$

où l'exposant "-" s'adresse à la position juste derrière la pointe de fissure. Concernant les contraintes d'interface à l'état A, on peut donc écrire de la même manière :

$$\tau_1^{k,k+1^A}(x,y) \xrightarrow[x \in [a, a+da[}{da \to 0} \tau_1^{k,k+1^A}(a^+, y) \qquad (2.71)$$

$$\tau_2^{k,k+1^A}(x,y) \xrightarrow[x \in [a, a+da[}{da \to 0} \tau_2^{k,k+1^A}(a^+, y) \qquad (2.72)$$

$$\nu^{k,k+1^A}(x,y) \xrightarrow[x \in [a, a+da[}{da \to 0} \nu^{k,k+1^A}(a^+, y) \qquad (2.73)$$

où l'exposant "+" correspond à la position juste avant la pointe de fissure. Alors, le travail infinitésimal virtuel nécessaire pour fermer la fissure da peut s'écrire comme

2.5. MODÈLES POUR ANALYSER LA RUPTURE D'UN BICOUCHE EN FLEXION 4 POINTS

suit :

$$dW = \frac{1}{2}\left(\tau_1^{k,k+1^A}(a^+,y)\gamma_1^{k,k+1^B}(a^-,y) + \tau_2^{k,k+1^A}(a^+,y)\gamma_2^{k,k+1^B}(a^-,y) + v^{k,k+1^A}(a^+,y)\gamma_3^{k,k+1^B}(a^-,y)\right)da \quad (2.74)$$

Ainsi, le taux de restitution d'énergie pour une force donnée est calculé par l'expression suivante :

$$G = \frac{dW}{b\,da} \quad (2.75)$$

$$G = \frac{1}{2b}\left(\tau_1^{k,k+1^A}(a^+,y)\gamma_1^{k,k+1^B}(a^-,y) + \tau_2^{k,k+1^A}(a^+,y)\gamma_2^{k,k+1^B}(a^-,y) + v^{k,k+1^A}(a^+,y)\gamma_3^{k,k+1^B}(a^-,y)\right) \quad (2.76)$$

où b est la longueur de décollement suivant l'axe y.

2.5.2.1.6 Expression de G en fonction des facteurs d'intensité de contraintes K

On peut enfin également calculer le taux de restitution d'énergie à partir des critères locaux obtenus par le calcul des facteurs d'intensité de contrainte [Bui, 1978], [Hutchinson et al., 1987], [Hutchinson and Suo, 1992], [Pommier et al., 2009]. Cette méthode est également commode pour évaluer ces quantités par analyse d'images. L'expression du taux de restitution d'énergie est donnée par [Dundurs, 1969], [Smelser, 1979], [Carlsson and Prasad, 1993], [Lee et al., 1993] en fonction des facteurs d'intensité de contrainte K_I et K_{II} du mode I et mode II respectivement et du cœfficient bimatériau élastique. Pour les bimatériaux malgré les singularités de contrainte générées à la pointe de fissure entre deux milieux [Hun et al., 2011] où les champs sont généralement complexes (ce qui n'a pas de signification physique [England, 1965]), [Williams, 1959], [England, 1965], [Dundurs, 1969], [Cook and Erdogan, 1972], [Comninou, 1977], [Sun and Jih, 1987] ont montré que les problèmes en élasticité plane et isotrope dépendent de deux paramètres sans dimension (cœfficient de Dundurs) [Dundurs, 1969], [Rice and Sih, 1965], [Hutchinson et al., 1987], [Hutchinson and Suo, 1992], Brillet-Rouxel [2007], [Bower, 2009]. Ces paramètres sont exprimés par une combinaison des cœfficients d'élasticité de chacun des matériaux. À partir de la convention adoptée dans la figure 2.27, les deux cœfficients de Dundurs sont représentés comme les suivants :

$$\alpha = \frac{\mu_1(\kappa_2+1) - \mu_2(\kappa_1+1)}{\mu_1(\kappa_2+1) + \mu_2(\kappa_1+1)} \quad (2.77)$$

$$\beta = \frac{\mu_1(\kappa_2-1) - \mu_2(\kappa_1-1)}{\mu_1(\kappa_2+1) + \mu_2(\kappa_1+1)} \quad (2.78)$$

où $\kappa_i = 3 - 4v_i$ en déformations planes et $\kappa_i = \frac{3-v_i}{1+v_i}$ en contraintes planes.

Le paramètre α peut également s'écrire de la manière suivante :

$$\alpha = \frac{\overline{E}_1 - \overline{E}_2}{\overline{E}_1 + \overline{E}_2} \qquad (2.79)$$

Le cœfficient α mesure l'écart relatif des modules de Young des deux matériaux. Il est donc situé dans la gamme $-1 < \alpha < 1$ pour toutes les combinaisons des matériaux : $\alpha = 1$ indique que le matériau du haut est rigide comparé à celui du bas, tant dit que $\alpha = -1$ signifie que le matériau du bas est rigide comparé à celui du haut.

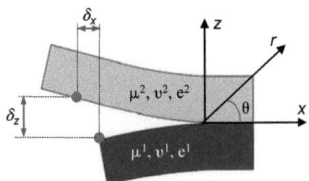

FIGURE 2.27 – *Fissure à l'interface d'un bimatériau*

Le champ des déplacements à la pointe de la fissure peut être calculé par la formule :

$$\Delta u_z + i\Delta u_x = \frac{1}{(1+2i\varepsilon)\cosh(\pi\varepsilon)} \frac{4Kr^{i\varepsilon}}{E^*} \sqrt{\frac{2r}{\pi}} \qquad (2.80)$$

où ε est appelé paramètre d'hétérogénéité élastique. Il s'exprime en fonction du cœfficient de Dundurs β :

$$\varepsilon = \frac{1}{2\pi} \ln\left(\frac{1-\beta}{1+\beta}\right) \qquad (2.81)$$

Le module d'Young effectif E^* est donné par $\frac{2}{E^*} = \frac{1}{\overline{E}_1} + \frac{1}{\overline{E}_2}$ avec $\overline{E}_i = E_i$ en contraintes planes et $\overline{E}_i = \frac{E_i}{1-v_i}$ en déformations planes. Pour le cas de la rupture entre deux milieux en pointe de fissure, le facteur d'intensité de contrainte K est un nombre complexe égal à $K_I + iK_{II}$ où K_I et K_{II} sont les facteurs d'intensité de contrainte en mode I et en mode II respectivement. Il est introduit dans l'expression des contraintes de cisaillement et d'arrachement le long de l'interface ($\theta = 0$) comme suit :

$$\sigma_{zz} + i\sigma_{xz} = \frac{Kr^{i\varepsilon}}{\sqrt{2\pi r}} \qquad (2.82)$$

À partir la relation 2.80, ces facteurs d'intensité de contrainte peuvent s'exprimer de la manière suivante :

$$K_I = \frac{E^* \cos(\pi\varepsilon)}{8} \sqrt{\frac{2\pi}{r}} [(\delta_z - 2\varepsilon\delta_x)\cos(\varepsilon\ln r) + (\delta_x + 2\varepsilon\delta_z)\sin(\varepsilon\ln r)] \qquad (2.83)$$

$$K_{II} = \frac{E^* \cos(\pi\varepsilon)}{8} \sqrt{\frac{2\pi}{r}} [(\delta_x + 2\varepsilon\delta_z)\cos(\varepsilon\ln r) - (\delta_z - 2\varepsilon\delta_x)\sin(\varepsilon\ln r)] \qquad (2.84)$$

2.5. MODÈLES POUR ANALYSER LA RUPTURE D'UN BICOUCHE EN FLEXION 4 POINTS

Les facteurs d'intensité de contraintes ont été calculés pour quelques géométries d'échantillons (généralement en utilisant une technique numérique) [Bower, 2009]. Quelques exemples sont données ci-dessous (cf. Figure 2.28). où le taux de restitution d'énergie est donné par expression ci-dessous :

$$G = \frac{K_I^2 + K_{II}^2}{2E^* \cosh^2(\pi\varepsilon)} \qquad (2.85)$$

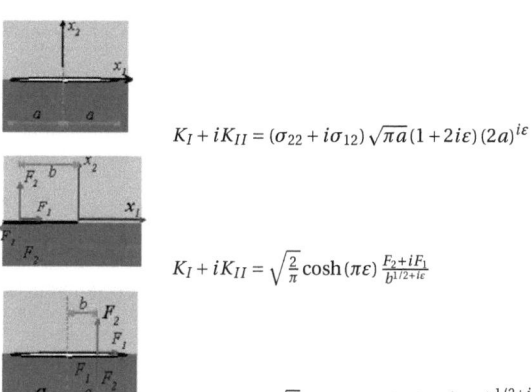

$$K_I + iK_{II} = (\sigma_{22} + i\sigma_{12})\sqrt{\pi a}(1 + 2i\varepsilon)(2a)^{i\varepsilon}$$

$$K_I + iK_{II} = \sqrt{\frac{2}{\pi}}\cosh(\pi\varepsilon)\frac{F_2 + iF_1}{b^{1/2+i\varepsilon}}$$

$$K_I + iK_{II} = \sqrt{\frac{2}{\pi}}\cosh(\pi\varepsilon)\frac{F_2 + iF_1}{(2a)^{1/2+i\varepsilon}}\left(\frac{a+b}{a-b}\right)^{1/2+i\varepsilon}$$

FIGURE 2.28 – *Facteurs d'intensité de contrainte pour les fissures à l'interface [Bower, 2009]*

Lors de l'ouverture de la fissure, la grandeur ψ^* appelé mixité modale permet de définir la proportion de mode II par rapport au mode I [Leguillon, 2002], [Bower, 2009]. Il peut s'exprimer soit en fonction des facteurs d'intensité des contraintes soit en fonction des contraintes de cisaillement et d'arrachement à l'interface :

$$\psi^* = \arctan\frac{Im(Kr^{i\varepsilon})}{Re(Kr^{i\varepsilon})} = \arctan\frac{K_{II}\cos(\varepsilon\ln r) + K_I\sin(\varepsilon\ln r)}{K_I\cos(\varepsilon\ln r) + K_{II}\sin(\varepsilon\ln r)} \qquad (2.86)$$

$$\psi^* = \arctan\left(\frac{\sigma_{xz}}{\sigma_{zz}}\right)_{r,\theta=0} \qquad (2.87)$$

Quand ψ^* est égal a zero, on se rapproche du mode I pur. Inversement, quand on se rapproche du mode II pur ψ^* tend vers $\pi/2$. La mixité modale ψ^* correspond à l'argument du nombre complexe $Kr^{i\varepsilon}$, elle est également une fonction de r. Cependant, sa valeur est indépendante des unités choisies pour mesurer r, contrairement à une mixité modale simple ψ qui serait décrite par :

$$\psi = \arctan\frac{K_{II}}{K_I} \qquad (2.88)$$

2.5.2.2 Critère de stabilité d'une fissure

La stabilité de la propagation dépend essentiellement du type de sollicitation. Ainsi, le problème de stabilité sous chargement quasi statique ne se pose, en pratique, généralement que dans le cas d'un chargement imposé. En déplacement imposé, la propagation de la fissure est presque toujours stable. Il existe donc deux types de propagation :

- La propagation stable : après son amorçage dès que $G = G_c$, la fissure s'arrête, nécessitant plus d'énergie pour reprendre sa propagation. Ce mode de propagation n'est a priori pas dangereux ;
- La propagation instable : après son amorçage, la fissure poursuit sa progression en l'absence de toute modification des paramètres de la sollicitation. Cette instabilité conduit alors à la ruine de la structure.

Le critère de stabilité de propagation des fissures peut être analysée par le taux de restitution d'énergie G ou par l'énergie total du système Π [Bui, 1978], [Pommier et al., 2009], [Charmet, 2007]. Pour une fissure de longueur a donnée, et un incrément de propagation da, la propagation sera déterminée par :

$$\begin{cases} \frac{d^2\Pi}{da^2} > 0 \quad \text{ou} \quad \frac{dG}{da} < 0 & \text{- stable} \\ \frac{d^2\Pi}{da^2} < 0 \quad \text{ou} \quad \frac{dG}{da} > 0 & \text{- instable} \end{cases} \quad (2.89)$$

2.6 Bilan et objectifs de la thèse

Ce chapitre contient une étude bibliographique sur les essais de laboratoire et sur les modèles pour analyser la mécanique de rupture d'interface. La littérature fait apparaître différents dispositifs d'essai pour caractériser la fissuration et le décollement à l'interface entre couches avec différents modes de rupture. Afin de proposer un essai ou d'adapter un essai existant relativement efficace et capable de caractériser et d'étudier l'effet de l'eau sur le comportement de l'interface entre le béton de ciment et l'enrobé bitumineux, on note qu'il existe peu d'essais en mode mixte sur l'étude des performances mécaniques de l'interface. D'un point de vue mécanique, la chaussée travaille en flexion. On se concentre donc sur un essai de flexion pour l'étude des performances mécaniques de l'interface. La dernière partie de ce chapitre était consacrée à des modélisations adaptées pour l'analyse mécanique de la rupture à l'interface. Parmi les différents essais proposés, il semble que l'essai de flexion 4 points utilisé dans les études de réparation de poutre béton puisse conduire à délaminer des interfaces. Pour nos matériaux de chaussée, il peut être intéressant étant donné que l'on peut tester une interface de bicouche BCMC sans poser de points d'appuis ou de forces sur le matériau bitumineux relativement viscoélastique.

2.6. BILAN ET OBJECTIFS DE LA THÈSE

L'objectif de cette thèse est d'évaluer le comportement de l'interface entre le béton de ciment et l'enrobé bitumineux. Cette étude se base à la fois sur le travail effectué précédemment [Pouteau, 2004] et les modélisations M4. Pour répondre à cet objectif, il était nécessaire de comprendre et de quantifier la distribution des contraintes à l'interface entre les couches. Le travail de thèse comporte ainsi deux parties principales : expérimentales et analytiques. La première s'appuie sur la mise au point d'un essai de flexion 4 points avec ou sans eau sur un bicouche qui implique la détermination de la propagation d'une fissure de délaminage à l'interface, et la partie analytique porte sur les modélisations adaptées pour l'analyse mécanique de l'essai en utilisant le modèle M4-5n. Cette approche a pour but d'analyser le dimensionnement initial de l'éprouvette et si adéquat le décollement à l'interface.

Deuxième partie

ESSAI DE DÉCOLLEMENT D'UN BICOUCHE EN FLEXION 4 POINTS

INTRODUCTION DE LA DEUXIÈME PARTIE

Cette partie concerne la présentation des outils développés durant la thèse pour mettre au point un essai de décollement de bicouches en flexion 4 points. La mise au point de l'outil de calcul M4-5n pour dimensionner initialement la géométrie des éprouvettes et de l'essai avec ses campagnes de réalisation d'éprouvettes ont été menées en parallèle. Dans le chapitre 3, on indique tout d'abord le jeu d'équations M4-5n appliqué au problème ainsi que sa méthode de résolution avant de présenter les optimisations de la géométrie d'éprouvettes qui ont pu être faites pour favoriser le délaminage entre couches avec la théorie en élasticité.

Le chapitre 4 décrit la mise au point du système expérimental effectué. La phase de réalisation des éprouvettes de chaussées est présentée ainsi que les techniques d'analyse d'images numériques utilisées pour mesurer les longueurs de fissure. Enfin, l'étape de validation du modèle et du dispositif expérimental est décrite avec les premiers essais sur éprouvettes témoins Alu/PVC.

CHAPITRE 3

ANALYSE MÉCANIQUE DE L'ESSAI

3.1 Introduction

Pour tenter d'investiguer mécaniquement la tenue du collage entre les matériaux enrobés et béton de ciment, cette thèse se concentre pour ces matériaux de chaussée sur l'adaptation de l'essai de flexion 4 points utilisé pour les poutres bétons renforcées [Achinta and Burgoyne, 2011], [Ferrier et al., 2011], [Pankow et al., 2011], [de Morais, 2011] et présenté précédemment dans le paragraphe 2.3.7.

Ce chapitre aborde l'étude théorique du comportement mécanique des éprouvettes en élasticité. Dans cette étude, on considère que chacun des matériaux est homogène et que le problème peut être décrit sous l'hypothèse des déformations planes. L'utilisation du M4-5n présenté au chapitre 2 permet de poser les équations du problème mécanique afin de déterminer les champs de contrainte et de déplacement de l'éprouvette. Il est également utilisé pour dimensionner l'éprouvette afin de favoriser les ruptures à l'interface plutôt que par traction dans le matériau 2. Les intensités (finies) des contraintes d'interface ainsi que le taux de restitution d'énergie relatif à la propagation de fissure à l'interface sont déterminés. Ce taux est calculé également par la méthode VCCT afin d'obtenir la contribution de chacun des modes de rupture de l'interface. Pour valider la résolution des équations, les résultats obtenus par le M4-5n sont comparés à ceux simulés par la méthode des éléments finis à l'aide du logiciel CESAR-LCPC. L'étude d'optimisation de la géométrie des éprouvettes par le M4-5n favorisant le décollement de l'interface entre les couches est ensuite décrite.

3.2 Application du M4-5n

3.2.1 Notations

Le M4-5n, présenté dans le paragraphe 2.5.1, est appliqué à l'éprouvette bicouche en flexion 4 points telle que décrite dans la figure 3.1. L'empilement des couches se fait selon l'axe de z. L'éprouvette de longueur L est ainsi définie comme une structure composite constituée de deux couches, notés 1 et 2. A priori la longueur a_1 est différente de a_2. Seule la couche 2 est concernée par les points d'appuis et d'applications de la charge. Sur la figure 3.1(a), à l'état initial, sur l'axe des x, on distingue trois zones. La première zone, où $x \in [0, a_1]$, est la zone constituée d'une seule couche en appui sur un de ses bords. La deuxième zone, où $x \in [a_1, L - a_2]$, est la zone composite constituée d'une section bicouche où le chargement est appliqué. La troisième, où $x \in [L - a_2, L]$, est identique à la première zone. Afin de modéliser le décollement à l'interface, on considère une longueur de décollement de l'interface a, où $a = L - a_2 - a_{x2}$ et a_{x2} varie de $L - a_2$ à $L_F + L_{FF}$ (paramètres géométriques de positionnement des charges), comme un décollement parfait entre les couches (cf. Figure 3.1(b)). Lors de ce décollement, la partie libre d'efforts de la couche 1 ne contribue pas à l'énergie M4-5n de la structure. En effet, l'écriture des conditions aux limites posées dans les équations (2.3)-(2.5), combinées aux équations du modèle sur une couche, rendent tous les efforts généralisés du M4-5n nuls.

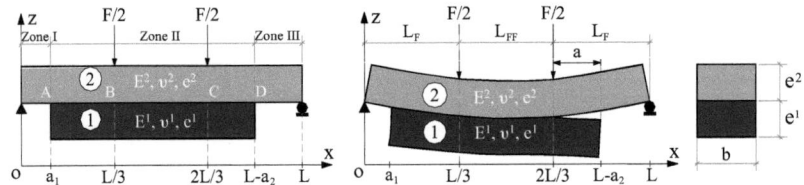

FIGURE 3.1 – *Notations adoptées pour la modélisation par le M4-5n*

3.2.2 Écriture du système d'équations principales à résoudre

Dans ce paragraphe, on présente la mise en équation du M4-5n sur le problème étudié. Pour ne pas alourdir le paragraphe, on reporte dans l'annexe C la simplification des équations générales du M4-5n pour ce problème 2D écrit en déformations planes. Le M4-5n abaissant d'une dimension géométrique le problème à résoudre, il conduit dans ce cas à chercher des champs inconnus ne dépendant que de la variable x.

Afin de résoudre le problème bicouche en flexion 4 points, il s'agit tout d'abord de faire le bilan des inconnues, pour chaque couche i ($i = [1, n]$, ici $n = 2$) (déplacements

3.2. APPLICATION DU M4-5N

et efforts généralisés) et des équations (d'équilibre et de comportement des couches et de l'interface). L'hypothèse de déformations planes selon l'axe des y (cf. Annexe C) permet de réduire le nombre d'inconnues du problème de $15n-3$ à $10n-2$ (ici de 27 à 18). Ces inconnues sont composées des 6 inconnues cinématiques $U_1^i(x), \Phi_1^i(x), U_3^i(x)$ de couche i ($i=[1,2]$), 2 inconnues d'interface 1,2 $\tau_1^{1,2}(x), \nu^{1,2}(x)$ et des 10 inconnues statiques de couche i $N_{11}^i(x), N_{22}^i(x), M_{11}^i(x), M_{22}^i(x), Q_1^i(x)$.

Afin d'optimiser la résolution du problème sachant que certaines équations sont algébriques, on choisit des inconnues principales et secondaires selon la méthode utilisée dans les travaux de [Pouteau, 2004], [Guillo, 2004], [Spilmann, 2007], [Le Corvec, 2008] pour d'autres applications. Après plusieurs manipulations des équations (cf. Annexe C), le système d'inconnues principales se réduit aux 6 inconnues de couche i ($i=[1,2]$) $U_1^i(x)$, $\Phi_1^i(x)$ et $Q_1^i(x)$. En effet, le système peut être réduit de $2n$ équations grâce aux deux équations algébriques de comportement membranaire (§C.1.7). En combinant les premières équations d'équilibre (C.12) et les équations de comportement de couche (C.24), on peut de plus éliminer les 2 inconnues $N_{11}^i(x)$. De même, les équations d'équilibre en cisaillement (C.14) combinées aux équations différentielles de comportement de moment membranaire (C.25) permettent de réduire les 2 inconnues $M_{11}^i(x)$. Les dernières équations d'équilibre (C.13) sont utilisées pour supprimer l'effort d'arrachement $\nu^{1,2}(x)$ entre la couche 1 et 2. De façon quasi identique, on utilise les équations (C.26) pour supprimer l'effort de cisaillement $\tau_1^{1,2}(x)$. Enfin, en manipulant l'équation de comportement de couche (C.19) combinée avec l'équation (C.27) et l'équation de comportement d'interface (C.21) combinée avec l'équation (C.29) on peut supprimer les 2 inconnues de déplacement vertical $U_3^i(x)$. Ainsi, le problème consiste à résoudre un système d'équations différentielles d'ordre 2 avec 6 inconnues principales, le déplacement horizontal $U_1^i(x)$, la rotation $\Phi_1^i(x)$ et l'effort tranchant $Q_1^i(x)$ de chaque couche i ($i=[1,2]$).

3.2.3 Méthode de résolution du système principal

La zone monocouche (zone I et III) (cf. Figure 3.1(a)) est résolue analytiquement (cf. Annexe D-§D.1.1 et §D.1.3). Leur inconnues sont résolues à l'aide des conditions de raccordement avec la zone II en $x = a_1$ et $x = L - a_2$ respectivement. Ainsi, la résolution numérique du problème ne concerne que la zone bicouche (zone II : $n=2$). Pour alléger le système d'équation et éviter un mauvais conditionnement des matrices, une réduction du système est faite (cf. Annexe C-§C.3). Cette réduction permet également d'introduire le chargement dans le système d'équation. Ce système est ainsi réduit de 6 à 5 inconnues. Finalement, en utilisant la continuité entre zones pour transférer les points d'appuis, le système d'équations adimensionnelles différentielles d'ordre 2 sous forme matricielle après réduction s'écrit sous la forme suivante :

$$AX''(x) + BX(x) = C \qquad (3.1)$$

avec :

$$X''(x) = \begin{pmatrix} U_1^1(x) \\ \Phi_1^1(x) \\ Q_1^1(x) \\ U_1^2(x) \\ \Phi_1^2(x) \end{pmatrix} \qquad (3.2)$$

et A, B, C sont les matrices fonctions des données géométriques et matériaux des

3.2. APPLICATION DU M4-5N

2 couches. Ces matrices sont écrites complètement analytiquement.

$$A = \begin{pmatrix} -\frac{e^{1^2}E^1}{2(1-v^{1^2})} & \frac{e^{1^3}E^1}{12(1-v^{1^2})} & 0 & 0 & 0 \\ \frac{4}{15}\left(\frac{e^{1^2}}{1+v^1} + \frac{e^1e^2E^1(1+v^2)}{E^2(1-v^{1^2})}\right) & 0 & 0 & 0 & 0 \\ \left(\frac{e^1}{5(1+v^1)} - \frac{e^1E^1(1+v^2)}{5E^2(1-v^{1^2})}\right) & 0 & -\frac{13}{35}\left(\frac{e^1}{E^1} + \frac{e^2}{E^2}\right) & 0 & 0 \\ -\frac{e^1e^2E^1}{2(1-v^{1^2})} & 0 & 0 & 0 & \frac{e^{2^3}E^2}{12(1-v^{2^2})} \\ \frac{e^1E^1}{1-v^{1^2}} & 0 & 0 & \frac{e^2E^2}{1-v^{2^2}} & 0 \end{pmatrix} \quad (3.3)$$

$$B = \begin{pmatrix} 0 & 0 & -1 & 0 & 0 \\ -1 & -\frac{e^1}{2} & \left(\frac{1+v^1}{5E^1} - \frac{1+v^2}{5E^2}\right) & 1 & -\frac{e^2}{2} \\ 0 & -1 & \left(\frac{12(1+v^1)}{5e^1E^1} + \frac{12(1+v^2)}{5e^2E^2}\right) & 0 & 1 \\ 0 & 0 & 1 & 0 & 0 \\ 0 & 0 & 0 & 0 & 0 \end{pmatrix} \quad (3.4)$$

$$C = \begin{cases} \left[-\frac{F_3^1+F_3^2}{b}\left(\frac{L}{2}x - \frac{x^2}{2}\right)\right]\begin{pmatrix}1\\1\\1\\1\\1\end{pmatrix} & \text{si} \quad x \in \,]L_F, L_F+L_{FF}] \\ \delta_1 \begin{pmatrix} 0 \\ -\frac{1+v^2}{5E^2} \\ \frac{12(1+v^2)}{5e^2E^2} \\ 1 \\ 0 \end{pmatrix} \quad \text{avec} \\ \begin{cases} \delta_1 = \frac{F_3^1+F_3^2}{b}\left[\frac{(x-a_1)}{2}(x-L+a_1)\right] + \frac{F_3^2}{b}\left(\frac{L}{2}-a_1\right) + \frac{F}{2b} \text{ si } x \in [a_1, L_F[\\ \delta_1 = \frac{F_3^1+F_3^2}{b}\left[\frac{(x-a_2)}{2}(x-L+a_2)\right] - \frac{F_3^2}{b}\left(\frac{L}{2}-a_2\right) - \frac{F}{2b} \text{ si } x \in \,]L_F+L_{FF}, L-a_2] \end{cases} \end{cases}$$

(3.5)

L'expression (3.5) se simplifie alors comme suit si on ne prend pas en compte le poids propre des couches i, la matrice C s'écrit :

$$C = \begin{cases} \begin{pmatrix} 0 \\ 0 \\ 0 \\ 0 \\ 0 \end{pmatrix} & \text{si} \quad x \in [L_F, L_F + L_{FF}] \\ \delta_2 \begin{pmatrix} 0 \\ -\frac{1+v^2}{5E^2}\frac{F}{2b} \\ \frac{12(1+v^2)}{5e^2 E^2}\frac{F}{2b} \\ \frac{F}{2b} \\ 0 \end{pmatrix} \quad \text{avec} \quad \begin{cases} \delta_2 = 1 & \text{si} \quad x \in [a_1, L_F[\\ \delta_2 = -1 & \text{si} \quad x \in]L_F + L_{FF}, L - a_2] \end{cases} \end{cases} \quad (3.6)$$

Pour éviter un problème de mauvais conditionnement de matrice, on adimensionne les inconnues et les paramètres du système (cf. Annexe D-§D.2). La linéarisation du système différentiel du $2^{\text{ème}}$ ordre est réalisée par la méthode des différences finies et plus précisément par le schéma de Newmark afin de résoudre le système principal différentiel du $2^{\text{ème}}$ ordre obtenu précédemment. Il s'écrit sous forme de la dérivée première du vecteur X entre j et $j+1$:

$$\frac{X'_{j+1} + X'_j}{2} = \frac{X_{j+1} - X_j}{k_{j+1}} \quad \text{avec} \quad k_{j+1} = xj+1 - xj+1 \quad (3.7)$$

La zone II est ainsi discrétisée sur un fil en N points (cf. Tableau 3.1). Le tableau 3.1 représente les conditions aux limites de la zone dans laquelle on va résoudre le système d'équations différentielles. Le détail de la résolution numérique de ce système est présenté dans l'annexe D. Elle est programmée dans le logiciel Scilab. Les inconnues principales $U_1^i(x)$, $\Phi_1^i(x)$ et $Q_1^i(x)$ pour toutes les couches ($i \in [1,2]$) permettent de calculer les inconnues secondaires $N_{11}^i(x)$, $N_{22}^i(x)$, $M_{11}^i(x)$, $M_{22}^i(x)$, $v^{i,i+1}$, $\tau_1^{n,n+1}$, U_3^i (cf. §D.5).

3.2.4 Obtention des efforts d'interface

L'effort de cisaillement entre les couches est déterminé algébriquement en fonction des inconnues principales d'après l'équation d'interface notée dans l'annexe C (C.20). Dans notre configuration d'essai où seuls les efforts s'exercent en haut de la couche 2, les contraintes d'interface de conditions aux limites entre le bicouche et son bas $\tau_1^{0,1}$ et $v^{0,1}$ sont nulles ainsi que les contraintes de cisaillement entre la couche 2 et

3.2. APPLICATION DU M4-5N

Tableau 3.1 – *Récapitulatif des conditions aux limites du bicouche à modéliser*

Conditions aux limites analytiques ($x_1 = a_1$)	Conditions aux limites numériques	Conditions aux limites analytiques ($x_N = L - a_2$)
$U_1^{1\prime}(x_1) = 0$		$U_1^{1\prime}(x_N) = 0$
$\Phi_1^{1\prime}(x_1) = 0$		$\Phi_1^{1\prime}(x_N) = 0$
$Q_1^1(x_1) = 0$		$Q_1^1(x_N) = 0$
$U_1^2(x_1) = 0$		$U_1^{1\prime}(x_N) = 0$
$\Phi_1^{1\prime}(x_1) = \dfrac{6a_1\left(1-v^{22}\right)}{be^{23}E^2}\left[F_3^2(L-a_1)+F\right]$		$\Phi_1^{1\prime}(x_N) = \dfrac{6a_2\left(1-v^{22}\right)}{be^{23}E^2}\left[F_3^2(L-a_2)-F\right]$

l'extérieur $\tau_1^{2,3}$ (cf. Équation (2.38)). En utilisant les équations du M4-5n (cf. Annexe C), on peut écrire ci-dessous l'expression de la contrainte de cisaillement $\tau_1^{1,2}$ à l'interface entre les couches 1 et 2 en fonction des inconnues principales du système (3.1) :

$$\tau_1^{1,2}(x) = \frac{15 E^1 E^2}{4\left[e^1 E^2\left(1+v^1\right)+e^2 E^1\left(1+v^2\right)\right]}\left(U_1^2(x)-U_1^1(x)\right)$$
$$-\frac{15 E^1 E^2}{4\left[e^1 E^2\left(1+v^1\right)+e^2 E^1\left(1+v^2\right)\right]}\left(\frac{e^1}{2}\Phi_1^1(x)+\frac{e^2}{2}\Phi_1^2(x)\right)$$
$$+\frac{3\left(1+v^1\right)E^2}{4\left[e^1 E^2\left(1+v^1\right)+e^2 E^1\left(1+v^2\right)\right]}Q_1^1(x)+\frac{3\left(1+v^2\right)E^1}{4\left[e^1 E^2\left(1+v^1\right)+e^2 E^1\left(1+v^2\right)\right]}Q_1^2(x)$$
(3.8)

On utilise alors la 2ème équation d'équilibre (2.29) du problème pour exprimer la contrainte d'arrachement à l'interface $v^{1,2}$ comme suit :

$$\begin{cases} v^{1,2} = -Q_1^{1\prime}(x) - F_3^1(x) \\ v^{2,3} = v^{1,2} - Q_1^{2\prime}(x) - F_3^2(x) \end{cases}$$
(3.9)

Par ailleurs, les déplacements verticaux selon la direction z, $U_3^i(x)$, représentant la flèche moyenne de chacune des couches, sont obtenus à l'aide de l'intégration des équations de comportement de couche donnée dans (C.19).

Dans le cas du bicouche, on obtient respectivement pour la couche 1 et 2 :

$$\begin{cases} U_3^{1\prime}(x) &= \dfrac{12(1+v^1)}{5e^1 E^1} Q_1^1(x) - \Phi_1^1(x) - \dfrac{1+v^1}{5E^1}\tau_1^{1,2}(x) \\ U_3^{2\prime}(x) &= \dfrac{12(1+v^2)}{5e^2 E^2} Q_1^2(x) - \Phi_1^2(x) - \dfrac{1+v^2}{5E^2}\tau_1^{1,2}(x) \end{cases}$$
(3.10)

On utilise alors l'équation de comportement d'efforts normaux d'interface ici entre 1 et 2 (C.21) ci-dessous pour obtenir leur valeur :

$$U_3^2(x) = U_3^1(x) + \frac{13}{35}\left(\frac{e^1}{E^1} + \frac{e^2}{E^2}\right)v^{1,2}(x) - \frac{9e^2}{70E^2}v^{2,3}(x) \tag{3.11}$$

Il peut être calculé soit par la combinaison des équations de comportement de couche i (3.10) et des conditions de raccordement de $\Phi_1^i(x)$, soit par l'approximation de Newmark. Pour être cohérent avec la solution des inconnues principales, on calcule par l'approximation de Newmark.

Comme on connaît les conditions aux limites en $x = 0$ et $x = L$, on calcule d'abord le $U_3^i(x)$ de la zone I.

$$\begin{cases} U_3^2(0) = 0 \\ \frac{U_3^{2\prime}(x_{j+1}) + U_3^{2\prime}(x_j)}{2} = \frac{U_3^2(x_{j+1}) + U_3^2(x_j)}{x_{j+1}-x_j} \end{cases} \text{pour} \quad j \in [1, N_1 - 1] \tag{3.12}$$

En utilisant les conditions de raccordement entre zones en $x = a_1$, on peut donc calculer les déplacements $U_3^i(x)$ de la zone II ($i \in [1,2]$).

$$\begin{cases} {}^I U_3^2(a_1) = {}^{II} U_3^2(a_1) \\ \frac{U_3^{i\prime}(x_{j+1}) + U_3^{i\prime}(x_j)}{2} = \frac{U_3^i(x_{j+1}) + U_3^i(x_j)}{x_{j+1}-x_j} \end{cases} \text{pour} \quad j \in [1, N - 1] \tag{3.13}$$

3.2.5 Convergence numérique

La programmation des équations précédentes est faite avec le logiciel Scilab [Scilab, 2012]. Afin de valider les résultats numériques et obtenir un nombre de mailles suffisant pour obtenir les intensités des contraintes à 10^{-4} MPa près, une étude de convergence des contraintes à l'interface 1,2 en $x = L - a_2$, c'est-à-dire au bord de la zone bicouche, a été faite pour $F = 5$ kN, E^1/E^2=17,4, L=420 mm, b= 120 mm, $a_1 = a_2$=70 mm, $e^1 = e^2$=60 mm. La figure 3.2 illustre la convergence rapide des contraintes de cisaillement et d'arrachement d'interface. Sachant que le modèle conduit à des valeurs d'intensité de contraintes finies au bord contrairement aux éléments finis, les simulations conduisent à ce que la convergence des efforts d'interface à 10^{-4} MPa près soit atteinte pour 1200 mailles. Pour ce nombre de mailles, le calcul dure environ 2s pour un processeur Intel Core 2 Duo 2,53Ghz avec 4GB de RAM. Par la suite, les résultats du M4-5n seront principalement donnés dans ce rapport pour des calculs effectués sur la section bicouche (zone II) avec 1200 mailles de discrétisation du fil ainsi simulé.

3.2.6 Effet du poids propre de la couche 1 sur les contraintes d'interface

La couche 1 étant suspendue par son interface lors des essais, nous étudions ici l'effet du poids propre de cette couche en élasticité sur les contraintes d'interface. Dans

3.2. APPLICATION DU M4-5N

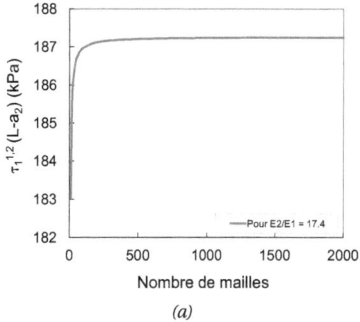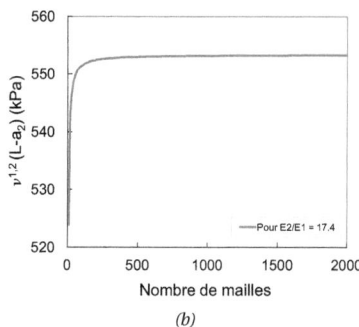

FIGURE 3.2 – *Convergence de : (a) contrainte de cisaillement* $\tau_1^{1,2}(L-a_2)$; *(b) contrainte d'arrachement* $\nu^{1,2}(L-a_2)$

cette simulation, les valeurs des caractéristiques équivalentes élastiques et géométries des couches 1 et 2 sont celles des éprouvettes de matériaux de chaussées fabriqués en laboratoire par la suite et décrit dans le chapitre suivant (cf. Chapitre 5). Le module d'Young de ces matériaux est de 35000 MPa pour le béton (couche 2) et de 2000 MPa pour l'enrobé (couche 2) avec une température de 20 °C. La masse volumique de l'enrobé et du béton est de 2388 kg/m^3 et de 2442 kg/m^3 respectivement. Le détail des équations est donné dans l'annexe D. Les figures 3.3(a) et 3.3(b) montrent respectivement les contraintes d'arrachement et de cisaillement à l'interface du bicouche (zone II entre les points $x = a_1$ et $x = L - a_2$), calculées avec et sans le poids propre de la couche 1. On constate que l'intensité de ces contraintes d'interface augmente d'environ 3,5 % au bord par rapport aux contraintes calculées sans prise en compte du poids propre. En élasticité, cet effet est très faible. Nous décidons de le négliger dans les calculs M4-5n par la suite.

3.2.7 Calcul du taux de restitution d'énergie

L'intensité des contraintes d'interface étant finis, comme il est dit dans le chapitre 2, un critère de type effort d'interface critique peut donc être utilisé à l'aide du M4-5n. En complément, il est nécessaire de valider expérimentalement l'application de cet outil au développement de l'essai appliqué sur les matériaux de chaussées choisis dans ce travail. Ce paragraphe donne ainsi l'expression du taux de restitution d'énergie obtenu par le M4-5n. Dans un premier paragraphe, on donne son expression générale. Cependant, l'essai visé étant un essai en mode de rupture mixte, il est utile comme rappelé dans la partie bibliographie de pouvoir séparer les modes. Aussi pour ce faire, dans un second paragraphe, la méthode VCCT est utilisée.

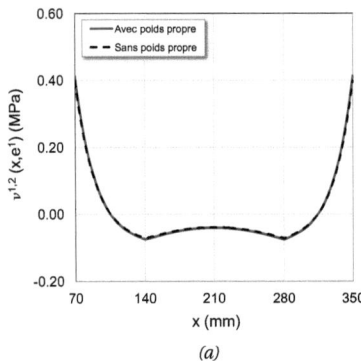 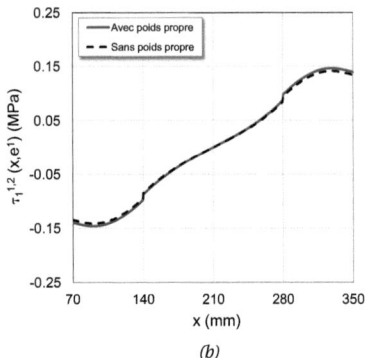

FIGURE 3.3 – *Effet du poids propre de la couche de l'enrobé sur les contraintes (a) d'arrachement, (b) de cisaillement à l'interface entre couches*

3.2.7.1 Méthode énergétique

Comme indiqué dans le chapitre 2, il est nécessaire de déterminer l'énergie de déformation élastique ou l'énergie potentielle élastique W_e et le travail des forces extérieurs W_{ext}. Pour calculer le taux de restitution d'énergie G de l'essai de flexion 4 points sur bicouche (Figure 3.1(b)), lorsque la taille de la fissure d'interface varie d'une longueur Δa, où $a = L - a_2 - a_{x2}$, son expression est :

$$G(a) = \frac{\partial W_{ext}}{b \partial a} - \frac{\partial W_e}{b \partial a} \quad (3.14)$$

Le travail des forces extérieures W_{ext} fourni par la charge appliquée s'écrit :

$$W_{ext}(a) = \frac{F}{2b} U_3^2(L_F) + \frac{F}{2b} U_3^2(L_F + L_{FF}) \quad (3.15)$$

L'énergie de déformation élastique W_e pour le M4-5n est composée de l'énergie linéique de couche, d'efforts d'arrachement et d'efforts tranchants (cf. Chapitre 2-§2.5.1). Elle est donnée par l'expression pour $i \in [1,2]$:

$$W_e(a) = \sum_{i=1}^{2} \int_\omega \left(\omega_c^{5n i} + \omega_v^{5n i} + \omega_Q^{5n i} \right) d\omega \quad (3.16)$$

L'éprouvette de l'essai de flexion 4 points bicouche se décompose en zone monocouche et en zone bicouche (cf. Figure 3.1). Le calcul de cette énergie est fait séparément sur les trois zones comme suit :

$$W_e(a) = W_{I,monocouche}(a) + W_{II,bicouche}(a) + W_{III,monocouche}(a) \quad (3.17)$$

Pour la zone I $x \in [0, a_1]$, on obtient :

$$W_{I,monocouche}(a) = \int_0^{a_1} \omega_c^{5n2,I} dx + \int_0^{a_1} \omega_v^{5n2,I} dx + \int_0^{a_1} \omega_Q^{5n2,I} dx \quad (3.18)$$

3.2. APPLICATION DU M4-5N

Le développement du calcul est reporté dans l'annexe D - §D.6. Finalement, on obtient :

$$W_{I,monocouche}(a) = \left[\frac{a_1^3\left(1-v^{2^2}\right)}{2e^{2^3}E^2} + \frac{3a_1(1+v^2)}{10e^2E^2}\right]\left(\frac{F}{b}\right)^2 \quad (3.19)$$

On définit ensuite l'énergie de déformation dans la zone bicouche $x \in [a_1, a_{x2}]$ avec a_{x2} variant de $L - a_2$ à $L_F + L_{FF}$ et $a = L - a_2 - a_{x2}$. Les calculs de cette énergie sont comme suit :

$$W_{II,bicouche}(a) = \sum_{i=1}^{2}\int_{\omega}\left(\omega_c^{5n\,i,II} + \omega_v^{5n\,i,II} + \omega_Q^{5n\,i,II}\right)dx \quad (3.20)$$

En fonction des inconnues principales du problème, son expression devient :

$$\begin{aligned}W_{II,bicouche}(a) &= \frac{e^1 E^1}{2\left(1-v^{1^2}\right)}\int_{a_1}^{a_{x2}}\left[U_1^{1\prime}\right]^2 dx + \frac{e^2 E^2}{2\left(1-v^{2^2}\right)}\int_{a_1}^{a_{x2}}\left[U_1^{2\prime}\right]^2 dx \\ &+ \frac{e^{1^3}E^1}{12\left(1-v^{1^2}\right)}\int_{a_1}^{a_{x2}}\left[\Phi_1^{1\prime}\right]^2 dx + \frac{e^{1^3}E^1}{12\left(1-v^{2^2}\right)}\int_{a_1}^{a_{x2}}\left[\Phi_1^{1\prime}\right]^2 dx \\ &+ \frac{13e^1}{70E^1}\int_{a_1}^{a_{x2}}\left[Q_1^{1\prime}\right]^2 dx + \frac{e^2}{2E^2}\int_{a_1}^{a_{x2}}\left[\frac{\left(2Q_1^{1\prime}+Q_1^{2\prime}\right)^2}{4} + \frac{17}{140}\left(Q_1^{2\prime}\right)^2\right]dx \\ &+ \frac{6\left(1+v^1\right)}{5e^1 E^1}\int_{a_1}^{a_{x2}}\left[Q_1^1\right]^2 dx + \frac{6\left(1+v^2\right)}{5e^2 E^2}\int_{a_1}^{a_{x2}}\left[Q_1^2\right]^2 dx \\ &+ \frac{e^1 E^1}{5\left(1-v^{1^2}\right)}\int_{a_1}^{a_{x2}}\left[\frac{\left(1+v^1\right)}{E^1}Q_1^1 + \frac{\left(1+v^2\right)}{E^2}Q_1^2\right]U_1^{1\prime\prime} dx \\ &+ \frac{2}{15}\left(\frac{e^1 E^1}{1-v^{1^2}}\right)^2\left(\frac{e^1\left(1+v^1\right)}{E^1} + \frac{e^2\left(1+v^2\right)}{E^2}\right)\int_{a_1}^{a_{x2}}\left[U_1^{1\prime\prime}\right]^2 dx\end{aligned}$$

$$(3.21)$$

À noter que sur cette zone, la partie délaminée de la couche 1 ne contribue pas à cette énergie étant donné que, libre d'effort sur ces bords, cette partie ne contient aucun effort généralisé M4-5n.

Pour la zone III monocouche $x \in [a_{x2}, L]$, on a :

$$W_{III,monocouche}(a) = \left[\frac{\left(1-v^{2^2}\right)(L-a_{x2})^3}{2e^{2^3}E^2} + \frac{3\left(1+v^2\right)(L-a_{x2})}{10e^2 E^2}\right]\left(\frac{F}{b}\right)^2 \quad (3.22)$$

On obtient finalement analytiquement l'expression de l'énergie potentielle élastique W_e pour l'éprouvette bicouche en fonction des inconnues principales du système à résoudre comme indiquée ci-dessous.

$$W_e(a) = \left[\frac{\left(1-v^{2^2}\right)[a_1^3+(L-a_{x2})^3]}{2e^{2^3}E^2} + \frac{3(1+v^2)[a_1+(L-a_{x2})]}{10e^2E^2}\right]\left(\frac{F}{b}\right)^2$$

$$+ \frac{e^1E^1}{2\left(1-v^{1^2}\right)}\int_{a_1}^{a_{x2}}\left[U_1^{1'}\right]^2 dx + \frac{e^2E^2}{2\left(1-v^{2^2}\right)}\int_{a_1}^{a_{x2}}\left[U_1^{2'}\right]^2 dx$$

$$+ \frac{e^{1^3}E^1}{12\left(1-v^{1^2}\right)}\int_{a_1}^{a_{x2}}\left[\Phi_1^{1'}\right]^2 dx + \frac{e^{1^3}E^1}{12\left(1-v^{2^2}\right)}\int_{a_1}^{a_{x2}}\left[\Phi_1^{1'}\right]^2 dx$$

$$+ \frac{13e^1}{70E^1}\int_{a_1}^{a_{x2}}\left[Q_1^{1'}\right]^2 dx + \frac{e^2}{2E^2}\int_{a_1}^{a_{x2}}\left[\frac{\left(2Q_1^{1'}+Q_1^{2'}\right)^2}{4} + \frac{17}{140}\left(Q_1^{2'}\right)^2\right] dx \quad (3.23)$$

$$+ \frac{6\left(1+v^1\right)}{5e^1E^1}\int_{a_1}^{a_{x2}}\left[Q_1^1\right]^2 dx + \frac{6\left(1+v^2\right)}{5e^2E^2}\int_{a_1}^{a_{x2}}\left[Q_1^2\right]^2 dx$$

$$+ \frac{e^1E^1}{5\left(1-v^{1^2}\right)}\int_{a_1}^{a_{x2}}\left[\frac{(1+v^1)}{E^1}Q_1^1 + \frac{(1+v^2)}{E^2}Q_1^2\right]U_1^{1''} dx$$

$$+ \frac{2}{15}\left(\frac{e^1E^1}{1-v^{1^2}}\right)^2\left(\frac{e^1(1+v^1)}{E^1} + \frac{e^2(1+v^2)}{E^2}\right)\int_{a_1}^{a_{x2}}\left[U_1^{1''}\right]^2 dx$$

Le calcul de l'énergie de déformation élastique pour chaque longueur de fissure est programmé avec le logiciel Scilab. Ainsi, le taux de restitution d'énergie est simplement calculé par dérivation des équations (3.15) et (3.23).

3.2.7.2 Méthode de fermeture virtuelle de fissure (VCCT)

Comme nous l'avons présenté précédemment (§2.5.2.1.5), la méthode de fermeture virtuelle de fissure (VCCT : Virtuel Crack Closure Technique) nécessite de calculer les discontinuités de déplacements et le contrainte à l'interface au fond de fissure afin de déterminer les expressions analytiques du taux de restitution d'énergie par cette méthode [Chabot et al., 2000], [Caron et al., 2006], [Diaz Diaz et al., 2007].

Appliqué à notre structure bicouche ($n = 2$) en déformation plane (Figure 3.1), les expressions (2.75) et (2.76) données dans le chapitre 2-§2.5.2.1.5, le taux de restitution d'énergie s'écrit :

$$G(a) = \frac{1}{2b}\left(\tau_1^{1,2^A}(a^+)\gamma_1^{1,2^B}(a^-) + v^{1,2^A}(a^+)\gamma_3^{1,2^B}(a^-)\right) \quad (3.24)$$

$$G(a) = G_I(a) + G_{II}(a) \quad (3.25)$$

où G_I et G_{II} représentent respectivement les modes d'ouverture de fissure I et II.

$$G_I(a) = \frac{1}{2b}\left(v^{1,2^A}(a^+)\gamma_3^{1,2^B}(a^-)\right) \quad (3.26)$$

$$G_{II}(a) = \frac{1}{2b}\left(\tau_1^{1,2^A}(a^+)\gamma_1^{1,2^B}(a^-)\right) \quad (3.27)$$

3.2. APPLICATION DU M4-5N

On rappelle ici que les exposants "-" et "+" correspondent respectivement aux positions aval (partie non fissurée) et amont (partie fissurée) de la pointe de fissure lorsque celle-ci se propage d'un Δa infinitésimal tendant vers zéro.

La discontinuité de déplacement normal à l'interface $\gamma_3^{1,2}(a^-)$ s'exprime en pointe de fissure comme une fonction algébrique linéaire des contraintes à l'interface à partir des équations de comportement d'interface d'arrachement (2.43) du M4-5n ou précisées dans l'équation (C.21).

$$\gamma_3^{1,2}(a^-) = \frac{13}{35}\left(\frac{e^1}{E^1} + \frac{e^2}{E^2}\right)\nu^{1,2}(a^+) \tag{3.28}$$

De façon identique, en utilisant les équations de comportement d'interface de cisaillement données dans (2.42) et précisées dans (C.20), la discontinuité de déplacement plan à la pointe de fissure $\gamma_1^{1,2}$ est déterminée algébriquement en fonction de la contrainte d'arrachement généralisée à la pointe de fissure comme suit :

$$\begin{aligned}\gamma_1^{1,2}(a^-) = &-\frac{1+\nu^1}{5E^1}Q_1^1(a^+) - \frac{1+\nu^2}{5E^2}Q_1^2(a^+) \\ &+ \frac{2}{15}\left[\frac{2e^1(1+\nu^1)}{E^1} + \frac{2e^2(1+\nu^2)}{E^2}\right]\tau_1^{1,2}(a^+)\end{aligned} \tag{3.29}$$

À partir de l'équation (3.25), les expressions du taux de restitution d'énergie à la pointe de fissure en $x = a_{x2}$ (Figure 2.26) pour les mode I et mode II s'écrivent alors ainsi :

$$G_I(a) = \frac{1}{2b}\left[\frac{13}{35}\left(\frac{e^1}{E^1} + \frac{e^2}{E^2}\right)\right]\nu^{1,2^2}(a_{x2}) \tag{3.30}$$

$$\begin{aligned}G_{II}(a) = \frac{1}{2b}&\left[\frac{4\left[e^1E^2(1+\nu^1)+e^2E^1(1+\nu^2)\right]}{15E^1E^2}\tau_1^{1,2^2}(a_{x2})\right.\\ &\left.-\left(\frac{1+\nu^1}{5E^1}Q_1^1(a_{x2}) + \frac{1+\nu^2}{5E^2}Q_1^2(a_{x2})\right)\tau_1^{1,2}(a_{x2})\right]\end{aligned} \tag{3.31}$$

On note que l'expression du taux de restitution d'énergie G_I s'exprime analytiquement en fonction de l'effort d'interface normal au carré. De même en mode II, G_{II} en une fonction analytique s'exprimant sous la forme de l'addition d'un terme au carré pour les efforts de cisaillement d'interface et d'une combinaison des efforts en cisaillement d'interface et de couche.

Le taux de restitution d'énergie total s'exprime ci-dessous [Chabot et al., 2012] :

$$G(a) = G_I(a) + G_{II}(a) \tag{3.32}$$

$$\begin{aligned} G(a) = & \frac{1}{2b}\left[\frac{13}{35}\left(\frac{e^1}{E^1}+\frac{e^2}{E^2}\right)\right]\nu^{1,22}(a_{x2}) \\ & + \frac{1}{2b}\left[\frac{4\left[e^1E^2\left(1+\upsilon^1\right)+e^2E^1\left(1+\upsilon^2\right)\right]}{15E^1E^2}\tau_1^{1,22}(a_{x2}) \right. \\ & \left. -\left(\frac{1+\upsilon^1}{5E^1}Q_1^1(a_{x2})+\frac{1+\upsilon^2}{5E^2}Q_1^2(a_{x2})\right)\tau_1^{1,2}(a_{x2})\right] \end{aligned} \tag{3.33}$$

On présente, sur la figure 3.4, l'évolution du taux de restitution d'énergie en fonction de la longueur de la fissure normalisée a/L_F pour une géométrie symétrique de l'éprouvette utilisée dans cette thèse. La figure 3.4(a) valide les simulations du taux de restitution d'énergie par la méthode énergétique (G_{M4-5n}) et VCCT (G_{VCCT}). Conformément aux intensités d'efforts d'interface obtenues aux bords de la zone bicouche, on observe sur la figure 3.4(b) que le taux de restitution d'énergie en mode I est plus grand que celui en mode II.

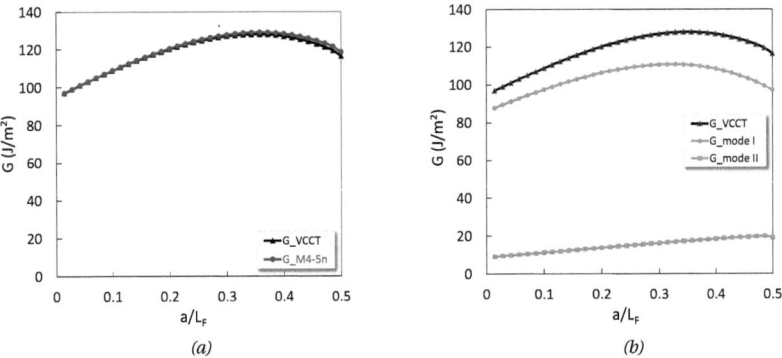

FIGURE 3.4 – *Évolution de taux de restitution d'énergie G en fonction de la longueur de fissure normalisée a/L_F (pour F = 12 kN, E^1/E^2=17,4, L=420 mm, b= 120 mm, $a_1 = a_2$=70mm, $e^1 = e^2$=60mm) : (a) Comparaison des deux méthodes : énergétique et VCCT ; (b) G_I et G_{II} comparés à G_{Total}* [Chabot et al., 2012].

De plus, si l'on se base sur le signe de la dérivée première du taux de restitution d'énergie par rapport à la longueur de fissure (Figure 3.5), la modélisation élastique conduit à interpréter l'essai comme suit. Lorsque la fissure se propage le long de l'interface entre sa position initiale et le point (B ou C) de chargement, une propagation de fissure instable apparaît pour finalement se stabiliser.

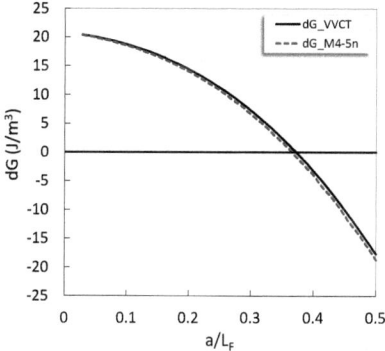

FIGURE 3.5 – *Évolution de la dérivée première du taux de restitution d'énergie en fonction de la longueur de fissure normalisée a/L_F*

3.3 Validation des solutions du M4-5n appliquées à l'essai de flexion 4 points par comparaison avec des simulations EF

Le calcul éléments finis réalisé avec le logiciel CESAR-CLEO2D en déformation plane a été fait avec différentes densités de maillage d'éléments quadratiques afin de comparer les calculs obtenus avec le modèle M4-5n. Le module LINE basé sur la résolution d'un problème linéaire par une méthode directe est utilisé. Comme écrit précédemment dans le paragraphe 3.2.5, le maillage M4-5n est fixé à 1200 mailles.

Dans un premier temps, le cas d'une éprouvette symétrique ($a_1 = a_2$) est traité. L'objet est symétrique avec un écartement standard des efforts de $L_F = L_{FF} = \frac{L}{3}$, la simulation utilise cette propriété pour réduire le problème à la résolution de la moitié d'éprouvette pour des raisons du temps de calcul. La géométrie de l'éprouvette et les caractéristiques des matériaux sont représentées dans le tableau 3.2.

Tableau 3.2 – *Géométrie de l'éprouvette simulée et caractéristiques des matériaux utilisés*

Géométrie d'éprouvette	Caractéristiques des matériaux	
	Grave bitume	Béton de ciment
L=480mm	E^1 = 9300 MPa	E^2 = 35000 MPa
$a_1 = a_2$ = 80mm		
$e^1 = e^2$ = 50mm	$v^1 = 0,35$	$v^2 = 0,25$

Les simulations effectuées avec la méthode aux éléments finis ne permettent pas d'identifier directement les efforts et les déplacements généralisés M4-5n. Pour comparer les approches entre elles, on utilise donc les définitions des champs d'efforts et de déplacements généralisés du M4-5n pour obtenir les champs EF équivalents. On utilise le travail de la thèse de [Carreira, 1998] qui a validé le calcul du M4 avec des calculs EF en utilisant les définitions des champs du M4.

Pour ne pas alourdir le paragraphe, on reporte le détail de cette étude dans l'annexe D - §D.7. Quatre différentes densités de maillage avec des éléments à 8 nœuds ont été utilisées (Figure 3.6). Dans cette comparaison, les efforts intérieurs $\tau_1^{i,i+1}(x)$, $v^{i,i+1}(x)$, $\sigma_{xx}(x,z)$, $N_{11}^i(x)$, $M_{11}^i(x)$, $Q_1^i(x)$ et les champs de déplacements généralisés éléments finis $U_1^i(x)$, $\Phi_1^i(x)$, $U_3^i(x)$, pour $i = 1,2$, ne sont calculés que pour le maillage 1 (cf. Figure 3.6). Pour les autres maillages (2-4), on exploite les résultats EF sur les axes neutres de chaque couche et on compare ces résultats avec les champs M4-5n.

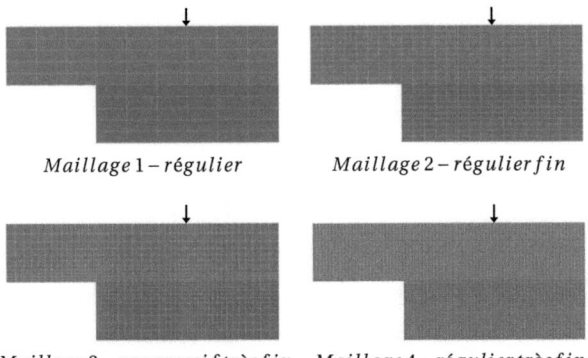

FIGURE 3.6 – *Différentes densités de maillage utilisées pour la comparaison entre le modèle M4-5n et le calcul par EF*

Comme le montre par exemple les figures 3.7(a) et 3.7(b) avec les efforts d'interfaces de la zone II (sur $\tau_1^{1,2}(x)$ et $v^{1,2}(x)$), on obtient une bonne concordance des résultats loin du bord. On note cependant comme prévu que plus le maillage est fin, plus l'intensité des contraintes EF augmente ce qui empêche l'utilisation par cette méthode de critère en contrainte contrairement à l'approche M4. Selon les valeurs de contraintes de cisaillement et d'arrachement à l'interface obtenues au bord par M4-5n, on peut dire que l'essai peut provoquer de la rupture d'interface en mode mixte (mode I et II) avec deux fois plus d'intensité en mode d'ouverture I qu'en cisaillement (mode II), $v^{1,2}(a_1 = a_2) \approx 2\tau_1^{1,2}(a_1 = a_2)$.

3.4. OPTIMISATION DE LA GÉOMÉTRIE POUR FAVORISER LE DÉLAMINAGE DE L'ÉPROUVETTE

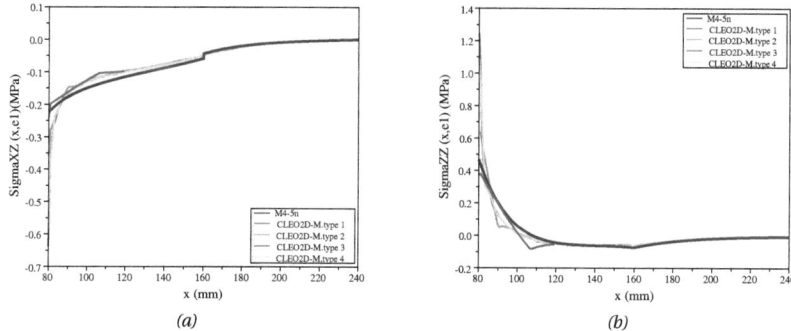

(a)   (b)

FIGURE 3.7 – *Comparaison EF/M4-5n : (a) Contrainte de cisaillement* $\tau_1^{1,2}(x)$ *ou* $\sigma_{xz}(x,e^1)$ *; (b) Contrainte d'arrachement* $v^{1,2}(x)$ *ou* $\sigma_{zz}(x,e^1)$

3.4 Optimisation de la géométrie pour favoriser le délaminage de l'éprouvette

3.4.1 Dimensions initiales

Les dimensions de l'éprouvette initiale à étudier sont choisies en fonction des contraintes d'ordre matériel et de la variabilité des propriétés des matériaux utilisés dans cette thèse. L'épaisseur de chaque couche (e^1, e^2) et la largeur de l'éprouvette b doivent être au minimum supérieures à 3 fois le D_{max}, où D_{max} est la borne supérieure de la classe granulaire du matériau afin d'assurer une bonne représentativité des éprouvettes simulées avec des matériaux considérés comme homogènes dans chaque couche. Pour les matériaux de chaussée testés, D_{max} est égal à 11 mm, une longueur totale de 480 mm (distance entre appuis L=420 mm) est choisie en fonction des premières contraintes de l'essai qui reposent pour une question d'ordre pratique et matériel liée à la manutention avec un poids propre des éprouvettes ($\approx$ 12 kg), les dimensions de la presse MTS. Une épaisseur raisonnable de 60 mm (c'est-à-dire > $5D_{max}$) est choisie identique pour chaque couche. Une largeur de 120 mm est retenue pour l'étude préliminaire.

3.4.2 Critères d'optimisation

Le but de l'optimisation présenté dans ce paragraphe est de favoriser le délaminage de l'interface entre les deux couches. L'intensité finie des contraintes de cisaillement et d'arrachement à l'interface aux bords en $x = a_1$ et $x = L-a_2$ obtenues par le M4-5n est utilisée comme critère dans des calculs paramétriques afin de favoriser la rupture à l'interface entre couches plutôt que celles issues par traction en base des couches essentiellement du béton de ciment supposé être représenté par la couche 2. La figure

3.8 illustre les paramètres qui peuvent influencer les modes de rupture de l'essai. Les critères d'optimisation de la géométrie de l'éprouvette sont basés sur :

- les intensités des contraintes de cisaillement et d'arrachement à l'interface 1,2 aux bords en $x = a_1$ et $x = L - a_2$ (points A et D) ;
- la contrainte de traction en base de la couche de béton de ciment $\sigma_{xx}(x, e^1)$ (le long de x avec les points A, B, C, D ;
- le rapport de module du béton de ciment et de module de l'enrobé bitumineux E^2/E^1 ;
- la longueur de consolette a_2 en considérant a_1 fixée à 40 mm ;
- l'espacement des forces extérieures L_{FF}.

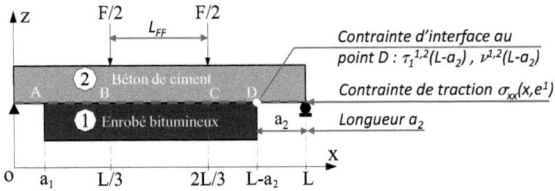

FIGURE 3.8 – *Paramètres géométriques de l'éprouvette à optimiser*

Tout d'abord, les simulations préliminaires sur éprouvettes symétriques (avec $L_F = L_{FF} = \frac{L}{3}$) avec le M4-5n ont permis de choisir les dimensions idéales de l'éprouvette : longueur de la consolette $a_1 = a_2 = 70$ mm, épaisseur de la couche $e^1 = e^2 = 60$ mm et 120 mm de largeur (Figure 3.1). Ces dimensions présentées dans le Tableau 3.3 sont retenues pour l'étude d'optimisation de l'essai que nous allons présenter par la suite. La modélisation M4-5n en élasticité linéaire, en déformation plane, de l'essai de flexion 4 points bicouche a été programmée avec le logiciel Scilab. Les simulations sont effectuées pour les caractéristiques des matériaux présentées dans le Tableau 3.2 et avec une charge totale $F = 4$kN [Hun et al., 2011] .

Tableau 3.3 – *Dimensions de l'éprouvette pour l'étude initiale d'optimisation*

Dimensions (mm)	L	b	a_1	a_2	e^1	e^2
Éprouvette symétrique	420	120	70	70	60	60

3.4.2.1 Effet du rapport des modules d'Young

Pour des valeurs du cœfficient de Poisson v^1 et v^2 choisies égales à 0,35 et 0,25 respectivement, le module élastique équivalent de l'enrobé bitumineux de la couche 1 est susceptible de varier en fonction de la température et de la vitesse de chargement

3.4. OPTIMISATION DE LA GÉOMÉTRIE POUR FAVORISER LE DÉLAMINAGE DE L'ÉPROUVETTE

de l'essai. Les simulations sont faites en fonction de cette variation pour une plage de modules comprise entre 1<E^2/E^1<60. Sur les figures 3.9(a) et 3.9(b) obtenues avec les valeurs du tableau 3.3, on constate d'abord que les intensités des contraintes d'interfaces au bord (points A et D) sont de l'ordre de grandeur des intensités maximales de contraintes de traction à la base de la couche 2. De plus, on observe que plus le rapport des modules entre le béton de ciment (couche 2) et l'enrobé bitumineux (couche 1) diminue jusqu'au cas homogène E^2/E^1=1 correspondant à étudier un seul matériau, plus l'intensité de la contrainte de traction en base de la couche 2 est maximale aux points A et D et constitue un point de fragilité par rapport aux points B et C (Figure 3.9(a)). Dans ce cas, plus les intensités des contraintes d'arrachement et de cisaillement à l'interface aux points A et D sont en compétition avec les précédentes et sont augmentées (Figure 3.9(b)). Cette analyse M4-5n paramétrique indique ainsi que la contrainte de traction en base de la couche de béton 2 est en compétition avec les contraintes d'interface en fonction du module de l'enrobé. La variation de ce rapport des modules associée aux hétérogénéités dans les matériaux de chaussée peut influencer les modes de rupture de l'éprouvette pendant l'essai. Lorsque le rapport des modules augmente, alors qu'au contraire, les intensités d'effort d'interface diminuent, les ruptures sont attendues plutôt avec des contraintes de traction par flexion entre les points d'application de la charge B et C en base de la couche de béton de ciment. Concernant la contrainte au milieu à la base de la couche de l'enrobé, elle n'est pas trop importante par rapport à la contrainte de traction à la base de la couche de béton de ciment.

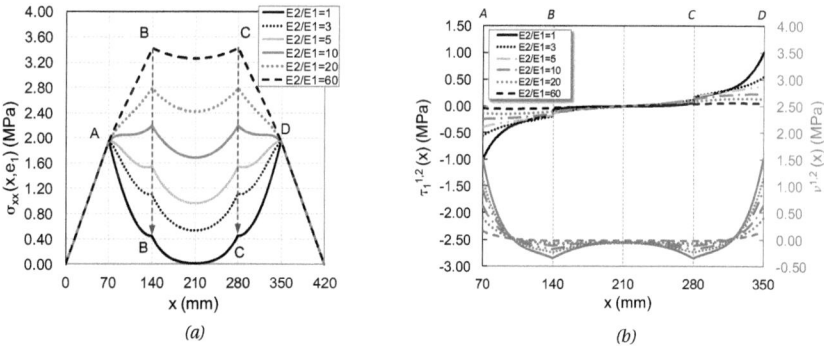

FIGURE 3.9 – *Effet du rapport de module d'Young E^2/E^1 sur (a) Contrainte de traction en base de la couche de béton de ciment $\sigma_{xx}(x, e^1)$; (b) Contrainte d'arrachement $\nu^{1,2}(x)$ et de cisaillement $\tau_1^{1,2}(x)$ à l'interface*

3.4.2.2 Effet de la variation de la longueur a_2

Les résultats préliminaires sur une éprouvette symétrique présentés dans mes travaux de recherche [Hun et al., 2011] ont montré que le délaminage peut se produire avant ou simultanément avec la rupture dans le béton de ciment sur chaque côté de l'éprouvette. Afin de réduire le coût expérimental de la mesure de la propagation de la fissure et améliorer l'essai pour obtenir des zones maximales de dommages vers un seul bord, des éprouvettes asymétriques sont explorées numériquement. Pour ce faire, la longueur a_1 est fixée à 40 mm par rapport à la distance admissible entre l'appui et le bord de la couche 1. Cette distance prend en compte les contraintes expérimentales décrites dans le chapitre 4. On fait varier la longueur a_2 (cf. Figure 3.8). Les simulations sont effectuées avec un module de l'enrobé environ égal à 2000 MPa. Cette valeur correspond au module trouvé dans les premiers résultats d'essais monotones sur l'éprouvette enrobé/béton avec une vitesse de 0.70 mm/min et à la température de 20 °C [Hun et al., 2012]. On observe que plus la longueur a_2 est grande, plus l'intensité de la contrainte de traction à la base de la couche 2 est accentuée sous le point de chargement C (Figure 3.10(a)). De même, les intensités des contraintes d'arrachement et de cisaillement à l'interface sont également accentuées au point D (Figure 3.10(b)). L'analyse paramétrique confirme que l'intensité des contraintes d'interface au bord de l'interface ($x = L - a_2$) augmente de 20% à 60% par rapport aux valeurs calculées au point B lorsque la longueur a_2 augmente. Par contre, un compromis entre la contrainte de traction à la base de la couche 1 en béton de ciment et la contrainte de cisaillement ainsi que la contrainte d'arrachement au bord de l'interface reste à trouver, car en augmentant cette longueur a_2, la contrainte de traction sous le point d'appui de la charge en base de la couche 2 augmente également.

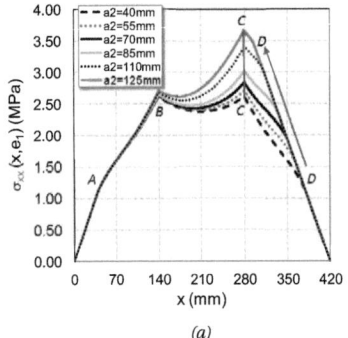 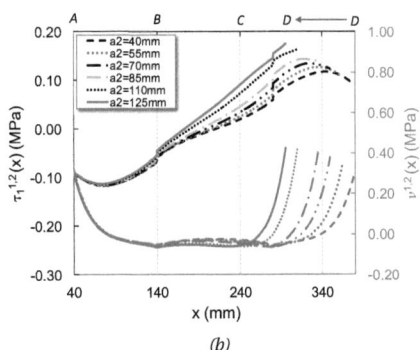

FIGURE 3.10 – *Effet de la longueur a_2 sur (a) Contrainte de traction en base de la couche de béton de ciment $\sigma_{xx}(x, e^1)$; (b) Contrainte d'arrachement $v^{1,2}(x)$ et de cisaillement $\tau_1^{1,2}(x)$ à l'interface*

Fort de ces résultats, la nouvelle géométrie est finalement choisie et donnée dans le tableau 3.4. Cette géométrie d'éprouvette sera testée lors de la fin de la première campagne expérimentale et toute la deuxième (b=100 mm) campagne expérimentale afin de valider cette optimisation.

3.4. OPTIMISATION DE LA GÉOMÉTRIE POUR FAVORISER LE DÉLAMINAGE DE L'ÉPROUVETTE

Tableau 3.4 – *Dimensions de l'éprouvette nonsymétrique*

Dimensions (mm)	L	b	a_1	a_2	e^1	e^2
Éprouvette nonsymétrique	420	100 / 120	40	70	60	60

3.4.2.3 Effet de l'espacement des forces extérieures L_{FF}

A priori, l'essai de flexion 4 points est choisi de façon standard pour la position à $\frac{L}{3}$ et $\frac{2L}{3}$ de ses forces extérieures. Avec les nouvelles dimensions de l'éprouvette présentées dans le tableau 3.4, on étudie dans ce paragraphe l'effet de l'espacement des forces extérieures L_{FF} (Figure 3.8) en le faisant varier de $\frac{L}{4}$ à $\frac{3L}{5}$. Les simulations sont effectuées avec un module de la couche 1 d'environ 2000 MPa et de la couche 2 de 35000 MPa pour des cœfficients de Poisson v^1=0,35 et v^2=0,25 respectivement. Sur les figures 3.11(a) et 3.11(b), on illustre l'effet de cette variation d'espacement sur la contrainte de traction à la base de la couche 2 et les contraintes d'interface de cisaillement et d'arrachement au point D. Parmi ces quatre valeurs simulées de L_{FF}, on note que, pour les cas $L_{FF} = \frac{L}{3}$ et $L_{FF} = \frac{L}{4}$, les valeurs des contraintes de cisaillement et d'arrachement à l'interface aux points A et D (Figure 3.11(b)) sont d'intensité plus grande au contraire des contraintes de traction en base de la couche 2. D'après ces résultats, le cas le plus défavorable serait le cas où l'on se situerait en flexion 3 points. Finalement, l'espacement des forces extérieures à $\frac{L}{3}$ est gardé de façon standard, comme utilisé dans la plupart des autres travaux de recherches, pour toutes les campagnes expérimentales.

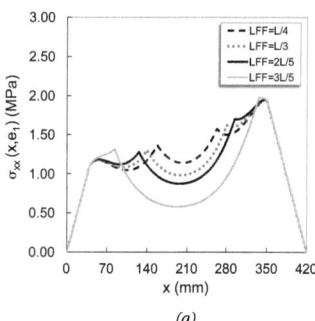
(a)

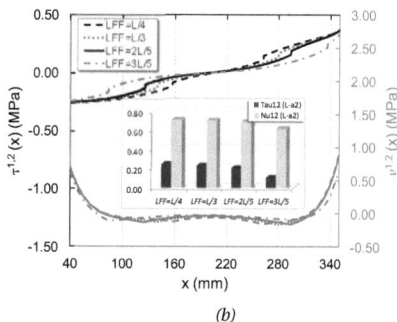
(b)

FIGURE 3.11 – *Effet de l'espacement des forces extérieures L_{FF} sur (a) Contrainte de traction en base de la couche de béton de ciment $\sigma_{xx}(x, e^1)$; (b) Contrainte d'arrachement $v^{1,2}(x)$ et de cisaillement $\tau_1^{1,2}(x)$ à l'interface*

3.5 Bilan

Dans ce chapitre, nous avons appliqué en déformation plane les équations du modèle M4-5n à la simulation de l'essai sous chargement type force imposée. Dans ces calculs, les couches des matériaux sont supposées être homogènes et élastiques.

Les comparaisons des simulations entre le modèle spécifique dédié pour ce faire, le M4-5n, et les calculs EF valident la bonne écriture et la résolution par différences finies de la programmation des équations sous Scilab. En déformation plane, le problème M4-5n étant rendu unidimensionnel et l'intensité des contraintes du M4-5n responsables des délaminages au bord ou fissure à l'interface entre couches étant de valeur finie, le logiciel réalisé avec Scilab permet très aisément d'engager des optimisations de géométrie d'éprouvettes favorisant la rupture souhaitée. En effet, tous les paramètres géométriques et matériaux sont introduits analytiquement dans l'écriture du système d'équations différentielles d'ordre 2 résolu par différences finies. D'après l'étude paramétrique par le modèle M4-5n, on conclut bien que le rapport des modules E^2/E^1 influence les modes de rupture de l'éprouvette. Ce constat est utile pour comprendre les résultats d'essais de la partie III. Il existe plus précisément une compétition entre les ruptures attendues par traction de la couche 2 aux points A et D ou aux points B et C (Figure 3.9(a)) et celles par décollement aux points A ou D de l'interface dues aux contraintes de cisaillement et d'arrachement d'interface aux points A ou D. La deuxième étude d'optimisation de la géométrie de l'éprouvette en fonction de la taille a_2 permet également d'augmenter théoriquement les valeurs des contraintes d'interface au point D plutôt que celles de traction en base de la couche 2. Nous espérons ainsi de diminuer le coût expérimental de la mesure de la propagation de fissure réduit ainsi sur un bord attendu seulement. Enfin, l'analyse de l'influence de l'écartement des efforts montrent qu'il vaut mieux écarter les points d'application des forces extérieures d'une valeur supérieure à $\frac{L}{3}$ que le contraire. Nous décidons de conserver les dimensions standard d'un essai de flexion 4 points sur matériaux de chaussée avec un écartement de ces forces égal à $\frac{L}{3}$.

CHAPITRE 4

MISE AU POINT DE L'ESSAI DE DÉCOLLEMENT ET VALIDATION DU M4-5N

Dans ce chapitre, nous présentons tout d'abord le dispositif expérimental que nous avons mis au point durant la thèse pour tester les éprouvettes bimatériaux en flexion 4 points. Pour les éprouvettes de matériaux de chaussée, le travail de thèse se concentre sur un seul type de béton de ciment (BC6) et un seul type d'enrobé bitumineux (BBSG 0/10) afin de limiter les paramètres de l'étude et de ne regarder que les résultats dûs à un changement d'interface entre couches. Les descriptions des matériaux étudiés et la procédure de fabrication de ces éprouvettes bicouche béton sur enrobé type chaussée BCMC (type I) ou enrobé sur béton via une couche d'accrochage (type II) sont présentées. Avant d'aborder la troisième partie de la thèse donnant les résultats d'essais sur ces matériaux, on présente finalement la mise au point de l'essai et de ses différents réglages sur une éprouvette témoin bicouche en Aluminium et PVC. Ces matériaux ont été choisis de façon à pouvoir disposer de résultats sur des matériaux homogènes dont un rapport de module $\frac{E_{Alu}}{E_{PVC}} \approx 22{,}4$ entre eux de l'ordre de celui des matériaux de chaussée étudiés dans cette thèse à la température ambiante ($\simeq 20\pm2$ °C).

4.1 Mise au point expérimentale de l'essai de flexion 4 points bicouche

4.1.1 Description du dispositif expérimental

Dans le cadre de cette thèse, le dispositif expérimental de l'essai de flexion 4 points sur une éprouvette bicouche a été développé (Figure 4.1). Ce type d'essai est inspiré de l'essai de poutre réparée par des matériaux composites disponible dans la littérature par exemple dans les dernières publications de [Pankow et al., 2011], [de Morais, 2011], [Achinta and Burgoyne, 2011], [Ferrier et al., 2011].

Le dispositif a été conçu pour s'adapter à la presse hydraulique MTS (Material Testing System) réceptionnée dans l'équipe en début de thèse. Une plaque support en aluminium est dessinée avec le logiciel AutoCad puis fabriquée pour se fixer sur le plateau de la presse. Elle est conçue pour accueillir également les parois d'un aquarium faisant office soit d'une enceinte thermique soit d'un bain d'eau. L'essai peut se piloter en force ou en déplacement à partir de l'ordinateur de la presse. Le pilotage en force est assuré par un capteur de force de 25 kN et le pilotage en déplacement par un capteur LVTD ±2,5 mm (Linear Variable Differential Transformer). La force et le déplacement sont enregistrés via le système d'acquisition de la presse MTS (Figure 4.1).

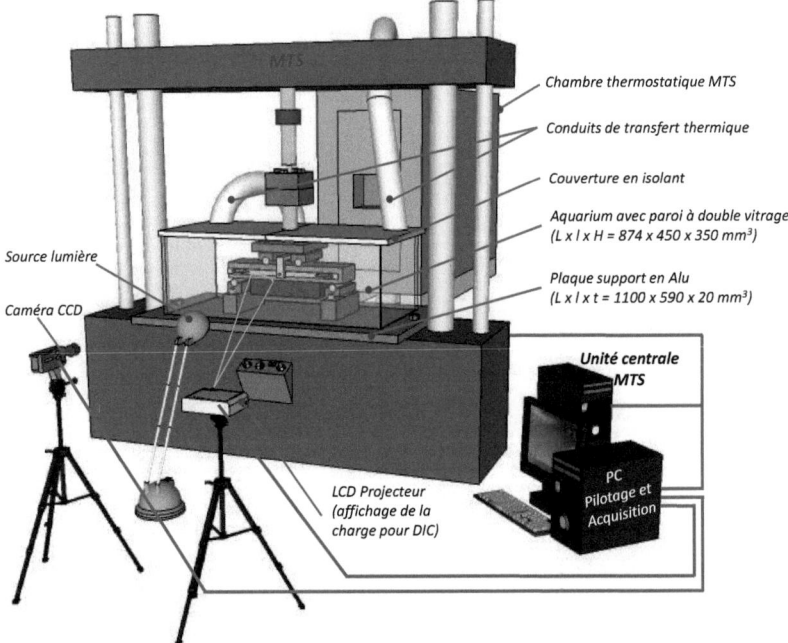

FIGURE 4.1 – *Dispositif de l'essai de flexion 4 points d'un bicouche*

Un aquarium avec des parois en double vitrage (Glace claire 6mm-Gaz Argon 12mm-Glace claire 4mm) a été conçu afin de contrôler la température de l'essai lorsqu'il s'effectue hors eau et également de pouvoir réaliser des essais dans l'eau. L'argon est choisi afin de limiter les problèmes de difraction du verre lorsque l'aquarium est rempli d'eau. De plus, l'argon est un très bon isolant. Les parois en verre présentent l'avantage de faciliter l'observation et le suivi du comportement de l'éprouvette pendant l'essai. Un isolant thermique d'épaisseur 20 mm (Type PL Rohacell 51) est également mis en place sur les parois latérales, arrières ainsi qu'un couvercle par dessus pour apporter une isolation complémentaire lorsque l'aquarium n'est pas sous eau (Figure 4.2). Cet isolant est aussi utilisé pour isoler la plaque support. La chambre thermostatique de la presse MTS est utilisée pour régulariser la température de l'aquarium à l'aide de deux conduits dont une en entrée et l'autre en sortie. Deux ventilateurs récupérés dans des unités centrales d'anciennes unités de PC dont l'un placé dans la chambre et l'autre placé dans l'aquarium à l'extrémité du conduit, sont utilisés pour assurer la circulation d'air dans l'aquarium. La température de l'éprouvette est contrôlée par deux sondes de température PT100, l'une est collée, à l'aide d'une pâte de transfert thermique KF1201, en base de la couche de l'enrobé et l'autre en-dessus de la couche de béton de ciment (haut de la couche 2). Une fois l'éprouvette stabilisée en température, l'essai peut commencer.

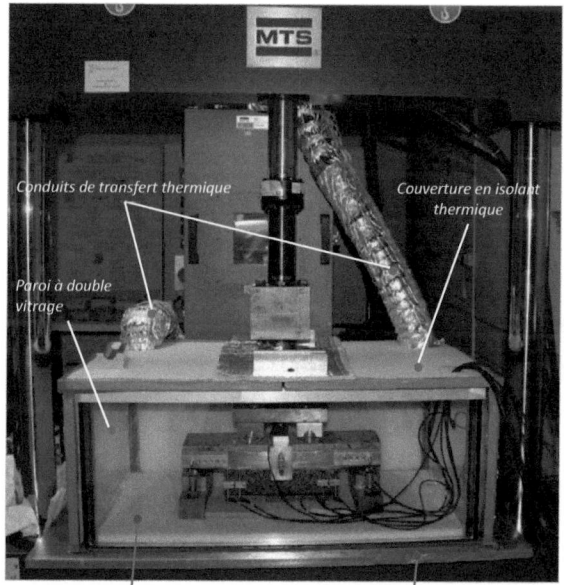

FIGURE 4.2 – *Illustration du dispositif construit*

Concernant les essais sous eau, on remplit l'aquarium d'eau pour immerger l'éprouvette. Afin de régulariser la température de l'eau, une pompe péristaltique et quatre tuyaux sont utilisés pour faire circuler l'eau par circuit fermé d'un bac à eau placé dans la chambre thermostatique vers l'aquarium (Figure 4.3). En plus des sondes de températures posées sur l'éprouvette, une troisième sonde est utilisée dans l'aquarium pour contrôler la température de l'air ou du bain.

Le schéma détaillé des conditions d'appui et de mesures de l'éprouvette est illustré sur la figure 4.4. L'essai est conçu de façon à laisser libre le matériau bitumineux et ne solliciter l'éprouvette que par les appuis et le chargement imposé uniquement sur le matériau béton de ciment. Par ailleurs, la planéité de la surface des éprouvettes des matériaux de chaussée due au sciage et à la fabrication peut engendrer des problèmes de régularité des états de surface de l'éprouvette. Pour améliorer le positionnement des appuis sur les éprouvettes, un bloc rotule situé sur l'axe d'essai est choisi. Deux rouleaux intermédiaires hauts placés à l'intermédiaire entre la plaque support haut d'appuis et les appuis hauts permettent également une rotation des appuis hauts et assurent l'homogénéité de chargement sur l'éprouvette. De plus, un rouleau intermédiaire bas à l'appui est ajouté sur l'un des supports pour assurer également les degrés de liberté nécessaire au positionnement de l'éprouvette sur son bâti (Figure 4.4). Concernant les mesures, un capteur LVDT placé au milieu de l'éprouvette est utilisé pour mesurer le déplacement de l'éprouvette et pour piloter l'essai en déplacement (Figure 4.4). Le capteur est tenu par un joug placé au milieu de la couche de béton de ciment afin de mesurer le déplacement relatif uniquement de l'éprouvette. L'extension à la base de la couche 1 (enrobé) est mesurée, lors de l'essai, à l'aide d'une jauge de déformation, jauge HBM type 50/120LY41 (longueur 50 mm, résistance 120 Ω), collée au milieu du bas de cette couche. Un conditionneur HBM Spider8 est utilisé pour l'acquisition des données de jauge lors de l'essai. Les caractéristiques et la précision du capteur et de la jauge de déformation sont présentées dans l'annexe E. Après plusieurs tentatives dont l'utilisation de capteurs LVDT, la mesure d'ouverture de fissure à l'interface se fait finalement par une technique de corrélation d'images numériques. Les images sont prises à l'aide d'une caméra CCD (Charge Coupled Device) avec un objectif $f = 75mm/F1.8$; modèle AVT PIKE F-145C avec une résolution maximale 1388×1038 pixels et une fréquence d'image maximale de 63 images par seconde. Ne disposant pas d'outil simple de synchronisation dans le logiciel de pilotage de la presse, la force est synchronisée finalement avec les images à l'aide d'un projecteur LCD qui projette la valeur affichée sur l'écran de contrôle de l'ordinateur de la presse à l'éprouvette sur le joug (qui sert à tenir également le capteur LVDT) dans la fenêtre d'observation de la caméra (Figure 4.1). Le détail de ce dispositif sera présenté dans le paragraphe 4.3.2. Comme annoncé précédemment, l'avantage de cet essai est de laisser libre d'effort la couche d'enrobé sur toutes ces faces autre que l'interface. On essaye d'éviter ainsi les effets parasites que la viscoélasticité de l'enrobé provoquerait sur d'éventuels points d'appuis.

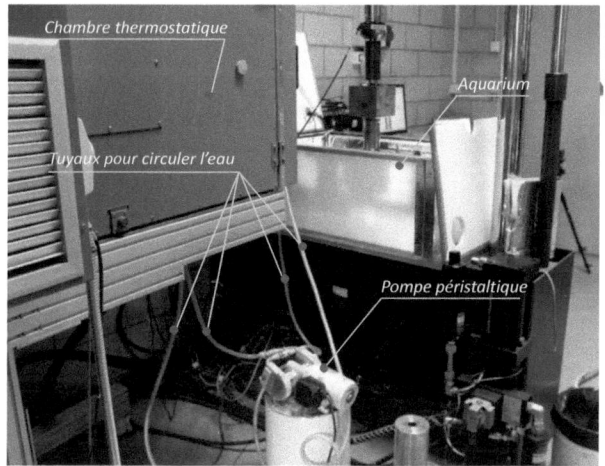

FIGURE 4.3 – *Circulation d'eau par circuit fermé à l'aide d'une pompe péristaltique*

4.1.2 Matériaux étudiés

4.1.2.1 Béton Bitumineux Semi-Grenu (BBSG)

Le matériaux bitumineux retenu dans ce travail de thèse est un béton bitumineux semi-grenu dit BBSG [LCPC-SETRA, 1994] avec une granulométrie de 0/10 et un bitume pur 35/50. Le choix de ce matériau est guidé par l'opération de recherche CCLEAR de l'IFSTTAR dans laquelle est programmé ce travail. Sa description est détaillée dans l'annexe A. Bien que dans les chaussées, les enrobés français ont plutôt des pourcentage de vide de l'ordre de 6% en moyenne, ici un pourcentage de vide d'environ 10% est visé dans le but d'étudier l'effet de l'eau sur le comportement de ce type de matériau en essayant de maximiser la saturation en eau du matériau. Dans CCLEAR, il est également programmé des essais au gel/dégel [Dekkiche, 2012]. À partir des résultats d'essai du module complexe selon la norme NF 12697-26 (cf. Annexe A), les valeurs de paramètres du modèle Huet-Sayegh [Huet, 1963], [Sayegh, 1965], [Huet, 1999], caractérisant en France le comportement du matériau enrobé, sont déterminées à l'aide du logiciel Viscoanalyse version beta [Chailleux et al., 2006], [Viscoanalyse, 2012]. Ses valeurs sont présentées dans le tableau 4.1. La modélisation utilisée pour obtenir ces cœfficients est présentée dans l'annexe A-§A.1.2. Grâce à ces paramètres, le module complexe de l'enrobé est déterminé. Son cœfficient de Poisson est choisi de façon classique égal à 0,35.

L'expression du module complexe avec les paramètres de ce modèle s'exprime de

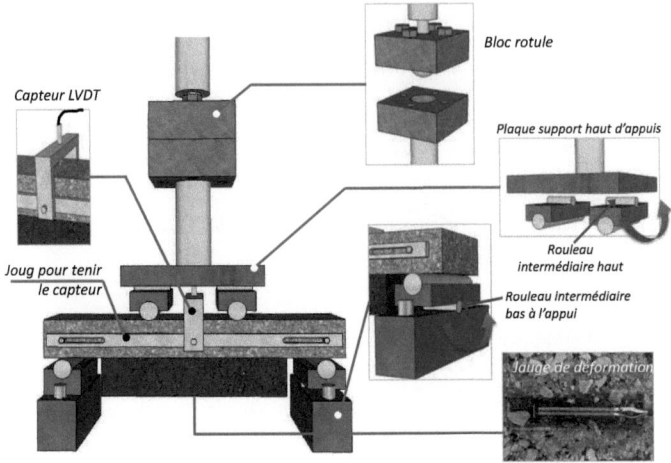

FIGURE 4.4 – *Schéma descriptif du dispositif de l'essai de flexion 4 points bicouche*

la façon suivante :

$$E^* = E_0 + \frac{E_\infty - E_0}{1 + \delta (i\omega\tau)^{-k} + (i\omega\tau)^{-h}} \qquad (4.1)$$

$$\tau(\theta) = e^{A_0 + A_1\theta + A_2\theta^2} \qquad (4.2)$$

Le détail de ces paramètres est reporté dans l'annexe A-§A.1.2.

Tableau 4.1 – *Valeurs des paramètres du modèle de Huet-Sayegh (T° de référence 15°C)*

E_0 (MPa)	E_∞ (MPa)	δ	k	h	A_0 (s)	A_1 (s °C^{-1})	A_2 (s °C^{-2})	v^1
25	27535	2.38	0.23	0.69	3.8251	-0.39086	0.0016067	0,35

4.1.2.2 Béton de ciment

Le matériau en béton de ciment choisi dans ce travail est similaire à celui utilisé dans le travail de thèse de [Pouteau, 2004] et utilisé dans les techniques du béton de ciment mince collé (BCMC) [CIMbéton, 2004]. C'est un béton de type BC6 avec un squelette granulaire de 0/11 mm conforme à la norme NF P 98-170. La composition et les caractéristiques de ce matériau sont données dans l'annexe A-§A.2. D'après les essais de module et de fendage sur éprouvettes normalisées cylindriques (Ø16 mm, h=32 mm), on obtient un module d'Young d'environ de 35000 MPa et une résistance en traction de 3,46 MPa. Son cœfficient de Poisson est pris égal à 0,25.

4.1.3 Préparation des éprouvettes bicouches de chaussées

La fabrication en laboratoire des éprouvettes depend du type d'interface de l'éprouvette (cf. Annexe B). Elle se fait selon plusieurs étapes. Pour les éprouvettes de type I, de type béton de ciment mince collé (BCMC), la couche de béton de ciment est coulée directement sur la couche d'enrobé sans couche d'accrochage, la procédure d'élaboration d'une éprouvette bicouche est décrite comme suit :

- fabrication en laboratoire de la plaque en enrobé bitumineux (dimensions L×l×h : 600 mm × 400 mm × 80 mm)
- Après compactage de l'enrobé sur le banc MLPC de compactage, préparation de surface et donc préparation de l'interface : nettoyage de surface par l'injection d'air comprimé et disposition de la bande de polyane adhésive (72 heures après la réalisation de la plaque d'enrobé) afin de ne laisser apparent que les dimensions d'interfaces utiles après coulage du béton. L'état de surface de l'enrobé avant collage du béton est normalement rugueux.
- fabrication du béton de ciment et coulage sur l'enrobé
- sciage des plaques pour obtenir la bonne géométrie de l'éprouvette (28 jours après le coulage du béton sur l'enrobé)

Pour l'éprouvette type II (enrobé sur béton via couche d'accrochage), les étapes de fabrications des éprouvettes sont :

- fabrication de la plaque en béton de ciment
- préparation de l'interface : nettoyage de surface du béton à l'aide d'un jet d'eau à haute pression) et disposition de la bande de polyane adhésive (72 heures après la réalisation de la plaque d'enrobé) afin de réaliser les dimensions souhaitées d'interface
- application de la couche d'accrochage (72 heures après la préparation de l'interface "temps de séchage") : la couche d'accrochage est une émulsion avec une teneur en eau de 31% (soit 61% de bitume) selon la norme *prXP T 66-080*. Elle est conservée dans une étuve à 45°C. Son dosage de 0,40kg/m^2 de liant résiduel (soit 0,58kg d'émulsion par m^2) est utilisé. L'émulsion est uniformément répandue sur la surface d'enrobé à l'aide d'un rouleau.
- fabrication de la couche en enrobé bitumineux (24 heures après la réalisation de la couche d'accrochage) et coulage sur la couche d'accrochage puis compactage de l'ensemble.
- sciage pour obtenir la bonne géométrie des éprouvettes (28 jours après la réalisation de la plaque bicouche)

Il faut compter environ 5 semaines et 6 semaines de préparation pour des éprouvettes de type I et de type II respectivement avant de pouvoir tester les éprouvettes. La description précise de ces fabrications est donnée dans l'annexe B.

Pour les éprouvettes de type I (type BCMC), on observe sur les surfaces proches de l'interface une percolation du béton dans les porosités de l'enrobé. On tente alors de qualifier cette percolation à l'aide des mesures de pourcentage de vide à différentes hauteurs de l'éprouvette (Figure 4.5). Une éprouvette est ainsi passée au banc gamma verticale afin de mesurer le pourcentage de vide au niveau de l'interface. Quatre lignes de coupe espacées à 5 mm sont réalisées (Figure 4.5). On mesure 137 points sur chaque ligne de coupe.

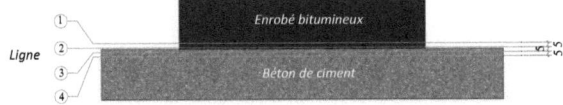

FIGURE 4.5 – *Position des lignes de coupe pour mesurer le pourcentage de vide*

Le tableau 4.2 présente les résultats de pourcentages de vides moyens sur toutes les lignes avant et après coulage du béton de ciment. On s'intéresse seulement aux lignes situées à côté de l'interface. On constate que le pourcentage de vide de l'enrobé à la ligne 2, située juste en-dessous de la surface de la couche d'enrobé, diminue à environ 4,9 %. On voit nettement la diminution du pourcentage de vide de l'enrobé au niveau de l'interface (ligne 2). Le béton de ciment a percolé les vides de la couche d'enrobé lors du coulage du béton frais. Cette percolation donne un bon collage entre couches comme nous le verrons par la suite.

Tableau 4.2 – *Pourcentage de vides de chaque ligne de coupe*

Matériau	Ligne de coupe	% de vides	
		Après coulage	Avant coulage
Enrobé bitumineux (EB)	Ligne 1	7.505	
Interface	Ligne 2	4.885	9.59
	Ligne 3	2.101	
Béton de ciment (BC)	Ligne 4	2.175	2.57

4.2 Vérification du fonctionnement de l'essai sur l'éprouvette Alu/PVC

Dans un premier temps, on effectue à température ambiante (20 °C) des essais monotones sur éprouvette bicouche témoin en Alu/PVC afin de calibrer le dispositif de l'essai et de valider la modélisation du M4-5n. Les matériaux, aluminium et PVC (Polyvinyl Chloride), sont choisis afin de s'approcher, en valeur de module à cette tempéra-

4.2. VÉRIFICATION DU FONCTIONNEMENT DE L'ESSAI SUR L'ÉPROUVETTE ALU/PVC

ture, du mieux que possible du comportement du couple de matériaux béton de ciment et enrobé bitumineux. L'interface de l'éprouvette bicouche Alu/PVC est réalisée, à l'aide d'une colle à jauge (type X60 de HBM).Les états de surface des matériaux sont préalablement nettoyés. Aucun autre traitement d'interface n'est effectué. La couche PVC est alors collée sur la couche d'aluminium par pression de l'opérateur pendant quelques minutes puis une pression uniforme (35 à 135 kN/m^2) pendant 2 heures. Le détail de la description de chaque étape est présenté dans l'annexe B. Deux géométries de bicouche, symétrique et nonsymétrique, sont testées. L'essai sur éprouvette nonsymétrique a pour but de valider l'étape d'optimisation de géométrie de l'éprouvette présentée précédemment dans le chapitre 3-§3.4.2.2. La géométrie des éprouvettes et les caractéristiques des matériaux sont représentées dans le tableau 4.3. Ces paramètres sont obtenus d'après les fiches constructeur et vérification ultérieure de comportement de ces matériaux par ultrason et par essai de flexion 4 point sur un monocouche de ces matériaux. Les essais sont effectués à force imposée avec une vitesse de 500 Newtons par seconde (N/s) pour l'éprouvette symétrique et en déplacement imposé avec une vitesse de 0,70 millimètres par minute (mm/min) pour l'éprouvette nonsymétrique. La température d'essai est la température ambiante (20 °C).

Tableau 4.3 – *Géométrie de l'éprouvette et de caractéristiques des matériaux*

Éprouvette	Dimensions (mm)					Caractéristiques des matériaux	
	L	b	a_1	a_2	e^1	e^2	PVC	Aluminium
Symétrique	420	125	71	71	30,6	40,6	$E^1 = 3300$ MPa	$E^2 = 74000$ MPa
Nonsymétrique	420	125	40	70	30,6	40,6	$v^1 = 0,30$	$v^2 = 0,34$

On présente, à titre exemple sur la figure 4.6, la contrainte de traction en base de couche Alu, les contraintes d'arrachement et de cisaillement à l'interface et l'évolution du taux de restitution d'énergie en fonction de la longeur de la fissure normalisée a/L_F pour l'éprouvette nonsymétrique 2. Ces résultats sont obtenus via le modèle M4-5n avec la charge maximale de 14000 N.

La flèche à mi-portée en haut de l'éprouvette est mesurée par un capteur LVDT posé sur un portique maintenu sur l'éprouvette elle-même comme écrit précédemment (Figure 4.7). L'extension maximale de la couche en PVC est mesurée par une jauge de déformation d'une longueur de 30mm collée en-dessous de cette couche (Figure 4.8). Les mesures sont comparées avec les résultats du M4-5n et les simulations EF sur un maillage type 3 en 2D et en 3D (cf. Section 3.3). Étant donné que dans les simulations l'interface n'a pas d'épaisseur, on note une assez bonne concordance des résultats en déplacements (Figure 4.7) et en déformation (Figure 4.8) dans le cadre des mesures et hypothèses effectuées (élasticité, déformations planes, modèles utilisés). Sur la figure 4.7, on observe que la rupture s'est produite quelque soit la géométrie de l'éprou-

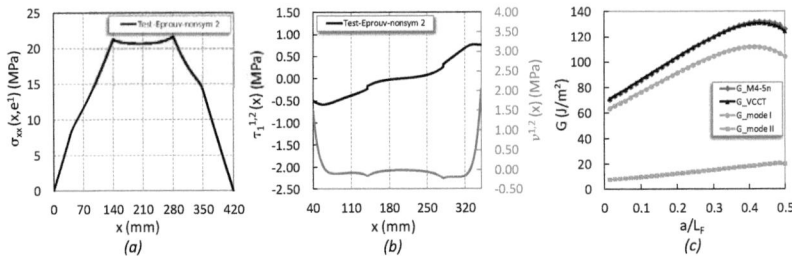

FIGURE 4.6 – *Résultats du calcul par le M4-5n : (a) Contrainte de traction en base de couche Alu $\sigma_{xx}(x,e^1)$; (b) Contrainte d'arrachement $v^{1,2}(x)$ et de cisaillement $\tau_1^{1,2}(x)$ à l'interface ; (c) Évolution du taux de restituion d'énergie G_I, G_{II}, G_{Total}*

vette comme espérée par délaminage à l'interface Alu/PVC. Pour l'éprouvette nonsymétrique, le délaminage a eu lieu du côté visé ($x = L - a_2$) par l'analyse M4-5n contenue dans le chapitre précédent. Ce résultat valide pour la suite la nécessité d'utiliser ce type de géométrie. Sur les courbes, on observe également qu'il y a une différence des charges maximales pour décoller l'interface. Cette différence est peut-être due à l'épaisseur de la colle non calibrée lors de la réalisation de l'éprouvette. Comme la colle durcit également au cours du temps, le temps entre la date de réalisation de l'éprouvette et la date de l'essai peut influencer aussi cette comparaison. Par ailleurs, comme tout essai de rupture, il est également normal d'avoir de la dispersion sur ces valeurs. Finalement, pour les forces à rupture obtenues lors du décrochement des courbes et les trois éprouvettes testées, la gamme des valeurs critiques des contraintes de cisaillement, d'arrachement M4-5n à l'interface et du taux de restitution d'énergie pour une fissure d'interface de 2 mm, calculées par le M4-5n, est donnée dans le tableau 4.4. Selon ces valeurs, on note que la rupture en mode I domine celle en mode II.

Tableau 4.4 – *Intensités critiques des contraintes d'interface et du taux de restitution d'énergie du bicouche Alu/PVC par M4-5n*

Éprouvette	Charge maximale moyenne (N)	$\tau_{1,c}^{1,2}(L-a_2)$ (MPa)	$v_c^{1,2}(L-a_2)$ (MPa)	Taux de restitution d'énergie (J/m^2)			
				G_I^c	G_{II}^c	G_{M4-5n}^c	G_{VVCT}^c
Alu/PVC	14000 - 22000	0,76 - 1,22	2,05 - 3,28	63 - 160	8 - 19	71 - 178	71 - 179

Dans la suite, on utilise cette éprouvette bicouche Alu/PVC pour calibrer le dispositif complet et la technique de mesure par analyse d'image avant de lancer chaque campagne expérimentale sur l'éprouvette bicouche de chaussée.

4.3. TECHNIQUE DE MESURE DE PROPAGATION DE FISSURE

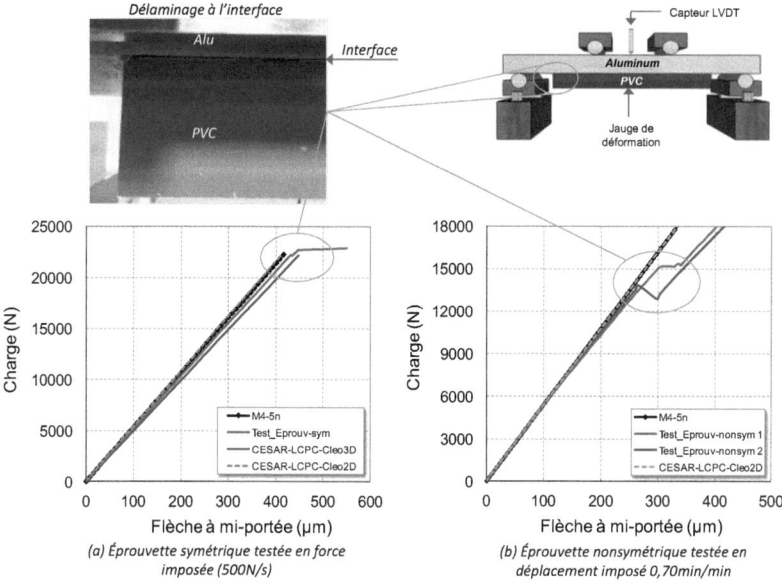

FIGURE 4.7 – *Comparaison modèles/expérience de la flèche du haut de la couche Alu*

4.3 Technique de mesure de propagation de fissure

Dans la littérature, il existe plusieurs techniques de mesure de propagation de fissure. On utilise des jauges de fissuration, des extensomètres et d'autres capteurs de déplacement. Néanmoins, ces techniques restent ponctuelles et nécessitent un contact avec la surface de mesure qui peut altérer le phénomène à observer. Afin d'éviter ces problèmes et de permettre l'obtention des champs de déplacements cinématiques 2D lors du chargement (essai en mode mixte), la technique de corrélation d'images numériques (DIC : Digital Image Correlation) est finalement choisie dans ce travail. En effet, la méthode DIC est devenue au cours du temps un outil très utile pour des mesures des champs de déplacements [Peters and Ranson, 1982], [Sutton et al., 1983], [Sutton et al., 1986], [Dawicke and Sutton, 1994], [Sutton et al., 2000], [Réthoré et al., 2005], [Ouglova et al., 2008], [Roux et al., 2009], [Pop et al., 2011], [Chupin et al., 2011]. La technique est très utilisée en mécanique de la rupture, non seulement pour la mesure de champs de déformations à proximité de l'arrêt et de la pointe de fissure, mais aussi pour mesurer l'ouverture des fissures pendant la phase de propagation [Dawicke and Sutton, 1994], [Yan et al., 2007], [Yan et al., 2009], [Pop et al., 2011].

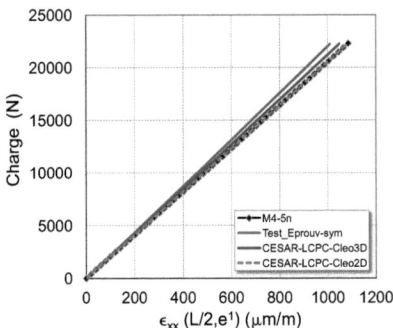

FIGURE 4.8 – *Éprouvette symétrique : Comparaison modèles/expérience de la déformation au milieu en base la couche PVC*

4.3.1 Principe de la méthode DIC

La méthode DIC a été développée par [Sutton et al., 1983], [Sutton et al., 1986]. C'est une méthode optique sans contact pour mesurer un champ cinématique 2D. Elle consiste à comparer les images acquises à l'état non déformé (de référence) avec celles acquises à différentes étapes de déformation au cours d'un chargement. Plus précisément, on suit l'évolution spatiale d'un ensemble de points repérés sur l'image de référence, ce qui permet de mesurer le champ de déplacement, puis de déterminer le champ de déformation associé. L'image numérique est représentée par une fonction discrète avec une valeur comprise entre 0 et 255 de ses niveaux de gris. Les calculs de corrélation sont réalisés sur un ensemble de pixels, appelé motifs. Le champ de déplacement est supposé homogène à l'intérieur d'un motif. L'image initiale représentant le corps avant la distorsion est une fonction discrète $f(x, z)$ qui transforme en une autre fonction discrète $f^*(x^*, z^*)$ après mouvement (Figure 4.9). La relation théorique entre les deux fonctions discrètes peut être écrite comme suit :

$$f^*(x^*, z^*) - f(x + u(x,z), z + v(x,z)) = 0 \qquad (4.3)$$

où, $u(x, z)$ et $v(x, z)$ représentent le champ de déplacement pour un motif comme indiqué sur la figure 4.9.

4.3.1.1 Calcul du cœfficient de corrélation

Pour la corrélation d'images numériques dans laquelle la luminosité de l'image et le modèle peuvent varier en fonction des conditions d'éclairage et de l'exposition, les images doivent être d'abord normalisées à l'aide d'un cœfficient dit de corrélation.

4.3. TECHNIQUE DE MESURE DE PROPAGATION DE FISSURE

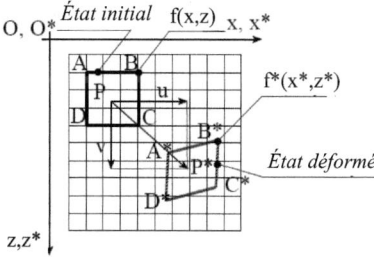

FIGURE 4.9 – *Schéma du processus de déformation en deux dimensions [Sutton et al., 2000]*

Ce cœfficient correspond aux écarts de distribution de niveaux de gris présents dans la fenêtre de corrélation entre l'état initial et l'état déformé. Différentes définitions de ce cœfficient ont été proposées [Chambon and Crouzil., 2003]. Les cœfficients peuvent être normalisés ou pas et utiliser des variations de niveaux de gris plutôt que les niveaux de gris eux-mêmes. Les cœfficients les plus fréquemment rencontrés s'écrivent :

- La somme des différences au carré (Sum of Squared Differences) :

$$C_{SSD} = \int_{\Delta M} [f(x,z) - f^*(x^*,z^*)]^2 \, dx dz \qquad (4.4)$$

- La somme des différences au carré normalisée (Normalized Sum of Squared Differences) :

$$C_{NSSD} = \frac{\int_{\Delta M} [f(x,z) - f^*(x^*,z^*)]^2 \, dx dz}{\left[\int_{\Delta M} f(x,z)^2 dx dz . \int_{\Delta M} f^*(x^*,z^*)^2 dx dz\right]^{\frac{1}{2}}} \qquad (4.5)$$

- La fonction d'auto-corrélation normalisée (Normalized Cross-Correlation function) :

$$C_{NCC} = 1 - \frac{\int_{\Delta M} f(x,z).f^*(x^*,z^*) dx dz}{\left[\int_{\Delta M} f(x,z)^2 dx dz . \int_{\Delta M} f^*(x^*,z^*)^2 dx dz\right]^{\frac{1}{2}}} \qquad (4.6)$$

où ΔM représente la surface du motif à l'image initiale, $f(x,z)$ et $f^*(x^*,z^*)$ sont les niveaux de gris respectifs du point P de l'image de référence et de l'image déformée. Les coordonnées (x,y) et (x^*,y^*) sont liés à la déformation qui s'est produite entre l'acquisition des deux images. Si le mouvement de l'objet par rapport à la caméra est parallèle au plan de l'image, elles sont donc données par :

$$x^* = x + u + \frac{\partial u}{\partial x}\Delta x + \frac{\partial u}{\partial z}\Delta z \qquad (4.7)$$

$$z^* = z + v + \frac{\partial v}{\partial x}\Delta x + \frac{\partial v}{\partial z}\Delta z \qquad (4.8)$$

où u et v sont respectivement les déplacements pour des centres de sous-ensemble suivant x et y. Les termes ΔX et ΔZ sont les distances à partir du centre du subset au point (x,z). En effectuant la corrélation d'images, les valeurs de coordonnées (x,z), le déplacement (u,v), et les dérivés des déplacements $\frac{\partial u}{\partial x}$, $\frac{\partial u}{\partial z}$, $\frac{\partial v}{\partial x}$ et $\frac{\partial v}{\partial u}$ peuvent être déterminés [Bruck et al., 1989], [Touchal et al., 1997].

Toutes les expressions de ces cœfficients s'annulent lorsque les deux fenêtres de corrélation sont identiques et qu'il n'y a pas de variation de déplacement. Le cœfficient de corrélation utilisé dans ce travail est le C_{NCC} (Équation 4.6) qui est le plus souvent utilisé pour les techniques de corrélation d'images numériques.

4.3.1.2 Outils pour l'analyse d'image

Il existe plusieurs logiciels de corrélation d'images numériques, tels que Aramis [Aramis, 2012], Vic-2D/3D [Vic, 2012], 7D (Université de Savoie) [Vacher et al., 1999], Correla (Université de Poitiers) [Germaneau et al., 2007], CorrelManuV (École Polytechnique) [Doumalin, 2000], [Lenoir et al., 2007] et KelKins (Université de Montpellier) [Wattrisse et al., 2001], CORRELI^{LMT} [Hild, 2002], etc. Ces codes présentent l'avantage d'être très bien programmés et d'assurer ainsi de bons résultats pour un temps de corrélation optimal [Bornert et al., 2009]. L'inconvénient est que ce sont des logiciels payants. Dans la mise au point du dispositif expérimental contenu dans cette thèse, on souhaite tester et valider quelques outils tout en minimisant les coûts de cette mise au point. C'est la raison pour laquelle, conseillé par le chercheur Sofianne Guessasma de l'INRA Nantes et doté du Matlab^{TM} version R2011a, j'ai utilisé finalement les algorithmes développés par [Eberl et al., 2006] disponibles gratuitement sur le site et satisfaisant pour nos premières exigences. Ce logiciel utilise la fonction d'auto-corrélation normalisée, présentée dans l'équation (4.6), pour représenter les sous-ensembles d'image. Les valeurs du sous-pixel de déplacement sont obtenues par interpolation bilinéaire (4 pixels) entre les pixels. L'algorithme applique une fonction de corrélation sur deux images avant et après le déplacement et identifie le pic. Il est supposé que le déplacement se trouve à l'emplacement du pic de la fonction de corrélation. La précision sur le déplacement est d'environ 0,1 pixel.

4.3.1.3 Préparation de la surface

La méthode DIC ne nécessite pas l'utilisation de lasers et l'échantillon peut être éclairé au moyen d'une source de lumière blanche. Toutefois, la surface de l'échantillon doit avoir un motif régulier disposé aléatoirement, ce qui peut être obtenu soit naturellement ou apporté à l'échantillon avant l'essai. Parmi les nombreuses méthodes de reproduction de motif, on distingue : l'auto-adhésif, les modèles pré-imprimés, le tampon encreur ou l'application de mouchetis à l'aide des bombes aérosols. Après plusieurs tentatives, les techniques de mouchetis nous ont semblé intéressantes. La figure 4.10

4.3. TECHNIQUE DE MESURE DE PROPAGATION DE FISSURE

illustre un exemple de trois différentes tailles de mouchetis : fin, médium, grossier. Le travail de [Fazzini, 2009] et [Bornert et al., 2009] ont montré que, quelle que soit la déformation appliquée, la taille du mouchetis n'a aucune influence sur la mesure lorsque des grandes tailles de fenêtre sont utilisées. L'effet de la taille du mouchetis apparaît lorsque la taille des fenêtres diminue. En pratique, on adapte la taille de la fenêtre en fonction de la taille du mouchetis. Dans notre cas, on a pris un mouchetie de taille moyenne pour une taille de fenêtre environ de $x=100$ mm et $y=50$ mm.

FIGURE 4.10 – *Illustration des trois différentes tailles de mouchetis [Fazzini, 2009]*

4.3.2 Application de la méthode DIC

Après plusieurs tentatives selon la disponibilité ou non de certaines caméras, une caméra CCD avec un objectif $f = 75$mm/$F1.8$, modèle AVT PIKE F-145C avec une résolution maximale 1388×1038 pixels et une fréquence d'image maximale de 63 images par seconde (cf. Section 4.1.1, figure 4.11) est utilisée pour enregistrer les images pendant l'essai. Afin de synchroniser la force avec l'image, un projecteur LCD est utilisé pour projeter la force sur l'éprouvette dans la fenêtre de visualisation de la caméra. Pour assurer une distance constante entre la caméra et l'éprouvette lors de l'essai, un trépied est utilisé. Une lumière blanche constante pendant la prise des images est nécessaire pour assurer un bon contraste de l'image. Si l'illumination ambiante n'est pas suffisante, un éclairage additionnel peut être nécessaire. Pour ce faire, nous avons utilisé plusieurs lampes. Pour réaliser le mouchetis sur l'éprouvette, des bombes aérosols de peinture auto noire et blanche ont été utilisées. L'annexe E-§E.3 décrit cette phase de préparation.

En outre, il est connu que les mesures DIC utilisant une seule caméra introduisent des erreurs dues à des mouvements hors-plan. Le mouvement hors-plan peut entraîner la perte d'informations. Ici, les déplacements hors-plan sont négligées dans ce travail. Les éprouvettes sont testées en flexion quatre points sur des éprouvettes possèdant une grande rigidité. De plus, un soin tout particulier a été apporté à la mise au point de l'essai. Les supports ainsi que les cylindres de chargement sont ajustés de telle sorte que le chargement et les réactions agissent dans le plan de l'éprouvette et permettent d'éviter les déformations parasites hors plan.

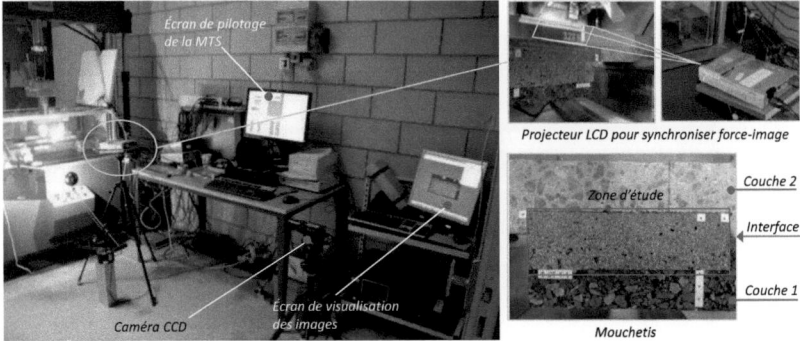

FIGURE 4.11 – *Vue d'ensemble et détails du dispositif de mesure du champ cinématique par corrélation d'image*

4.3.3 Premier résultat obtenu avec la méthode DIC sur l'éprouvette Alu/PVC

L'éprouvette nonsymétrique n° 2, dont les caractéristiques et la géométrie sont présentées dans le tableau 4.3, est choisie pour faciliter la mesure de propagation de fissure à l'interface comme expliqué précédemment dans le chapitre 3- §3.4.2.2. On présente, ici, les résultats d'analyse d'images de l'éprouvette nonsymétrique 2. La figure 4.12 illustre la zone d'étude pour la correlation d'images. Les déplacements et les déformations sont calculés en considérant une grille carrée de 5×5 pixels dans chacune des directions x et z dans la région de grille centrale. En utilisant 800 pixels sur 100 mm de longueur (soit 125 μm/pixel), une résolution de 12,5 μm est obtenue pour les déplacements, soit une précision du déplacement d'ouverture et de glissement de fissure d'environ 0,1 pixel. La précision est gouvernée par la méthode utilisée pour tenir compte des variations d'échelle de l'image provenant elles-même de la distorsion optique, cette précision pourrait être augmentée en adoptant des méthodes de la vélocimétrie d'image de particules (PIV) et de la correction photogrammétrique [White et al., 2003]. Dans ce travail, nous n'avons pas eu le temps d'explorer cette piste.

4.3.3.1 Déplacement et déformation

La figure 4.13 illustre la distribution des déformations et des déplacements verticaux obtenus à partir de la méthode DIC ainsi que le décollement de l'interface obtenu lors de l'essai pour l'image n° 800. On note que les intensités du déplacement vertical s'accordent qualitativement avec le décollement observé sur l'éprouvette. Les figures

4.3. TECHNIQUE DE MESURE DE PROPAGATION DE FISSURE

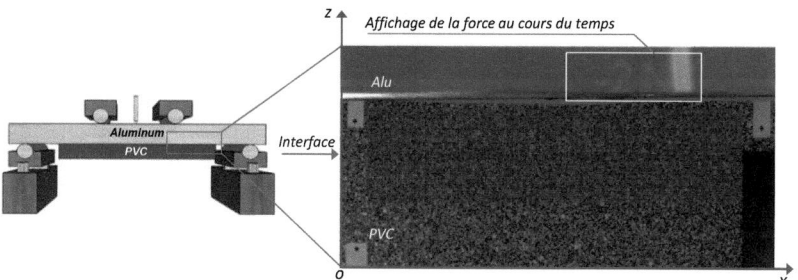

FIGURE 4.12 – *Zone d'étude sur l'image de référence*

4.14 et 4.15 illustrent le profil du déplacement vertical et horizontal respectivement dans le plan (x, z) d'observation de l'éprouvette lors des différentes phases de chargement. La figure 4.14 montre l'ouverture de la fissure au cours du temps et est utilisée pour déterminer le déplacement de l'ouverture de fissure (COD : Crack Opening Displacement). Le déplacement de glissement d'interface (CSD : Crack Sliding Displacement) au cours du temps est illustré sur la figure 4.15.

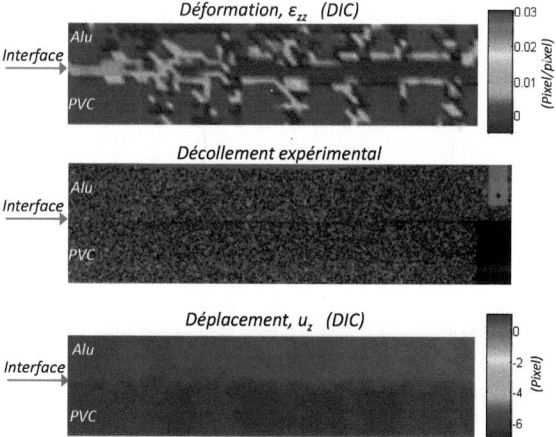

FIGURE 4.13 – *Résultats de déformation, décollement expérimental et déplacement (image n° 800) de l'éprouvette nonsymétrique 2*

L'endroit de la pointe de fissure et la longueur de fissure (r) sont déterminés à partir de l'analyse d'images numériques où le COD est égal à zéro (Figure 4.16). La méthode DIC permet de déterminer le déplacement d'ouverture δ_z et de glissement de fissure

δ_x à n'importe quelle position le long de l'interface comme l'illustrent les figures 4 et 4.16. La valeur du déplacement d'ouverture de fissure (COD) et de glissement de fissure (CSD) est déterminée à partir d'une différence de déplacement vertical et horizontal, respectivement, entre deux points de chaque côté de l'interface.

La figure 4.17 illustre les valeurs du COD et du CSD lors des différentes étapes de chargement. On note que le décollement de l'interface se produit pour l'image n° 780. Ce décollement correspond au maximum de la charge (charge critique). Pour la figure 4.17, on a supposé a priori qu'une erreur de 0,1 pixel était égale à 0.

4.3.3.2 Facteurs d'intensité de contraintes et taux de restitution d'énergie

Les facteurs d'intensité de contraintes d'interface en mode I et mode II sont déterminés respectivement à partir du modèle de Dundurs rappelé dans le chapitre 2- équations (2.83) et (2.84) en remplaçant les valeurs du déplacement mesuré par analyse d'image comme l'ouverture des fissures (COD = δ_z), le déplacement de glissement (CSD = δ_x) et de la longueur de fissure d'interface (r). Le taux de restitution d'énergie $G_{Dundurs}$ est obtenue en remplaçant les valeurs de K_I et K_{II} dans l'équation du $G_{Dundurs}$.

Le tableau 4.5 présente les valeurs de facteurs d'intensité de contrainte d'interface en mode I et mode II de Dundurs ainsi que les valeurs de taux de restitution d'énergie calculé par différentes méthodes telles que la méthode énergétique (G_{M4-5n}) (cf. Section 3.2.7.1), la méthode VCCT (G_{VCCT}) (cf. Section 3.2.7.2) et la méthode Dundurs ($G_{Dundurs}$) à l'aide des cœfficients de Dundurs (cf. Section 2.5.2.1.6). Ces valeurs sont calculées à partir de la charge critique F_{max} = 14000 N de l'éprouvette nonsymétrique 2 (Figure 4.17). On note que les valeurs obtenues par la méthode Dundurs sont comparables avec celles calculées par le M4-5n pour le G_{Total}. Quelques différences existent cependant pour les valeurs des taux de restitution d'énergie de chacun des modes.

Tableau 4.5 – *Comparaison des facteurs d'intensité de contraintes et du taux de restitution d'énergie théoriques et expérimentaux pour l'interface Alu/PVC*

Méthode	Longueur de fissure (mm)	Facteur d'intensité de contraintes		Taux de restitution d'énergie (J/m^2)		
		K_I (MPa$\sqrt{m}$)	K_{II} (MPa$\sqrt{m}$)	G_I	G_{II}	G_{Total}
Dundurs		0,79	0,49	93	35	128
Énergétique	70 ± 1	-	-	-	-	129
VCCT		-	-	106	21	127

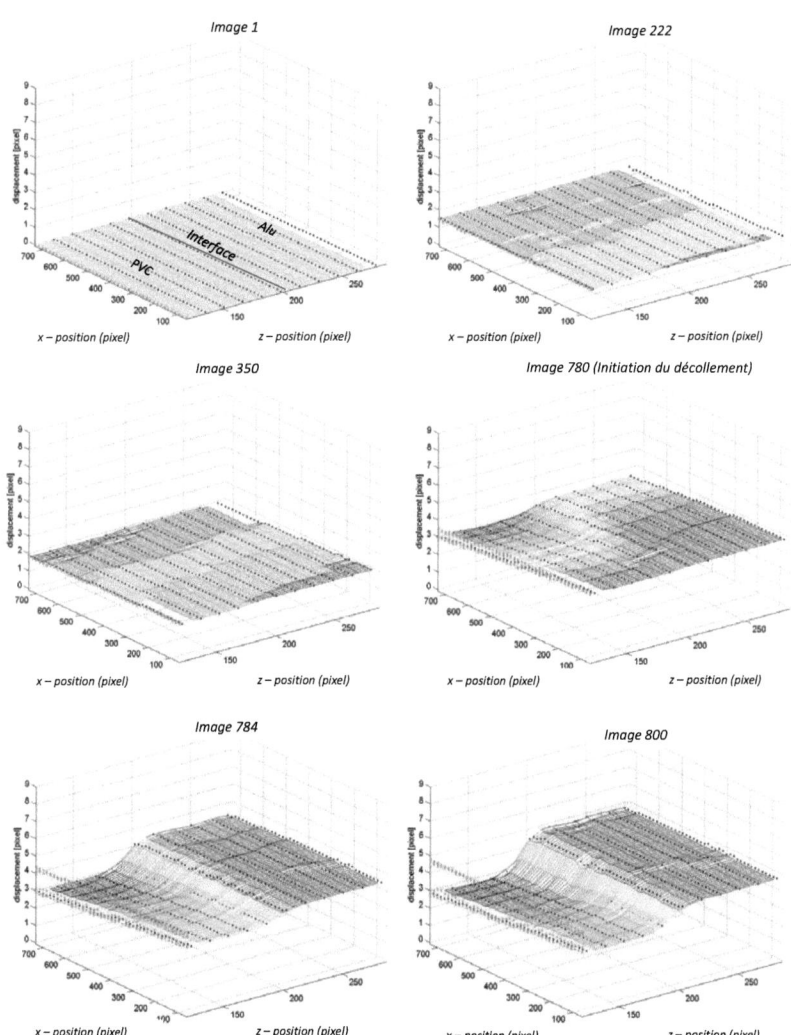

FIGURE 4.14 – *Évolution du déplacement vertical u_z au cours de l'essai de l'éprouvette nonsymétrique 2*

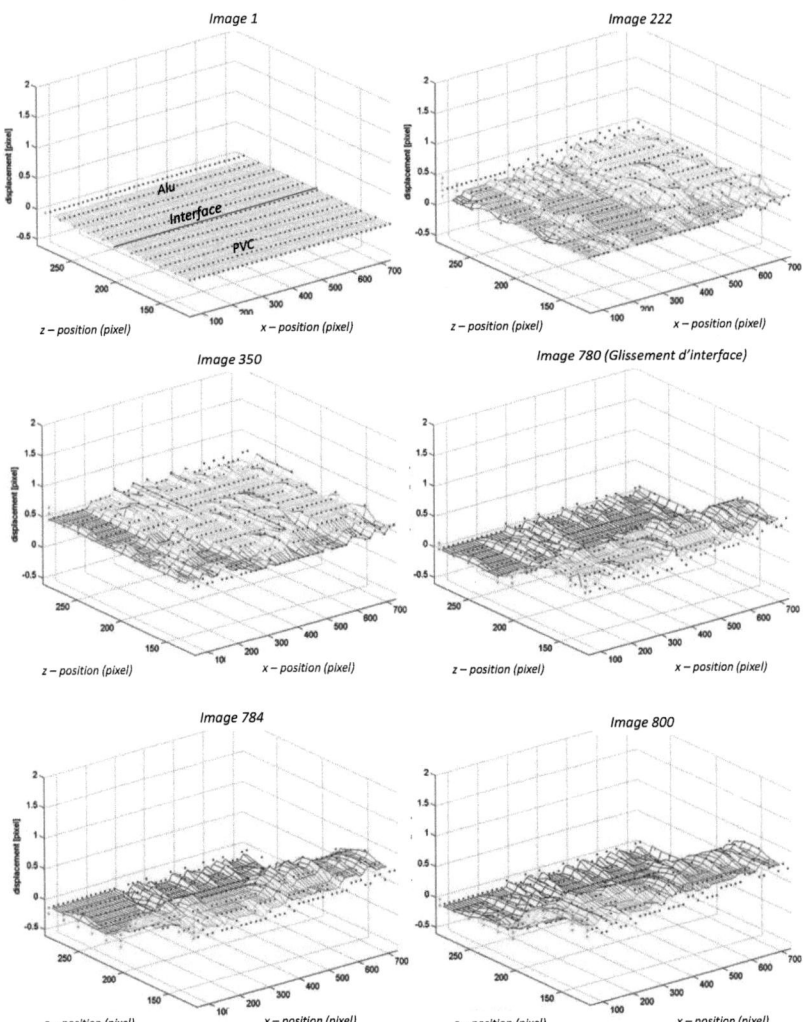

FIGURE 4.15 – *Évolution du déplacement horizontal u_x au cours de l'essai de l'éprouvette nonsymétrique 2*

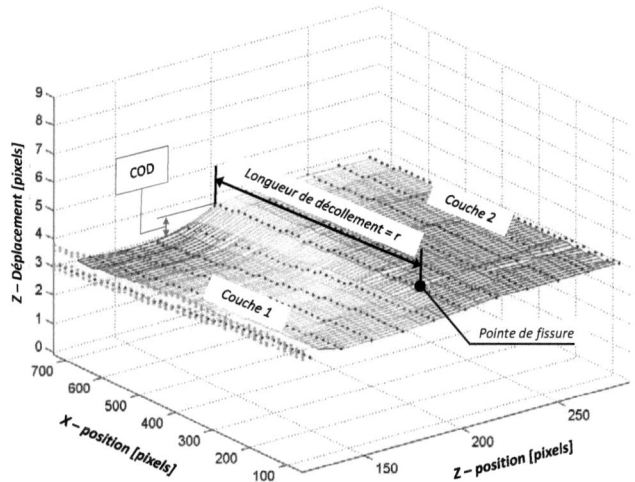

FIGURE 4.16 – *Longueur de fissure et déplacement d'ouverture de fissure (image n° 780)*

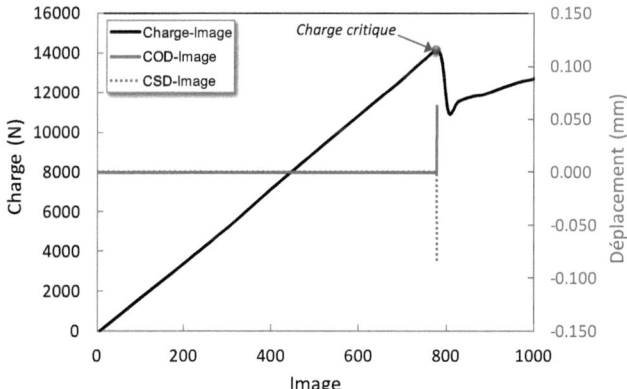

FIGURE 4.17 – *Charge, COD et CSD au cours du temps de l'éprouvette nonsymétrique 2*

4.3.4 Prévision de longueur de décollement par le M4-5n

À partir des résultats obtenus par la méthode de DIC, pour une charge critique F_c=14 kN, la longueur de décollement a mesurée est de 70 mm. Avec cette longueur, on calcule la fèche théorique par le M4-5n. On obtient une bonne concordance entre la flèche théorique et expérimentale (cf. Tableau 4.6). Ainsi, la longueur de décollement peut être simulée par la comparaison de la flèche calculée par le M4-5n élastique linéaire avec différentes longueurs de décollement a.

Tableau 4.6 – *Comparaison de la flèche théorique (M4-5n) et expérimentale pour l'eprouvette Alu/PVC nonsymétrique 2 pour F_c=14 kN et a=70 mm*

	Flèche (μm)
M4-5n	273
Expérimentale	266

4.4 Bilan

Ce chapitre présente les éléments de mise au point du dispositif expérimental réalisé dans ce travail. Sous sollicitation monotone, les résultats expérimentaux sur éprouvette bicouche Alu/PVC ont montré que l'essai de flexion 4 points proposé est capable de caractériser le comportement à l'interface de matériaux bicouches. Pour les géométries nonsymétriques choisies finalement, les ruptures d'interface en mode mixte sont observées expérimentalement sur le bord souhaité. Les résultats des simulations et les résultats expérimentaux sont validés par comparaison des flèches et des déformations à l'aide des modèles élastiques présentés dans le chapitre 3. L'utilisation de techniques de corrélation d'images numériques (DIC) permet efficacement de déterminer le décollement à l'interface par la mesure du déplacement dû à l'ouverture et au glissement de la fissure. L'essai générant une rupture brutale, l'utilisation de la caméra à 63 images par seconde montre une limitation pour déterminer exactement la valeur des intensités critiques. Les facteurs d'intensité de contraintes d'interface en mode I (K_I) et mode II (K_{II}) et le taux de restitution d'énergie (G) sont expérimentalement déterminés à l'aide de cette technique pour une longueur de ligament assez grande sur l'éprouvette Alu/PVC. Les résultats sont conformes aux modélisations M4-5n et permettent de valider son utilisation en première approche initiale de l'essai sur les matériaux de cette thèse. On note que l'essai produit plus de rupture d'interface en mode I qu'en mode II.

Troisième partie

RÉSULTATS ET ANALYSE DES ESSAIS DE FLEXION 4 POINTS SUR BICOUCHE DE CHAUSSÉE

CHAPITRE 5

SYNTHÈSE DES RÉSULTATS D'ESSAI HORS EAU

Ce chapitre est consacré à la présentation des premiers résultats d'essais effectués hors eau sur les éprouvettes bimatériaux de chaussées béton/enrobé présentées dans le chapitre 4. Cette première campagne expérimentale a pour but d'explorer les difficultés opératoires de l'essai sur ces matériaux de chaussées. L'idée est également de comparer les résultats d'essais sur différentes géométries, types d'interface et rapports de module avec les prévisions de la théorie (élasticité linéaire, matériaux considérés homogènes). Dans un premier temps, le programme expérimental est présenté. Des éprouvettes bicouches symétriques à température ambiante et froide sont testées ainsi en statique majoritairement en déplacement imposé. De même, deux types d'interface sont choisis selon leurs conditions de réalisation et de fabrication décrites dans le chapitre 4. Ce programme d'essai permet ainsi l'identification des modes de rupture des essais conformément aux lieux de contraintes maximales prévus par le M4-5n et décrit dans la littérature pour ce type d'essai. Sur les courbes résultats charge-déplacement, on tente d'expliquer leur cinématique selon quelques scénarios de rupture simulés par éléments finis.

5.1 Description du programme d'essai

Dans cette première campagne expérimentale, les essais monotones hors eau sont réalisés majoritairement en déplacement contrôlé par un capteur LVDT décrit dans le chapitre 4 et la figure 4.4 avec une vitesse de 0,70 mm/min. Le choix de la valeur de la vitesse de déplacement est fait en fonction de la revue bibliographique des essais de rupture et des coopérations Rilem notamment avec l'Université d'Illinois [Kim and Buttlar,

2009] en monotone sur les matériaux de chaussée bitumineux. Ces vitesses de déplacement données par cette littérature sont généralement dans une gamme comprise entre 0,5 et 1 mm/min. La plupart des essais sont effectués à la température ambiante (20 °C). Des essais à température froide (5 °C et 10 °C) sont également tentés. Leur faible nombre est dû au faible nombre d'éprouvettes disponibles pour la campagne. Néanmoins leur résultat sert d'indication pour cette première analyse ayant pour objet la mise au point de l'essai de décollement et la validation du modèle utilisé.

Les essais sont effectués sans eau. Afin de savoir si cet essai est capable pour un même jeu de matériaux de délaminer d'autre type d'interfaces que des interfaces de type I (BCMC) et de pouvoir comparer leur tenue, des essais sur des éprouvettes de type II, enrobé sur béton de ciment avec couche d'accrochage (cf. Section 4.1.3), sont également réalisés. Les premiers essais sont réalisés pour deux valeurs de largeur de bicouche (b=100 et 120 mm) et deux géométries d'éprouvette : symétrique($a_1 = a_2 = 70$ mm) et nonsymétrique (a_1=40 mm et a_2=70 mm) (Figure 3.1).

5.2 Identification et observation des modes de rupture

L'ensemble des résultats des essais monotones réalisés sur ces éprouvettes type I et type II est synthétisé dans le tableau 5.1. La géométrie de l'éprouvette, les conditions expérimentales et les modes de rupture observés sont donnés dans ce tableau ainsi que les valeurs des contraintes de cisaillement et d'arrachement à l'interface type I et type II, calculées à l'aide du M4-5n élastique pour les forces maximum mesurées. Les surfaces finales de rupture moyenne ainsi que les plages des intensités de contraintes d'interface sont résumées dans le tableau 5.2. On note qu'en moyenne les surfaces de rupture d'interface sont supérieures pour les éprouvettes de type II à celles obtenues pour les éprouvettes de type I. On note également que plus la température d'essai diminue, plus les valeurs des contraintes de cisaillement et d'arrachement d'interface augmentent.

En général, les deux types d'éprouvette sont majoritairement délaminés selon le même protocole d'essai proposé. Cependant, différents modes de rupture sont observés en fin d'essai (cf. Figure 5.1). Conformément aux calculs préliminaires du chapitre 3, il existe une compétition entre les contraintes de tractions à la base de la couche de béton de ciment (essentiellement aux points A et D, et B et C) et les contraintes d'interface (cf. Figure 3.9). On rencontre en effet trois mécanismes de fissuration lors de l'essai :
- le délaminage de l'interface béton de ciment - enrobé bitumineux aux point A ou D ;
- la rupture du béton au bord de l'interface au niveau de singularité aux points A ou D ;
- la fissuration en bas de la couche de béton de ciment à l'endroit où la contrainte en traction est maximale comme montré dans la section précédente (cf. Section

5.2. IDENTIFICATION ET OBSERVATION DES MODES DE RUPTURE

Tableau 5.1 – *Résultats d'essais des éprouvettes type I et type II*

Nom de l'éprouvette	Dimensions (±0,5 mm) $L/b/a_1/a_2/e^1/e^2$	Conditions expérimentales Condition imposée	T° (°C)	Charge F_{max} (N)	Durée de l'essai (s)	$v_{F_{max}}^{1,2}$ (MPa)	$\tau_{F_{max}}^{1,2}$ (MPa)	Rupture observée
I-PT-1-1	420/120/70/70/60/60	0.7mm/min	21.0	12150	17.5	1,14	0,41	Décollement de l'interface
I-PT-1-2	420/120/70/70/60/60	0.7mm/min	4.0	12190	10.5	3,08	1,73	Rupture par flexion (au bord de la couche 1)
I-PT-1-3	420/100/70/70/60/60	0.7mm/min	20.0	9760	28.0	1,05	0,38	Décollement de l'interface
I-PT-2-1	420/120/70/70/60/60	0.7mm/min	20.0	11900	20.7	1,12	0,40	Rupture par flexion (au bord de la couche 1)
I-PT-2-2	420/120/70/70/60/60	500N/s	20.0	8465	22.5	0,63	0,23	Rupture par flexion (au bord de la couche 1)
I-PT-2-3	420/120/70/70/60/60	100N/s	23.0	-	73.3	-	-	Décollement de l'interface
I-PT-3-1	420/120/70/70/60/60	0.7mm/min	20.0	11560	20.0	1,08	0,39	Fissuration dans la couche de béton de ciment puis décollement de l'interface
I-PT-3-2	420/120/70/70/60/60	0.7mm/min	21.0	11090	18.0	1,04	0,37	Rupture par flexion (au milieu des couches)
I-PT-3-3	420/100/70/70/60/60	0.7mm/min	22.0	8850	25.0	1,00	0,36	Décollement de l'interface
I-PT-4-1	420/100/40/70/60/60	0.7mm/min	10.3	9140	17.5	2,45	1,02	Rupture par flexion (au bord de la couche 1)
II-PT-1-1	420/120/70/70/60/60	0.7mm/min	6.0	10780	13.4	2,80	1,27	Décollement de l'interface
II-PT-1-2	420/120/70/70/60/60	0.7mm/min	20.0	6800	13.9	0,64	0,23	Fissuration dans la couche de béton de ciment puis décollement de l'interface
II-PT-1-3	420/100/70/70/60/60	0.7mm/min	20.5	4300	12.5	0,48	0,17	Fissuration dans la couche de béton de ciment puis décollement de l'interface
II-PT-2-1	420/120/40/70/60/60	0.7mm/min	22.0	5600	11.0	0,53	0,19	Fissuration dans la couche de béton de ciment puis décollement de l'interface
II-PT-2-2	420/120/40/70/60/60	0.7mm/min	20.0	6000	14.0	0,57	0,20	Fissuration dans la couche de béton de ciment puis décollement de l'interface
II-PT-2-3	420/100/40/70/60/60	0.7mm/min	20.5	5200	9.7	0,59	0,21	Fissuration dans la couche de béton de ciment puis décollement de l'interface

Tableau 5.2 – *Synthèse des surface de rupture et plages d'intensité de contraintes M4-5n maximum obtenues pour les interfaces type I et type II pour différentes températures*

Éprouvette	Contraintes de cisaillement $\tau_{1,F_{max}}^{1,2}$ (MPa)			Contrainte d'arrachement $v_{F_{max}}^{1,2}$ (MPa)			Surface de rupture moyenne (mm^2)
	5 °C	10 °C	20 °C	5 °C	10 °C	20 °C	
Type I	1,73	1,02	0,42 - 0,48	3,08	2,45	1,18 - 1,34	7198
Type II	1,27	-	0,20 - 0,27	2,80	-	0,57 - 0,75	8658

3.4.2.1) aux points B ou C.

À la température ambiante (environ 20 °C), plus de 80% des éprouvettes de type I sont délaminées à l'interface entre les couches que ce soit en déplacement imposé ou en force imposée. Lorsqu'il y a délaminage, les essais montrent (cf. Figure 5.2) que le délaminage se produit exactement à l'interface entre les couches (par rupture d'interface adhésive du béton sur enrobé) même si le béton du ciment a percolé la couche d'enrobé bitumineux, comme classiquement prévu pour une structure BCMC. Pour les essais de type II, toutes les éprouvettes sont décollées. Le décollement est localisé dans la couche

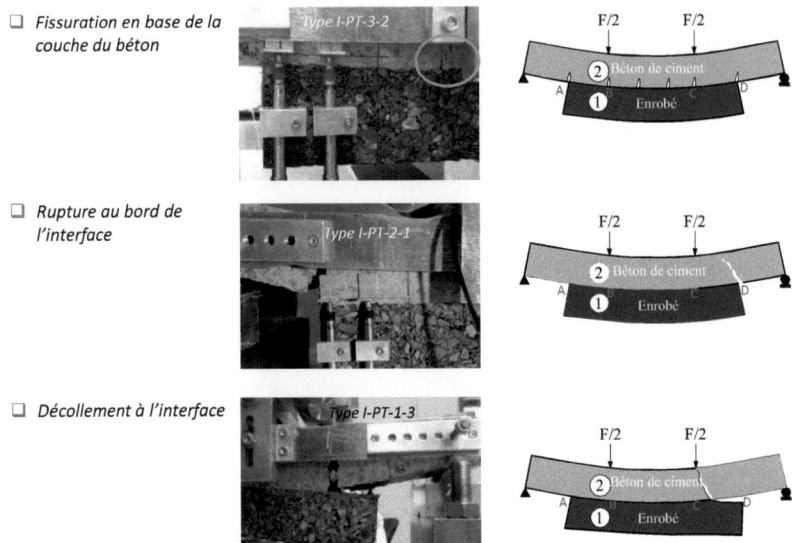

FIGURE 5.1 – *Synthèse des mécanismes de fissuration de l'essai*

d'accrochage (Figures 5.3 et 5.4) et produit une rupture d'interface de type cohésive de la couche d'accrochage.

Pour seulement une éprouvette (type *I-PT-3-2*), une rupture est observée dans la zone centrale entre les points de chargement (B et C) (cf. Figure 5.5(a)). La fissure démarre en base de la couche 2 en béton de ciment et s'est propagée verticalement à partir du bas de la couche de béton à proximité de l'interface de part et d'autres des deux matériaux. La figure 3.9(a) du chapitre 3 indique en effet que pour ce niveau de force et pour une valeur du rapport des modules E^2/E^1 d'environ 20, la contrainte de traction maximale a lieu dans la zone centrale entre les points de chargement B et C. Dans cette zone, si un défaut existe dans le matériau, une fissure peut se produire au même endroit. En outre, pour les deux éprouvettes *I-PT-2-1* et *I-PT-2-2*, une rupture par flexion dans le béton de ciment a eu lieu au bord de l'interface en $x = a_1$ (au point A sur la figure 3.9(a) du chapitre 3). À basse température (4 °C - Rapport E^2/E^1 d'environ 3) pour l'éprouvette type *I-PT-1-2*, la rupture est également située en bas de la couche de béton très proche du point A ce qui peut être également conforme aux simulations M4-5n réalisées dans le chapitre 3, Figure 3.9(a). Ces résultats nous permettent d'avancer l'idée que, concernant la compétition entre les contraintes de traction et les contraintes d'interface, ces ruptures sont principalement facilitées par la bonne adhérence entre les

5.2. IDENTIFICATION ET OBSERVATION DES MODES DE RUPTURE

couches et l'effet parasite d'irrégularité de l'épaisseur des couches bitumineuses due à la réalisation initiale de ces éprouvettes. Ainsi comme le montre la figure 5.5(b), l'épaisseur de la couche de béton de ciment dans le milieu de la poutre est en effet plus grande que sur le bord (d'environ 5 à 8 mm). Cette variation d'épaisseur est en fait due à la méthode de compactage de l'enrobé lors de sa fabrication (cf. Annexe B). Pour améliorer par la suite cette phase de fabrication, une reproductibilité de texture a été faite lors de la fabrication des nouvelles plaques d'enrobé pour les essais sur éprouvettes de type I du chapitre 6. Cette méthode est décrite dans l'annexe B.

Concernant les éprouvettes de type II, les effets parasites des épaisseurs des couches n'existent pas car le béton de ciment est d'abord fabriqué et ne nécessite pas d'être compacté. Il se met en place lors de son séchage à 28 jours avant d'être recouvert de la couche d'accrochage puis de l'enrobé. Ainsi comme dit précédemment, toutes les éprouvettes type II, quelque soit la géométrie (symétrique et nonsymétrique), ont finalement été décollées à l'interface entre les couches avant rupture par flexion du béton (Figure 5.3), non seulement à la température ambiante (environ 20 °C), mais aussi, comme le montre le tableau 5.1, à basse température (environ 5 °C). On constate également que la rupture des éprouvettes de type II est deux fois plus rapide que celle des éprouvettes de type I. À ce stade des observations, on ne peut toutefois pas savoir si la rupture initiale s'est produite d'abord dans l'interface ou en-dessous d'un point d'appui simultanément avec le décollement par l'effet de rotule (comme décrit dans le chapitre 2-figure sur les modes de rupture des poutres renforcées).

Par contre, certaines observations faites après l'essai lorsque la température est ou redevient ambiante montrent que, pour ce type d'éprouvette dû à la grande viscoélasticité de la couche d'accrochage, l'effet du poids propre de la couche d'enrobé sur la couche d'accrochage n'est pas négligeable. La figure 5.6 montre cet effet observé lorsque l'éprouvette est laissée à température ambiante (20 °C) pendant quelques heures après sa rupture d'interface et béton final. Conformément à ce qui est décrit dans la littérature, il semblerait que la couche d'accrochage ne produit pas de bons collages à température ambiante (≈20 °C) [Al-Qadi et al., 2008] même si la qualité de ce collage peut être améliorée par un état de surface "rugueux" de la couche de béton.

Bien sûr également pour ce type de bi-matériaux de structure de chaussée composite, le choix du béton testé n'est pas le bon et en caractéristique mécanique supérieure à ce qu'il devrait être en réalité mais ces résultats montrent cependant que le principe de l'essai peut être intéressant. Afin d'analyser plus finement le collage d'éprouvette de type II et de s'affranchir des effets du poids propre, il serait nécessaire de pouvoir inverser complètement l'essai. En conclusion, l'essai mis au point dans ce travail permet de différencier toutefois deux interfaces différentes pour deux mêmes matériaux.

FIGURE 5.2 – *Aspect visuel des ruptures d'interface des éprouvettes de type I*

5.2. IDENTIFICATION ET OBSERVATION DES MODES DE RUPTURE

FIGURE 5.3 – *Aspect visuel des ruptures d'interface des éprouvettes de type II*

FIGURE 5.4 – *Aspect visuel des ruptures d'interface des éprouvettes de type II*

FIGURE 5.5 – *Rupture parasite : (a) au milieu de l'éprouvette ; (b) au bord de l'interface due à l'irrégularité de l'épaisseur des couches (ex. Type I-PT-2-1)*

FIGURE 5.6 – *Effet du poids propre de la couche de l'enrobé quelques heures après la rupture d'interface et béton*

5.3 Analyse des courbes expérimentales

Nous présentons, dans cette section, les courbes expérimentales charge-flèche et charge-déformation obtenues sur les éprouvettes. Afin d'analyser les résultats en les confrontant avec les simulations M4-5n ou EF dans les chapitres précédents, il est nécessaire de pouvoir déterminer le module élastique équivalent de l'enrobé étudié. Ce matériau est thermosusceptible et en général choisi viscoélastique. Son module d'Young équivalent est classiquement calculé par le modèle de Huet-Sayegh [Huet, 1963], [Sayegh, 1965] (cf. Annexe A-§A.1.2) à la température de l'essai. La démarche pour déterminer ce module est illustrée sur la figure 5.7. Dans une première approximation pour tous les essais réalisés en déplacement imposé avec une vitesse de 0,7 mm/min, la fréquence ($f = \frac{1}{T}$) est choisie en fonction de la durée de l'essai. Celle-ci est déterminée à partir des résultats expérimentaux pour la durée et du M4-5n pour le niveau (cf. Tableau 5.1). Le M4-5n donne la valeur de la force atteinte en théorie pour que le béton atteigne la contrainte limite à la traction dans le matériau de béton de ciment (cf. Figure 5.7) (identifié à 3,46 MPa (cf. §A.2)). Cette durée ($T = T_{R_t = 3,5MPa}$) correspond à la charge maximale ($F_{R_t=3,5MPa}$), qui est égale à 5 kN et 7,2 kN à température ambiante (≈ 20 °C) et basse température (≈ 5 °C), respectivement (cf. Figure 5.7 et 5.11). À partir de ces charges, la durée d'essai est estimée à partir des courbes expérimentales charge-temps. Elle s'élève à environ 5,3s pour les deux types d'éprouvettes testés à haute et basse température. À l'aide de l'équation (4.1) (cf. Chapitre 4), la valeur du module d'Young équivalent de la couche bitumineuse est alors estimée égale à 2000 MPa à température ambiante (≈ 20 °C) et 11000 MPa à basse température (≈ 5 °C). Par exemple, sur la figure 5.7, la valeur du module de l'enrobé ainsi estimée correspond à relativement bien modéliser par le M4-5n la phase A supposée élastique linéaire de l'essai. Au-delà de ces valeurs, les courbes indiquent une perte de linéarité qui peut s'expliquer d'une part par une présence de micro-fissures dans le béton ou des effets viscoélastiques éventuels de l'enrobé bitumineux.

Avec cette approche, tous les résultats du tableau 5.1 testés en déplacement imposé sont exploités sur le même graphe. Pour ce faire, la charge a été normalisée par un cœfficient qui dépend de la géométrie des éprouvettes : longueur (L) et la largeur (b) de l'éprouvette ainsi que la longueur de l'interface ($L - a_1 - a_2$). Les figures 5.8 et 5.9 donnent respectivement les courbes charge-flèche et charge-déformation des essais qui ont finalement délaminés. Les figures 5.10(a) et 5.10(b) représentent les résultats d'essais des éprouvettes de type I qui n'ont pas délaminées. On constate que, à la température ambiante, on a des plages différentes de valeurs de force maximales entre les deux types d'interfaces. L'essai de flexion 4 points ainsi conçu donne des résultats très reproductibles pour les éprouvettes type I. Les résultats sont beaucoup plus dispersés pour les éprouvettes type II. La valeur moyenne maximale de la charge pour

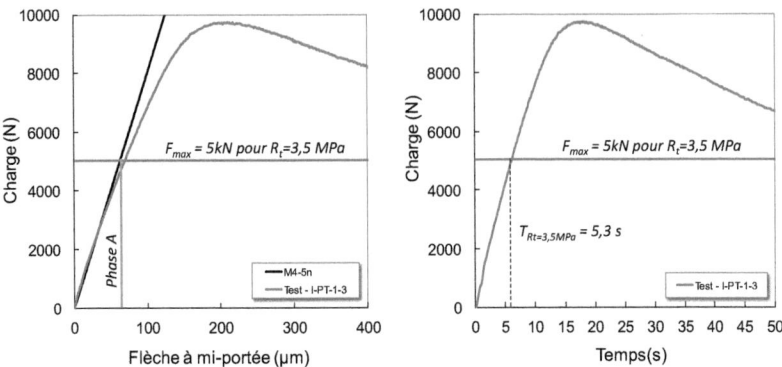

FIGURE 5.7 – *Exemple de courbes pour déterminer le module d'Young de l'enrobé (20 °C)*

l'interface de type I est d'environ 50% plus élevé que pour l'interface de type II. Mis à part pour l'éprouvette type *I-PT-1-1* qui a rencontré des problèmes avec la mesure du capteur de déplacement, la réponse linéaire globale de l'éprouvette type I dans sa première phase de mise en charge peut donc être simulée par le M4-5n en élasticité linéaire avant que la charge atteigne les valeurs critiques de traction du béton (cf. Figure 5.8). De même, cette remarque est globalement valable pour les mesures de déformation au milieu de la base de la couche d'enrobé bitumineux, telles qu'illustrées sur la figure 5.9. Pour les éprouvettes de type II, nous observons clairement que la modélisation réalisée ne cale pas exactement la première phase des courbes expérimentales. À noter cependant que, afin d'observer expérimentalement si la fissure se produit avant ou après la charge maximale, nous avons tenté de soumettre deux éprouvettes de ce type (type *II-PT-1-3* et *II-PT-1-2*) à plusieurs chargements et déchargements avant de réaliser l'essai monotone, jusqu'à ce qu'il atteigne l'état de rupture. Par rapport aux observations précédentes et les valeurs de force maximale obtenue pour ces éprouvettes, il semble évident que le poids propre de la couche de l'enrobé à température ambiante influence la rupture par décollement de la couche d'accrochage. Plus précisément, cet effet pourrait expliquer pourquoi les résultats du modèle M4-5n sur le début des courbes charge-déplacement sont en décalage avec les mesures (cf. Figure 5.8). C'est particulièrement vrai pour l'éprouvette type *II-PT-1-3*, qui est restée dans la même position pendant un temps assez long. Sa charge maximale est d'autre part plus petite que celle des autres éprouvettes (cf. Figures 5.8 et 5.9). Pour les trois autres essais sur éprouvettes de type II, la procédure expérimentale a été rapide afin de ne pas laisser trop longtemps ces éprouvettes sur leurs supports. Ces essais ont toutes décollées à l'interface.

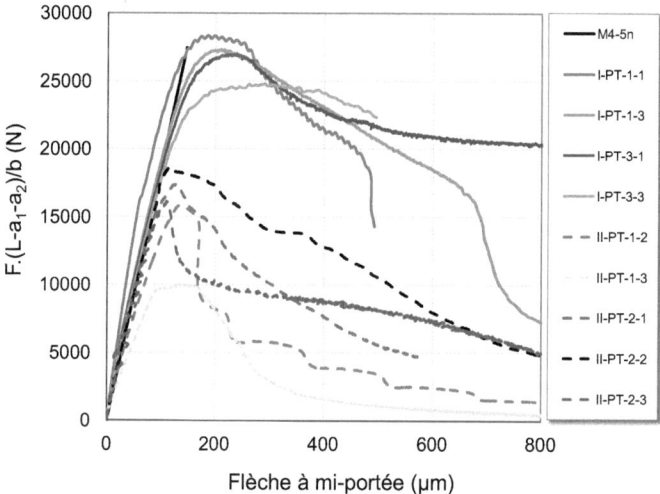

FIGURE 5.8 – *Courbe charge-flèche des éprouvettes bicouches testées à température ambiante en déplacement imposé (0,70 mm/min)*

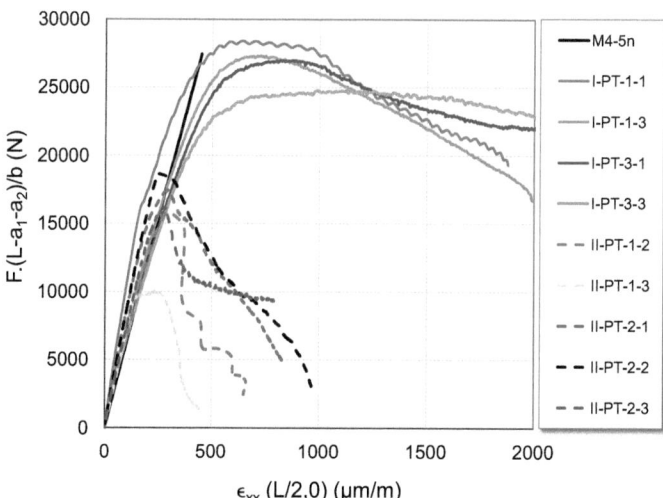

FIGURE 5.9 – *Courbe charge-déformation des éprouvettes bicouches testées à température ambiante en déplacement imposé (0,70 mm/min)*

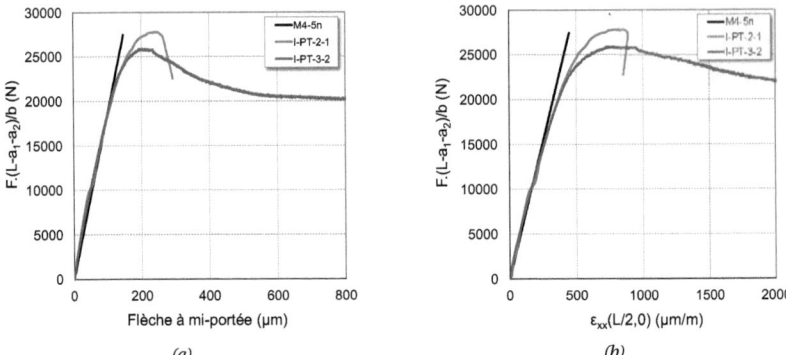

FIGURE 5.10 – *Courbes (a) charge-flèche ; (b) charge-déformation des éprouvettes bicouches testées à température ambiante en déplacement imposé (0,70 mm/min) (non décollées)*

Afin d'évaluer la rupture d'interface pour un rapport de module E^2/E^1 différent par rapport aux résultats précédents, deux essais monotones en déplacement imposé (0,7 mm/min) comme précédemment, ont été réalisés également à basse température (environ 5 °C), un pour chaque type d'interface. Sur la figure 5.11, on présente les résultats expérimentaux de la flèche et de la déformation de l'enrobé bitumineux en fonction de la charge. Pour l'éprouvette type *II-PT-1-1* testée à 6 °C, le décollement d'interface a bien été observée, contrairement à l'éprouvette type *I-PT-1-2* testée à 4 °C où la rupture par flexion au bord de la couche 1 s'est produite (Tableau 5.1). Pour cet essai, la partie linéaire des courbes expérimentales est bien modélisée par le M4-5n (pour un module de l'enrobé pris égal à 11000 MPa) avant que la rupture ne se produise dans la couche de béton de ciment. Pour l'éprouvette de type II, avant qu'il n'y ait délaminage, la rupture semble se produire en base de la couche de béton de ciment au point C et par mécanisme de rotule associé à ces observations. L'effet du poids propre de la couche d'enrobé sur la couche d'accrochage complique les analyses. Pour cette éprouvette, la partie linéaire de la courbe est également plus courte que la simulation effectuée par le modèle M4-5n en élasticité avant la rupture du béton de ciment présumée (Figure 5.11).

Sur la figure 5.12, on observe également que, pour l'éprouvette type I, la valeur de charge maximale normalisée de cet essai effectué à basse température (≈ 5 °C et 10°C) est de même intensité que celle obtenue pour les essais à 20 °C. Le comportement de l'enrobé influence peu sur la résistance maximale à la flexion de l'éprouvette. Dû à des rapports de modules différents, il agit sur la raideur de l'éprouvette. Par contre pour l'éprouvette de type II, la température de l'essai a beaucoup d'influence sa résistance maximale à la flexion. La charge maximale diminue d'environ 50% quand la température augmente de 5 °C à 20 °C. Pour conforter ces résultats, un plus grand nombre d'éprouvettes testées serait nécessaire, ce qui par faute de temps (sachant qu'il faut au

5.3. ANALYSE DES COURBES EXPÉRIMENTALES

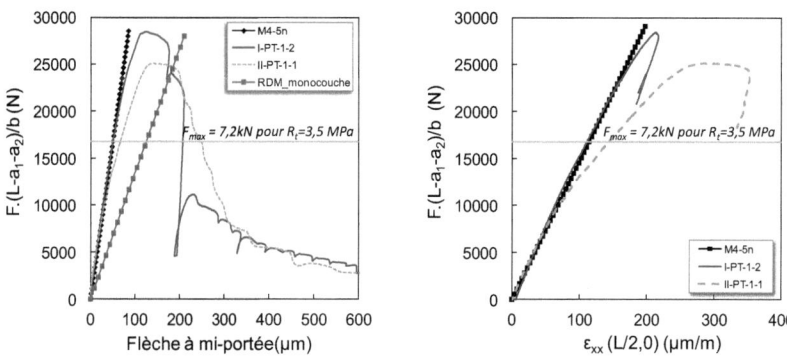

FIGURE 5.11 – *Courbe charge-flèche et charge-déformation des éprouvettes bicouches testées à basse température en déplacement imposé (0,70 mm/min)*

moins 8 semaines pour réaliser une série de 12 éprouvettes) n'a pas pu être fait malheureusement. Le choix de ce travail s'est plutôt porté sur la mise au point des outils nécessaires à la faisabilité de l'essai et à l'analyse des résultats obtenus.

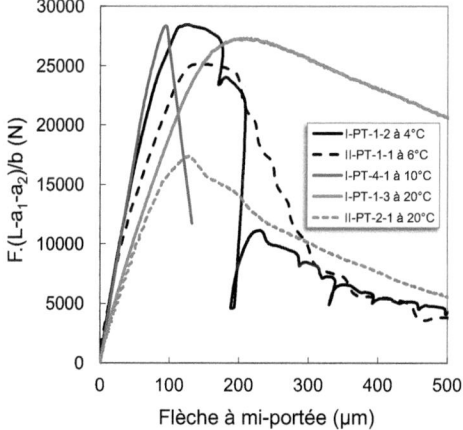

FIGURE 5.12 – *Comparaison du comportement des deux types d'interface à différentes températures*

5.4 Analyse des résultats expérimentaux par simulation EF

Afin de lancer une pré-analyse grossière des résultats expérimentaux après leur phase initiale linéaire, des simulations élastiques par éléments finis ont été réalisées pour plusieurs scénarios de rupture en utilisant le progiciel CESAR-LCPC (avec le module d'exécution TCNL : Résolution d'un problème de contact entre solides élastoplastiques). Il s'agit ici de comprendre si, outre des micro-fissures d'endommagement du béton entre les points B et C, outre quelques effets viscoélastiques non simulés volontairement dans ce travail (car estimés d'ordre 2 pour les éprouvettes de type I), des macro-ruptures dans le béton au point C peuvent parasiter le délaminage et compliquer l'analyse. Cette étude sera complétée avec les analyses d'images nécessaires et présentée finalement par la suite.

Pour ce faire, quatre cas de simulation ont été faits (Figure 5.13, cas 1 : présence d'1 cm de fissure verticale en base de la couche de béton de ciment au point C, cas 2 : 7 cm de décollement de l'interface, cas 3 : combinaison des cas 1 et 2, cas 4 : 3 cm de fissure verticale en base de la couche de béton de ciment au point C et 7 cm de décollement de l'interface. Ces 4 simulations sont comparées aux cas extrêmes de non décollement (M4-5n initial) et de décollement total (monocouche RDM). Un élément d'interface à 6 nœuds (hypothèse de glissement parfait) est utilisé pour simuler le décollement à l'interface. Sa propriété est un glissement parfait avec un module d'Young équivalent à la plus faible des deux couches et une résistance en traction nulle.

À partir de ces courbes charge-déplacement expérimentales (Figures 5.8 et 5.9), on peut distinguer trois différentes zones notées ici A, B et C. Ces zones sont représentées sur la figure 5.13 pour les éprouvettes type *I-PT-1-3* et type *II-PT-2-1* seulement. La zone A correspond, comme dit précédemment dans le calage du modèle élastique équivalent de l'enrobé, à la partie linéaire de la courbe, soit avant toute rupture possible en base de la couche de béton de ciment ou effet de la viscoélasticité du matériau bitumineux. Dans cette zone, la courbe du M4-5n correspond généralement à tous les essais des éprouvettes de type I avec une valeur de module d'Young équivalent de l'enrobé pour chaque température (Figures 5.8, 5.9 et 5.11). Pour les éprouvettes de type II, l'analyse est plus complexe à cause des effets du poids propre de la couche d'enrobé sur la couche d'accrochage, comme l'explique la section précédente. L'idée ici est de cerner les hypothèses sur les mécanismes de rupture avant d'améliorer le dispositif expérimental et d'affiner les modélisations. Ainsi dans la zone B, on suppose que les fissures peuvent se produire n'importe où (soit dans le béton de ciment, soit à l'interface). La fin de la zone B est choisie pour être associée avec le cas de décollement complet, sans fissures apparaissant en base de la couche de béton (Figure 5.13). Ce calcul est effectué à l'aide du calcul classique de la résistance des matériaux (RDM) en flexion 4 points sur poutre monocouche en béton de ciment. Pour les essais réalisés à température ambiante, ce

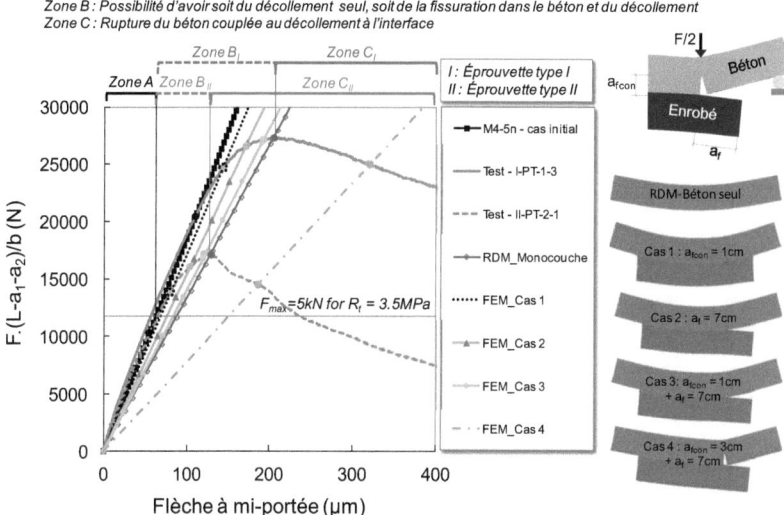

FIGURE 5.13 – *Différents scénarios de rupture de l'essai de flexion 4 points bicouche (à température ambiante)*

point de calcul RDM correspond à la valeur de charge maximale (Figure 5.13). À basse température, cette valeur correspond à un point sur la courbe juste après la valeur de charge maximale (Figure 5.11(a)). Quelque soit le cas, la zone B est très petite. Il est difficile de prévoir si la phase de délamination ou de fissuration dans le béton a lieu dans cette zone. En fait, même si les effets viscoélastiques de la couche bitumineuse sont pris en considération, trois possibilités de rupture peuvent exister dans la zone B : une seule fissure apparaît en base de la couche de béton de ciment (cas 1) ; un délaminage d'un seul côté de l'éprouvette (cas 2) jusqu'au point B ou C (Figure 3.1), ou la combinaison entre le cas 1 et cas 2 (cas 3), comme on peut observer sur la figure 5.3. Selon ces hypothèses, la zone C, où la fissure en base de la couche de béton de ciment et le délaminage peuvent exister, pourrait ensuite correspondre principalement à la zone de propagation de la fissure dans le béton de ciment (cas 4) jusqu'à la fin de l'essai ainsi que le montre clairement l'essai *I-PT-2-1* de la figure 5.10.

5.5 Bilan de la première campagne expérimentale

D'après le tableau de synthèse des résultats (cf. Tableau 5.2), les valeurs des contraintes élastiques d'interfaces maximales calculées par le M4-5n à la force maximale des essais au point D sont reportées pour indication. Leur intensité est de l'ordre de ce qui peut être calculé au droit d'un joint d'une chaussée BCMC [Chabot et al., 2007] ou trouvé dans la littérature (cf. Tableau 2.1). Concernant les éprouvettes de type II, le poids propre de la couche de l'enrobé, à température ambiante, affecte le comportement de la couche d'accrochage et complique l'analyse initiale élastique. Si l'on veut tester proprement ce type de l'interface, le dispositif de l'essai devrait être modifié, par exemple en inversant l'ordre des couches et les points de chargement pour refaire les essais (Figure 5.14). Ceci ne peut être réalisé que sur une dalle d'essai. Par la suite dans ce travail de thèse ce type d'interface n'est plus exploré.

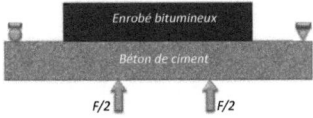

FIGURE 5.14 – *Schéma de l'essai pour tester les éprouvettes de type II*

Cependant ces essais de flexion 4 points bicouche sans eau, sous sollicitation monotone, ont conduit à prouver qu'un délaminage des éprouvettes sur matériaux de chaussée non seulement de type I (BCMC) mais également de type II (interface avec couche d'accrochage) est possible. Les figures 5.2, 5.3 et 5.4 illustrent les aspects visuels de l'interface et les longueurs de décollement d'interface avant (a_{av}) et arrière (a_{ar}) des éprouvettes de type I et de type II. Dans le tableau 5.2, la plage de valeurs des surfaces de rupture est également reportée.

Ces résultats expérimentaux confirment également la validité des pré-analyses élastiques du M4-5n pour éprouvette de type I pour la phase A de l'essai. On constate qu'à basse température ($\approx$ 5 et 10°C), l'interface type I n'est pas facile à décoller. La compétition entre la contrainte de traction à la base de la couche de béton de ciment et les contraintes d'interface peut provoquer des ruptures parasites (rupture du béton) bien observées par ailleurs dans ce genre d'essai. La résistance de cette interface, type I à basse température, est plus forte que la faible résistance en traction du béton. On confirme ainsi, conformément aux analyses de la thèse de [Pouteau, 2004] sur essais in-situ accélérés, que le collage de ce type d'interface est relativement bon par rapport à un collage par couche d'accrochage. Selon les simulations par EF, la fissuration par traction dans le béton de ciment en-dessous du chargement au point C peut avoir lieu avant l'initiation du décollement ou pendant la phase de propagation du décollement. Afin d'observer expérimentalement ces phénomènes de rupture et de tenter de déterminer les longueurs de fissure à l'interface lors de l'essai, il est nécessaire de pouvoir disposer de techniques de mesure par correlation d'images numériques (DIC), (cf. Chapitre 4-§4.3). Ainsi cette première campagne expérimentale oriente les essais qui sont faits par la suite pour répondre à l'objectif initial de la thèse qui est de voir si l'eau ajoute

5.5. BILAN DE LA PREMIÈRE CAMPAGNE EXPÉRIMENTALE

un effet sur le décollement d'interface des éprouvettes de type I. Ces résultats sont encourageants mais sont nuancés par les contraintes du temps : durée de fabrication des éprouvettes et mise au point des essais à basse température. Ces contraintes ne nous permettent pas de faire réaliser toutes les conditions d'essai. Par la suite, sur des éprouvettes type I, l'essai sera piloté en déplacement imposé et avec ou sans eau à 20 °C. La géométrie des éprouvettes est conservée également afin d'augmenter le nombre de résultats d'essais sans eau.

CHAPITRE 6

EFFET DE L'EAU SUR LA TENUE DE COLLAGE

Ce chapitre aborde les présentations et les analyses des résultats de la deuxième campagne expérimentale, menée sur des éprouvettes type I (BCMC) avec ou sans eau. Dans ce chapitre, la géométrie des éprouvettes et le protocole d'essai sont fixés identique pour tous les essais. Dans un premier temps, on expose le programme expérimental et le protocole de la mise en eau des éprouvettes. Les observations expérimentales et les aspects visuels des éprouvettes décollées ainsi que les résultats des essais sont ensuite décrits. Puis, on présente successivement les résultats de mesure de propagation de fissure à l'interface par la méthode de DIC. On détermine théoriquement les facteurs d'intensité des contraintes de l'interface et le taux de restitution d'énergie. Enfin, avant de conclure sur la performance de l'essai vis à vis de la caractérisation d'un décollement d'interface sous l'effet de l'eau, on tente de donner des valeurs expérimentales d'énergie de rupture d'interface.

6.1 Description du programme d'essai

Cette deuxième campagne expérimentale est donc relative aux essais sous eau afin d'étudier l'effet de l'eau sur le décollement de l'interface entre couches de matériaux de chaussée type BCMC. Comme précédemment, les essais sont pilotés en déplacement avec une vitesse de 0,70 mm/min à l'aide d'un capteur LVDT (cf. Chapitre 4). Ils sont réalisés à température ambiante (20 °C). D'après les résultats expérimentaux des chapitres précédents, on effectue ces essais sur éprouvettes nonsymétriques avec une largeur de 100 mm afin de pouvoir facilement observer la propagation de fissure à l'interface sur un seul côté.

6.2 Protocole de saturation des éprouvettes

Cette partie présente en détails le protocole de saturation sous vide des éprouvettes pour réaliser les essais sous eau. Ce protocole et la procédure utilisés ne prétendent nullement simuler ce qui se passe dans la réalité de la chaussée. Ils consistent à tenter de saturer au maximum les pores des matériaux en eau. Avant de saturer l'éprouvette, on protège d'abord la jauge de déformation collée sur la couche de l'enrobé. Pour ce faire, on utilise une pate étanche, type Abdeckband 1-ABM75, pour ne pas abîmer la jauge lors de la mise en eau des éprouvettes (Figure 6.1). Ainsi, le protocole utilisé consiste à saturer les éprouvettes immergées sous eau à 67 kPa. Cette valeur de pression est choisie afin d'obtenir un degré de saturation maximum comme montre dans le travail de [Mauduit et al., 2010] concernant l'étude de l'influence de pression résiduelle sur le degré de saturation d'éprouvette. Les éprouvettes sont d'abord placées dans une cloche à vide soumise à une pression résiduelle de 67 kPa pendant environ 15 min (Figure 6.2). Ensuite, on injecte l'eau potable ($\approx$ 20 °C) afin d'immerger complètement les éprouvettes en maintenant la pression résiduelle de 67 kPa pendant 2 heures. Puis, on fait sortir les éprouvettes de la cloche à vide et les conserve dans un bac à eau (Figure 6.2). Les éprouvettes sont pesées avant et après saturation. Le pesage après saturation reste approximatif cas les éprouvettes sont sorties rapidement du bain pour être pesées sur une balance sans que leur faces latérales ne soient essuyées. La dernière étape est de remettre les éprouvettes dans l'aquarium rempli d'eau et de les tester. La température de l'eau dans l'aquarium est régulée par l'intermédiaire de la chambre thermostatique de la presse MTS et à l'aide d'une pompe péristaltique qui génère la circulation d'eau entre l'aquarium et le bac à eau placé dans l'enceinte (cf. Section 4.1.1).

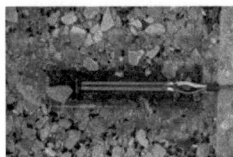

FIGURE 6.1 – *Protection de jauge*

Le degré de saturation (S_r) des éprouvettes est alors déterminé à l'aide de l'équation :

$$S_r = \frac{V_w}{V_v} \tag{6.1}$$

où

- V_w est le volume d'eau absorbée avec $V_w = \frac{m_w}{\rho_w}$; m_w masse d'eau ; ρ_w densité de l'eau à température ambiante.

FIGURE 6.2 – *Protocole de saturation des éprouvettes dans une cloche à vide*

- V_v est le volume des vides avec V_v=%vide× $V_{matériau}$.

6.3 Essais sur éprouvette monocouche béton

Afin de savoir si le processus de saturation des éprouvettes a un effet sur le comportement du béton de ciment seul, on réalise 3 essais hors eau et 3 essai sous eau sur éprouvettes monocouches en béton de ciment dont la géométrie est celle de la couche de béton de l'éprouvette bi-matériaux testée par la suite. Ces essais sont réalisés en déplacement imposé avec une vitesse de 0,70 mm/min et une température ambiante (≈ 20 °C). Le degré de saturation des éprouvettes est présumé en moyen de 71,5 % pour un vide de 67 kPa (cf. Tableau 6.1). Ces valeurs ne reflètent pas complètement la réalité car les éprouvettes sorties du bain avant pesage n'ont pas été essuyées sur les bords avant. Ces éprouvettes sont immergées dans l'eau à 20 °C pendant environ 17 heures avant l'essai. Les ruptures finales des éprouvettes sont illustrées sur la figure 6.3. On remarque que globalement les ruptures des éprouvettes sont obtenues à partir de fissures dues à de la flexion pure située entre les points de chargement B et C.

Tableau 6.1 – *Synthèse des résultats d'essais sur éprouvettes monocouches béton de ciment*

Nom de l'éprouvette	Température (°C)	Charge max (N)	d (μm)	d_{moy} (μm)	R_f (MPa)	$R_{f,moy}$ (MPa)	Degré de saturation (%)	Temps d'immersion
BC-1	Eau à 19.7	4730	60,4		5,52		73,0	17 heures 45 min
BC-2	Eau à 19.9	5310	56,2	53,3	6,20	5,61	70,0	18 heures 15 min
BC-3	Eau à 20.2	4380	43,2		5,11		71,5	17 heures 15 min
BC-4	20.3	5010	72,6		5,85		-	-
BC-5	20.7	4350	49,1	74,1	5,08	5,25	-	-
BC-6	20.5	5150	100,6		4,84		-	-

Selon les formules de résistance des matériaux, la résistance en traction par

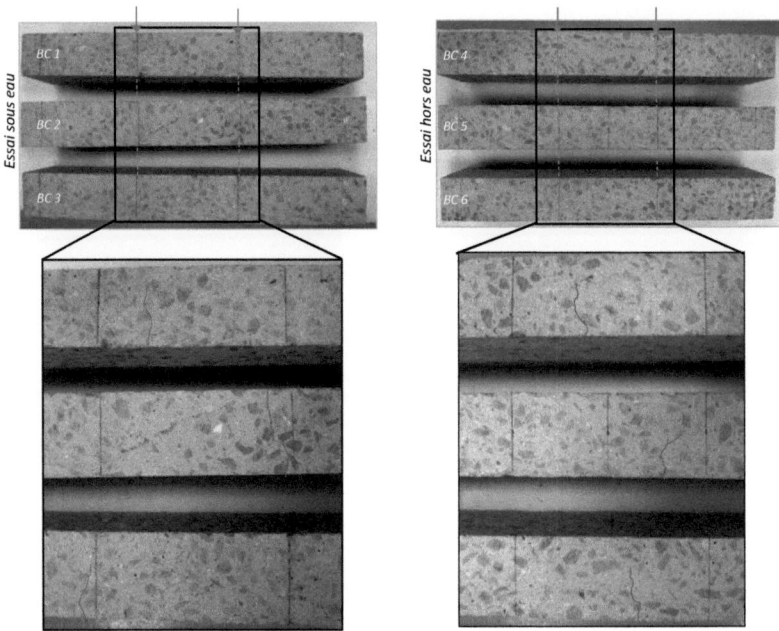

FIGURE 6.3 – *Illustrations de rupture des éprouvettes monocouches en béton de ciment testées en déplacement imposé (0,70 mm/min)*

flexion 4 points du béton est calculée ainsi par la formule suivante :

$$R_f = \frac{F_f L}{be^2} \qquad (6.2)$$

où F_f est la charge maximale appliquée sur l'éprouvette, L est la distance entre appuis de l'éprouvette (420 mm), b et e sont la largeur (100 mm) et l'épaisseur (60 mm) de l'éprouvette respectivement. Les résultats sont assez dispersés sur les valeurs de résistance à la flexion. Mais en moyenne sur 3 éprouvettes, on note une très légère augmentation de la résistance à la flexion des éprouvettes immergées dans l'eau (Tableau 6.1). Cet effet serait à confirmer avec plus d'essais cependant.

À partir de la courbe charge-flèche expérimentale, le module d'Young du béton peut être déterminé par la relation comme suit :

$$f = \frac{23FL^3}{1296EI} + \frac{FL}{6GB} \qquad (6.3)$$

où f est la flèche à mi-porté de l'éprouvette, E est le module d'Young, I l'inertie de l'éprouvette, G le module de cisaillement égal à $\frac{E}{2(1+\upsilon)}$, υ le cœfficient de Poission, B

la section réduite de l'éprouvette égale à $\frac{5}{6}be$ pour une section rectangulaire.

On obtient finalement que la valeur du module d'Young du béton est d'environ de 35000 MPa. La figure 6.4 illustre la courbe charge-flèche expérimentale comparée avec la flèche calculée par la RDM (cf. Équation (6.3)). On constate qu'il y a par ailleurs une différence de distance entre le point de la fin de partie linéaire et le pic (charge maximale), d, pour les essais hors et sous eau. On suppose que le point de la fin de cette partie linéaire correspond à la valeur de la charge équivalente de résistance en traction quand le béton atteint à 3,5 MPa. Les valeurs de d pour chaque éprouvette sont déterminées et données dans le tableau 6.1. La valeur moyenne est de 53,3±9 μm pour des essais sous eau et de 74,1±25,8 μm pour des essais hors eau. On observe donc a priori que le domaine de non linéarité du béton pour l'essai hors eau est plus dispersé que celui pour l'essai sous eau. Il semble que l'eau rende le comportement du béton d'âge mûr plus élastique linéaire en le rendant ainsi plus fragile pour une résistance à la rupture un peu plus élevée. Bien sûr le peu d'essais réalisés doit nuancer cette conclusion.

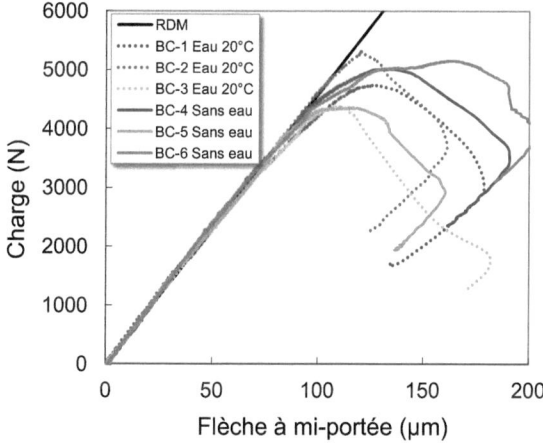

FIGURE 6.4 – *Courbe charge-flèche des éprouvettes monocouches testées hors et sous eau en déplacement imposé (0,70 mm/min)*

6.4 Essais sur éprouvettes bicouches béton/enrobé

Dans ce paragraphe, nous présentons finalement les résultats d'essais effectués sur éprouvettes bicouches de type I sous eau comparés à ceux hors eau. Par rapport au chapitre 5, le jeu d'éprouvettes testées fait partie d'une des deux campagnes de fabrication d'éprouvettes de type I. Le tableau 6.2 présente le degré de saturation, ainsi que le temps d'immersion des éprouvettes avant l'essai. Selon ce protocole, on obtient grossièrement un degré de saturation des éprouvettes en maximum de 69 % pour un vide réalisé à de 67 kPa dans la cloche à vide.

Tableau 6.2 – *Degré de saturation des éprouvettes bicouches*

Nom de l'éprouvette	Masse sèche (g)	Masse humide non essuyé (g)	% de vide BC	% de vide BBSG	Volume des vides (cm^3) BC	Volume des vides (cm^3) BBSG	Volume de l'eau absorbée (cm^3)	Degré de saturation (%)	Temps d'immersion
I-PT-4-3	11554	11723	2,33	9,59	67,10	178,37	169	68,8	24 heures
I-PT-6-1	11637	11798	2,33	9,59	67,10	178,37	161	65,6	3 heures
I-PT-6-2	11536	11696	2,33	9,59	67,10	178,37	160	65,2	3 heures
I-PT-6-3	11384	11565	2,33	9,59	67,10	178,37	181	73,7	90 minutes

L'ensemble des résultats des essais monotones à 0,70 mm/min à la température ambiante ($\approx$ 20 °C) sur ces éprouvettes de type I est donné dans le tableau 6.3. Les conditions expérimentales et le mode de rupture observé ainsi que les surfaces de rupture finale (S_R) mesurées après l'essai sont données dans ce tableau pour les éprouvettes de dimensions L=420 mm, b=100 mm, $e^1 = e^2$=60 mm, a_1=40 mm et a_2=70 mm. Pour l'éprouvette *I-PT-6-1* saturée en eau, la rupture est brutale due à une erreur de pilotage du vérin de la presse MTS qui est descendu très brusquement avec une vitesse d'environ 40 mm/s. On note que même si cette vitesse provoque une rupture brutale, l'éprouvette s'est décollée à l'interface avec une longueur de décollement moyenne de 14 mm avant de rompre. Par la suite, on ne retient pas cet essai qui n'a pas pu être instrumenté.

Tableau 6.3 – *Synthèse des résultats d'essais pour les éprouvettes type I : hors et sous eau*

Nom de l'éprouvette	Température d'essai(°C)	Charge max (N)	Durée de l'essai (s)	$v^{1,2}_{F_{max}}$ (MPa)	$\tau^{1,2}_{F_{max}}$ (MPa)	Longueur de décollement a_{av} (mm)	Longueur de décollement a_{ar} (mm)	S_R (mm^2)	Rupture observée
I-PT-4-2	20.4	8900	10.5	1,19	0,42	-	-	-	Rupture par flexion (au point C en $x = \frac{2L}{3}$)
I-PT-5-1	20.5	9770	20.7	1,30	0,46	54	50	5200	Fissure au point C en $x = \frac{2L}{3}$ puis décollement de l'interface
I-PT-5-2	20.5	8465	22.5	1,23	0,40	-	-	-	Rupture par flexion (au point C en $x = \frac{2L}{3}$)
I-PT-5-3	21.0	9380	73.3	1,25	0,44	-	-	-	Rupture par flexion (au point C en $x = \frac{2L}{3}$)
I-PT-4-3	Eau à 20.0	9490	28.0	1,26	0,45	150	160	15500	Décollement de l'interface
I-PT-6-1	Eau à 19.5	Rq : essai à 40mm/s	-	-	-	13	15	1400	Décollement de l'interface
I-PT-6-2	Eau à 19.7	11310	18.0	1,50	0,53	72	80	7600	Décollement de l'interface
I-PT-6-3	Eau à 19.9	11300	25.0	1,50	0,53	70	51	6050	Décollement de l'interface

6.4.1 Modes de rupture obtenus

Les modes de rupture obtenus lors de la deuxième campagne expérimentale des essais hors eau et sous eau sont présentés. La figure 6.5 présente les faciès de rupture des

6.4. ESSAIS SUR ÉPROUVETTES BICOUCHES BÉTON/ENROBÉ

éprouvettes qui ont décollées sous eau (toutes) et hors eau (1 seule sur trois) alors que la figure 6.6 présente les ruptures parasites obtenues lors des essais hors eau comme observées parfois dans le chapitre 5. Ces fissures s'initialisent en base de la couche de béton en-dessous des points de chargement (B et C) et se propagent vers la couche de béton et de l'enrobé. Elles sont dues aux contraintes maximales en traction en base de la couche de béton comme explique le chapitre précédent. La procédure d'amélioration de l'homogénéité de l'épaisseur de l'enrobé lors de sa fabrication montre comme espéré qu'il y a pas eu de rupture par traction du béton au point D du bicouche. La compétition se produit donc entre l'interface et les points de chargement B et C. Sur la figure 6.5, on voit que des particules de béton de ciment sont présentes sur la surface de la couche d'enrobé bitumineux après décollement. Le décollement semble se produire sur l'interface en détruisant le ciment. On en conclut que les essais sous eau produisent une rupture d'interface cohésive dans le béton de ciment. Par contre, pour des essais hors eau, le béton de ciment laisse moins de traces sur la surface de la couche de l'enrobé (cf. Figure 5.2).

FIGURE 6.5 – *Illustrations de décollement et aspect visuel de l'interface des éprouvettes des essais hors et sous eau à 20 °C*

6.4. ESSAIS SUR ÉPROUVETTES BICOUCHES BÉTON/ENROBÉ

FIGURE 6.6 – *Illustrations de ruptures parasites des éprouvettes testées hors eau à 20 °C*

6.4.2 Courbes charge-flèche et charge-déformation

Les mêmes conditions d'essais sont réalisés pour les tests hors et sous eau (cf. Tableau 6.3. Les courbes de flèche et de déformation en fonction de la charge appliquée, pour les deux conditions d'essai (hors et sous eau), sont reportées respectivement sur les figures 6.7 et 6.8. On remarque que le début des courbes de déplacement et de déformation hors et sous eau sont en bonne concordance avec les résultats calculés initialement par le modèle M4-5n. En réduisant la zone d'endommagement du béton, l'eau rend le comportement du béton plus fragile. Il semble améliorer sa résistance à la rupture et contribuer à ce que l'essai continue et produise des intensités de contraintes d'interface telle qu'elles puissent favoriser les ruptures à l'interface plutôt qu'en base du béton. Ainsi on observe que les essais réalisés sous eau à 20 °C conduisent tous à un délaminage de l'interface entre les couches (Tableau 6.3). L'interface est facilement décollée sous l'effet de l'eau avec des longueurs de décollement pouvant aller en moyenne de 70 mm à 160 mm alors que hors eau elles sont comprises entre 50 mm et 54 mm. Pour l'éprouvette *I-PT-4-3*, dont le temps d'immersion est plus long que les autres avant l'essai, on note également qu'on obtient un décollement dont la longueur finale s'arrête au milieu des points de chargement B et C comme obtenu par ailleurs sur les éprouvettes Alu/PVC (cf. Chapitre 4).

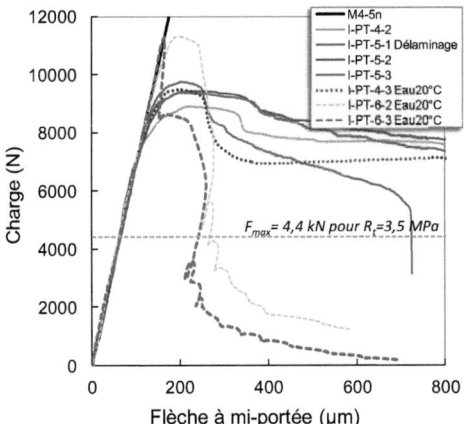

FIGURE 6.7 – *Courbe charge-flèche des éprouvettes bicouches testées hors et sous eau à 20 °C en déplacement imposé (0,70 mm/min)*

6.4.3 Résultats des mesures par la méthode de DIC

Afin d'essayer de préciser les observations visuelles expérimentales, on tente de réaliser dans cette section la mesure de la propagation de fissure à l'interface à l'aide de

6.4. ESSAIS SUR ÉPROUVETTES BICOUCHES BÉTON/ENROBÉ 147

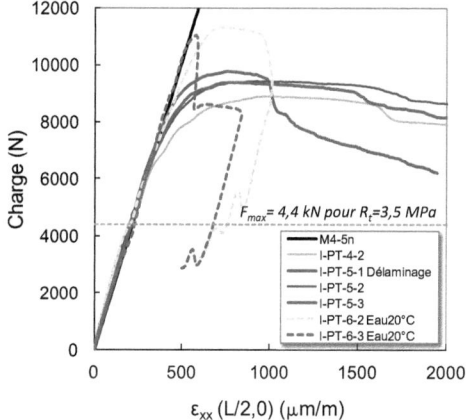

FIGURE 6.8 – *Courbe charge-déformation des éprouvettes bicouches testées hors et sous eau à 20 °C en déplacement imposé (0,70 mm/min)*

la méthode de correlation d'images numériques (DIC) (cf. Chapitre 4-§4.3). La figure 6.9 illustre la zone d'étude choisie a priori du côté a_2=70 mm pour la corrélation d'images selon les procédures définies dans le chapitre 4. Les déplacements et les déformations sont calculés en considérant une grille carrée de 5×5 pixels dans chacune des directions x et z dans la région de grille centrale. En utilisant 680 pixels sur 115 mm de longueur, une résolution de 16,9 μm est obtenue pour les déplacements. Cette résolution est limitée en fonction des contraintes de la zone observée et de la capacité de l'objectif de la caméra. La précision du déplacement d'ouverture et de glissement de fissure est d'environ 0,1 pixels (16,9 μm).

Dans le prochain paragraphe, on ne présente que les résultats des éprouvettes qui ont décollées à l'interface entre les couches (cf. Tableau 6.3).

6.4.3.1 Déplacement et déformation

Nous montrons, ici, des résultats d'essais analysés par la méthode de DIC. La figure 6.10 montre, à titre exemple, la distribution des déformations et des déplacements verticaux obtenus à partir de la méthode DIC et du décollement de l'interface lors de l'essai sur l'éprouvette type *I-PT-6-3*. On voit que le profil déplacement vertical s'accorde qualitativement avec le décollement observé sur l'éprouvette. Les figures 6.11, 6.12 et 6.13 montrent un profil du déplacement vertical tridimensionnel lors des différentes phases de chargement de l'éprouvette *I-PT-6-2*, *I-PT-6-3* et *I-PT-4-3*, respectivement. Cette évolution du déplacement nous permet de savoir le moment de l'ini-

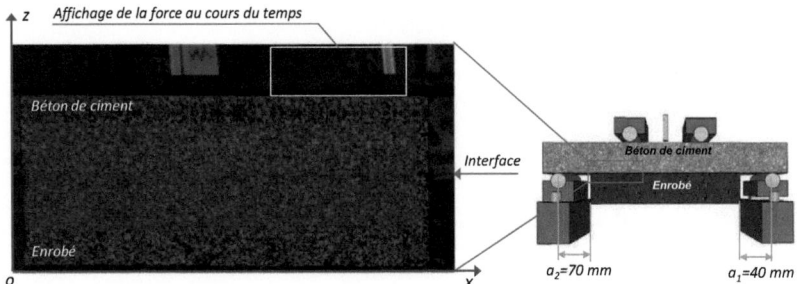

FIGURE 6.9 – *Zone d'étude sur l'image de référence*

tiation du décollement à l'interface. On remarque que, sur ces figures, l'initiation du décollement à l'interface commence au moment de la charge maximale, l'image 720 pour l'éprouvette *I-PT-6-2*, l'image 946 pour l'éprouvette *I-PT-6-3* et l'image 1749 pour l'éprouvette *I-PT-4-3*. Par contre, pour l'éprouvette *I-PT-4-3*, la propagation de fissure à l'interface est trop rapide. La vitesse de prise d'images de la caméra n'est pas suffisante.

6.4. ESSAIS SUR ÉPROUVETTES BICOUCHES BÉTON/ENROBÉ

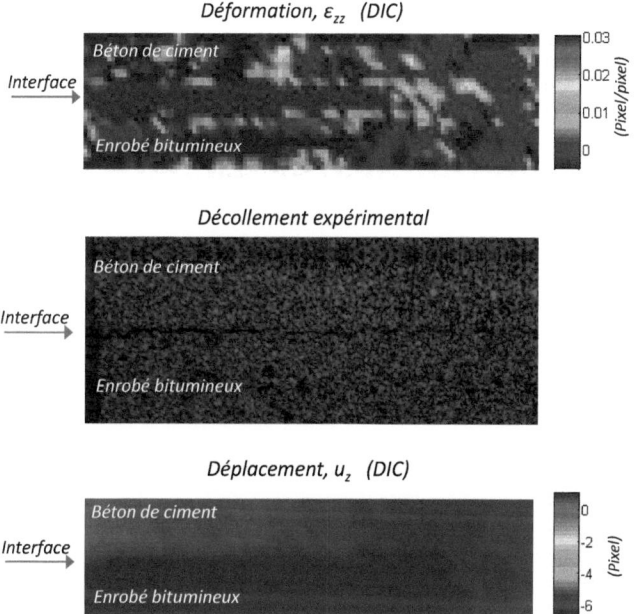

FIGURE 6.10 – *Résultats de déformation, décollement expérimental et déplacement vertical de l'éprouvette I-PT-6-3 testée sous eau*

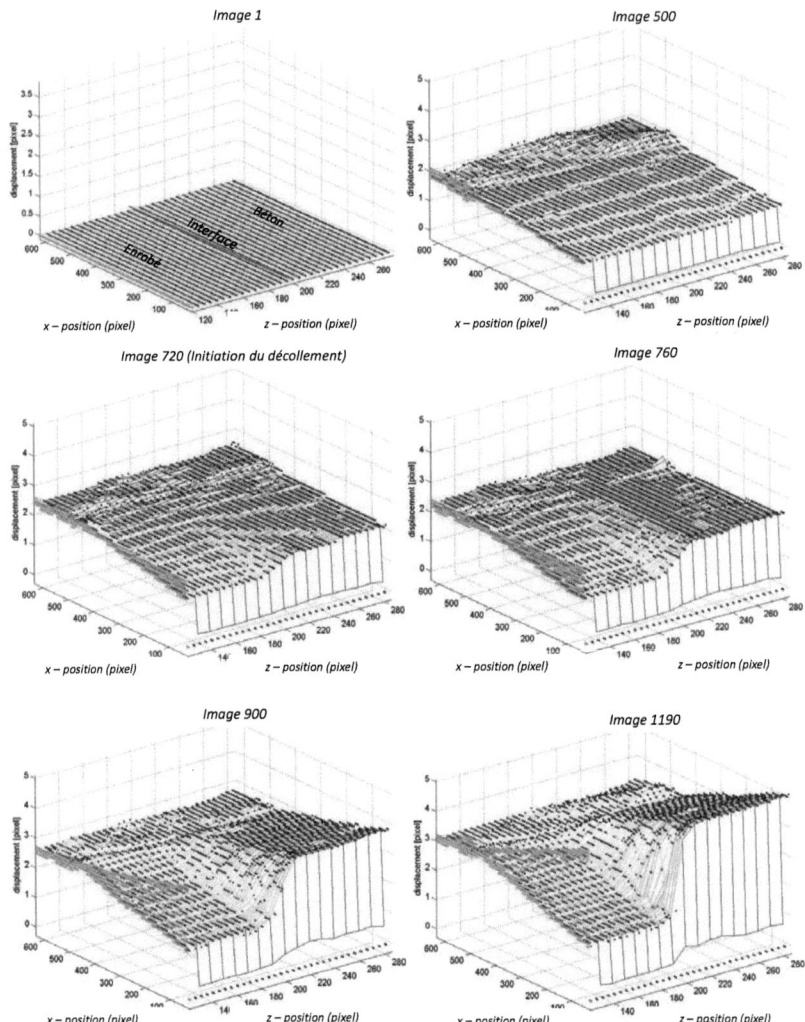

FIGURE 6.11 – *Évolution du déplacement vertical u_z au cours de l'essai de l'éprouvette I-PT-6-2 testée sous eau*

6.4. ESSAIS SUR ÉPROUVETTES BICOUCHES BÉTON/ENROBÉ

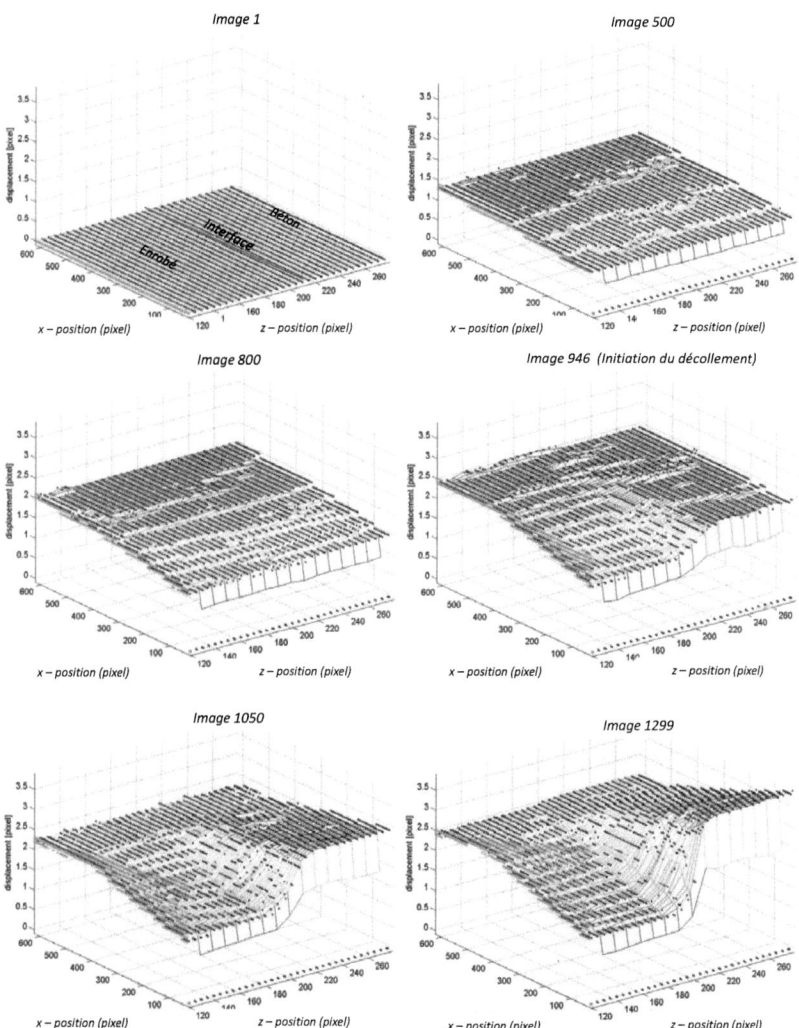

FIGURE 6.12 – *Évolution du déplacement vertical u_z au cours de l'essai de l'éprouvette I-PT-6-3 testée sous eau*

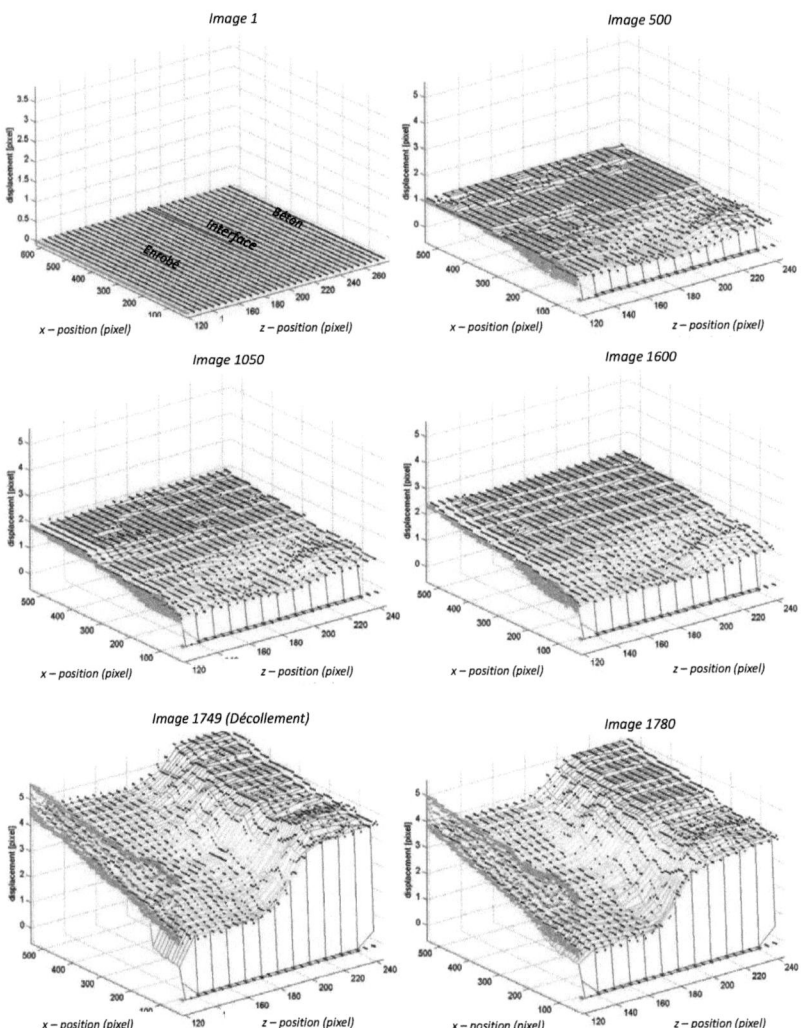

FIGURE 6.13 – *Évolution du déplacement vertical u_z au cours de l'essai de l'éprouvette I-PT-4-3 testée sous eau*

6.4.3.2 COD et CSD

On présente également le COD et CSD en fonction du chargement. Comme pour le chapitre 4, les figures 6.14, 6.15, 6.16 et 6.17 illustrent les valeurs du COD et du CSD du point situé au bord de l'interface lors des différentes étapes de chargement de l'éprouvette *I-PT-4-3*, *I-PT-5-1*, *I-PT-6-2* et *I-PT-6-3*, respectivement.

D'après ces courbes, on remarque que le décollement de l'interface se produit quand la charge atteint le pic (charge critique). Ceci est vrai sauf pour l'éprouvette *I-PT-5-1*, testée sans eau, dont le décollement semble commencer bien après le pic (Figure 6.15). Cette diminution est peut-être due au développement des macro-fissures dans la couche de béton de ciment qui est un matériau élastique endommageable. Comme l'explique le chapitre précédent (Chapitre 3), il y a une compétition entre les tractions en base de la couche de béton de ciment et les intensités de contrainte pouvant générer un décollement pour les essais à température ambiante (≈ 20 °C). En fait, le décollement de l'interface peut avoir lieu ainsi avant ou après la fissuration dans la couche de béton de ciment. Dans ce cas, après le pic, la macro-fissure du béton est en compétition avec le décollement. Ce phénomène est expliqué par les figures 6.18, 6.19, 6.20 et 6.21 qui représentent respectivement l'évolution du déplacement horizontal et vertical dans le plan, la déformation et le déplacement horizontal, et la déformation et le déplacement vertical obtenus par la méthode de DIC. Sur la figure 6.18, on observe que le CSD, situé en base de la couche de béton de ciment sous le point de chargement, s'initialise à partir de l'image 1000 qui correspond à la charge maximale. Sur cette même image, aucun COD n'est observé (Figure 6.19). Cela signifie que la fissure dans le béton apparaît avant l'initiation du décollement à l'interface. À partir de l'image 2400 (Figure 6.19), l'initiation du décollement se fait à partir du bord de l'interface vers la fissure dans le béton jusqu'à la rupture totale de l'éprouvette. Selon la cartographique du déplacement et de la déformation horizontale (Figure 6.20), on remarque bien que la fissure dans la couche de béton de ciment se propage également vers la couche d'enrobé à la fin de l'essai. La figure 6.21 montre que le décollement d'interface se produit après l'apparition de la fissure dans la couche de béton de ciment. Ces résultats confirment les simulations par la méthode EF présentées précédemment dans le chapitre 5-§5.4. Bien sûr ces résultats devraient être confortés avec plus d'essais.

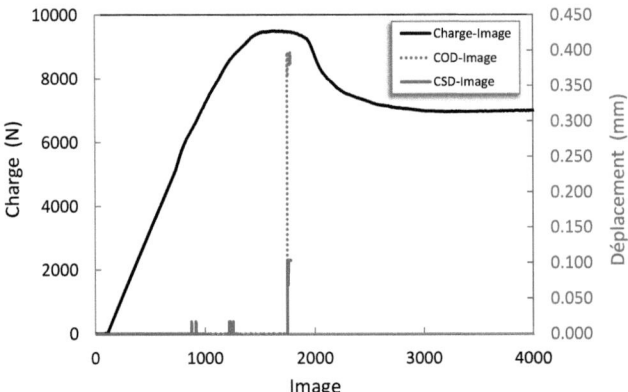

FIGURE 6.14 – *Charge, COD et CSD au cours du temps de l'éprouvette I-PT-4-3 testée sous eau*

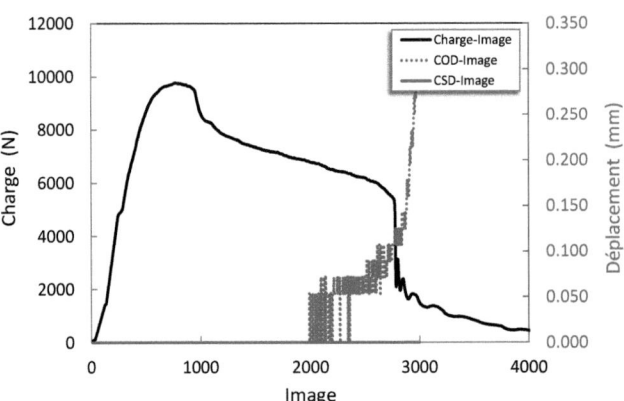

FIGURE 6.15 – *Charge, COD et CSD au cours du temps de l'éprouvette I-PT-5-1 testée hors eau*

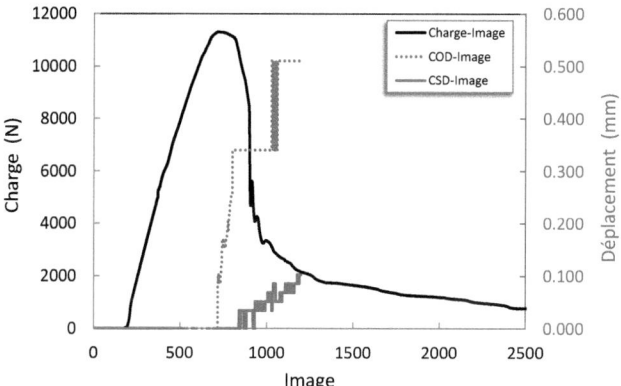

FIGURE 6.16 – *Charge, COD et CSD au cours du temps de l'éprouvette I-PT-6-2 testée sous eau*

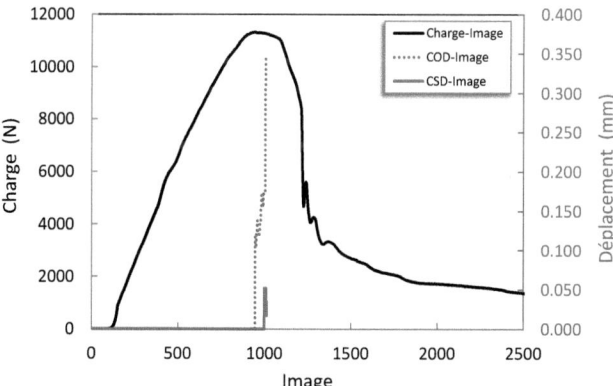

FIGURE 6.17 – *Charge, COD et CSD au cours du temps de l'éprouvette I-PT-6-3 testée sous eau*

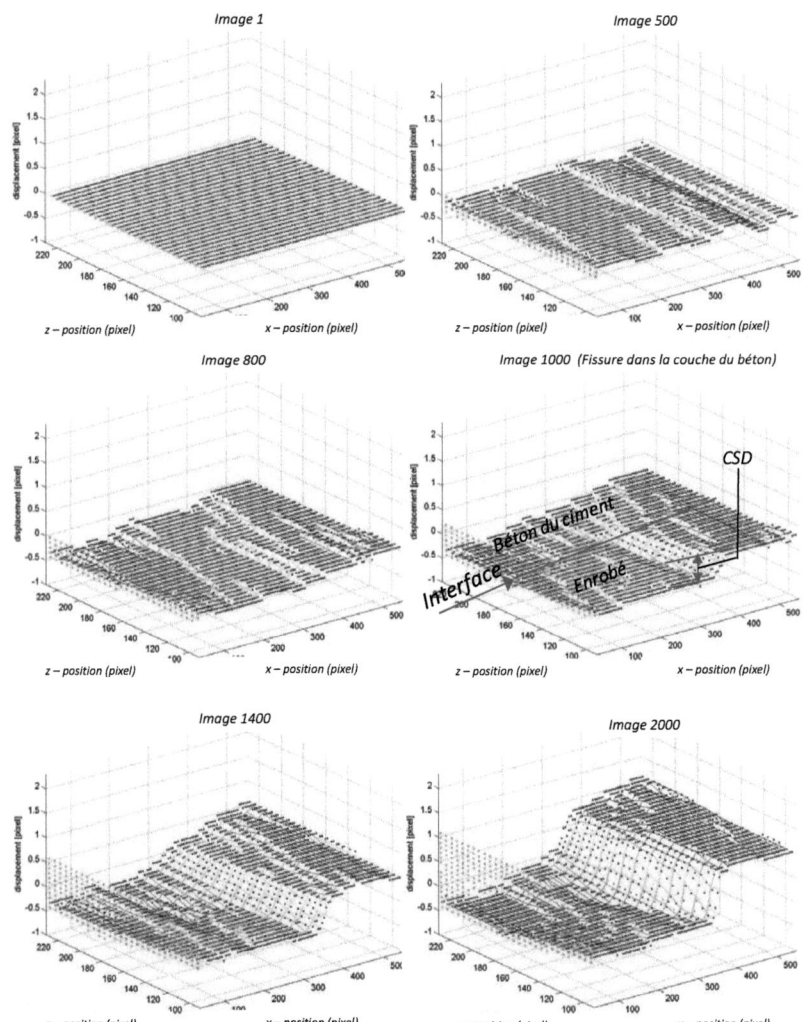

FIGURE 6.18 – *Évolution du déplacement horizontal u_x au cours de l'essai de l'éprouvette I-PT-5-1 testée hors eau*

6.4. ESSAIS SUR ÉPROUVETTES BICOUCHES BÉTON/ENROBÉ

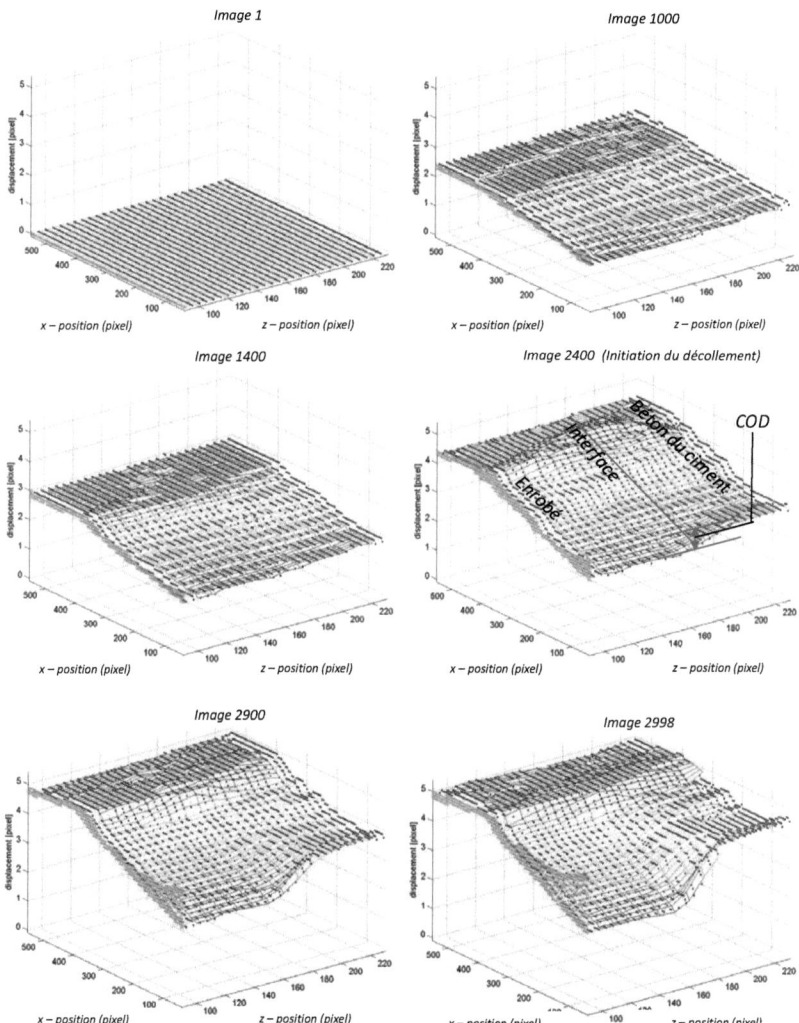

FIGURE 6.19 – *Évolution du déplacement vertical u_z au cours de l'essai de l'éprouvette I-PT-5-1 testée hors eau*

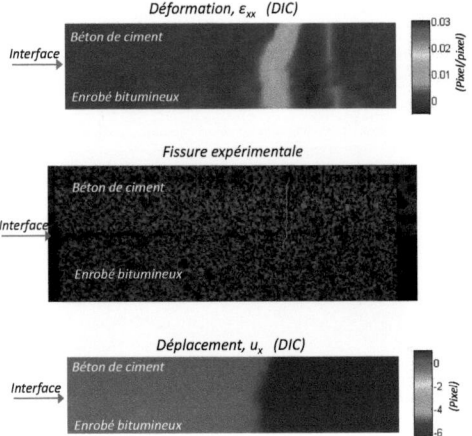

FIGURE 6.20 – *Résultats de déformation, décollement expérimental et déplacement horizontal de l'éprouvette I-PT-5-1 testée hors eau*

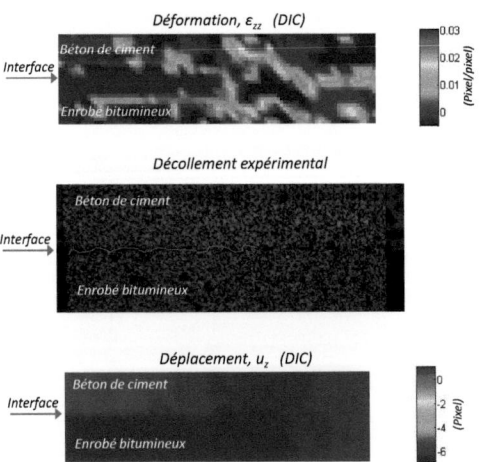

FIGURE 6.21 – *Résultats de déformation, décollement expérimental et déplacement vertical de l'éprouvette I-PT-5-1 testée hors eau*

On peut finalement résumer le scénario de la rupture de l'essai de l'éprouvette *I-PT-5-1* testée sans eau à la température ambiante (≈ 20 °C)(Figure 6.22), de la manière suivante :

- La fissure à la base de la couche de béton du ciment s'initie sous le point de chargement (point C) quand la charge est maximale.
- Le décollement s'initie ensuite à partir du bord de l'interface (point D).
- La propagation du décollement s'effectue jusqu'au point de fissuration du béton et jusqu'à la rupture totale de l'éprouvette.

À noter cependant que la rupture de l'interface étant instable, il serait intéressant de reproduire cet essai avec une caméra plus performante afin d'affiner la mesure de la charge équivalente d'initiation du délaminage.

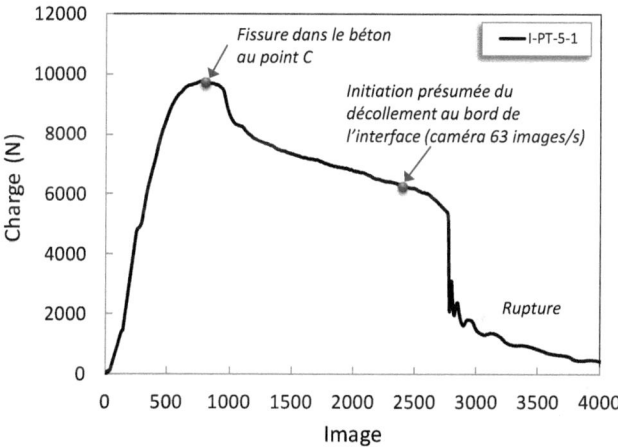

FIGURE 6.22 – *Scénario des ruptures de l'éprouvette I-PT-5-1 testée hors eau*

6.4.3.3 Longueur critique de fissure à l'interface

L'endroit de la pointe de fissure et de la longueur de fissure (r) sont déterminés à partir des principes exposés dans la section précédente (cf. Section 4.3.3.1-figure 4.16). La longueur critique de fissure correspond à la charge maximale au moment où l'analyse d'image détecte une initiation du décollement d'interface, comme montre le paragraphe précédent. À partir des profils d'évolution du déplacement vertical u_z lors des différentes phases de chargement, montrés sur les figures 6.11, 6.12, 6.13 et 6.19, la longueur critique de fissure pour chaque éprouvette est déterminée et donnée dans le tableau 6.4. Pour l'éprouvette *I-PT-5-1*, la longueur détectée par analyse d'image ne correspond pas à la charge maximale. Comme l'explique le paragraphe précédent, la fissure dans la couche de béton de ciment apparaît avant le décollement d'interface. Concernant l'éprouvette *I-PT-4-3*, la longueur critique de fissure est beaucoup plus grande que celle des autres éprouvettes. Cette différence est due à la rapidité de propagation de la fissure d'interface que l'on ne peut pas mesurer avec la capacité de la caméra utilisée.

Tableau 6.4 – *Longueur critique de fissure à l'interface obtenue par la méthode de DIC*

Éprouvette	Longueur critique de fissure ($\pm 0,5$ mm)	
I-PT-5-1	hors eau	18,5
I-PT-4-3	sous eau	160
I-PT-6-2	sous eau	19,5
I-PT-6-3	sous eau	13,5

6.4.4 Observation de l'influence du temps d'immersion sur le décollement de l'interface

Contrairement aux essais sans eau, pour les essais sous eau quelque soit le temps d'immersion des éprouvettes (Tableau 6.2), le décollement d'interface détecté par analyse d'image commence au pic de la charge. Pour l'éprouvette *I-PT-4-3*, qui a été immergée pendant 24 heures avant l'essai, cette longueur est beaucoup plus longue que celle des autres (Figure 6.5). Ce résultat tend à montrer que le temps d'immersion (Tableau 6.2) joue un rôle important sur le comportement d'interface. Les résultats d'analyse d'image montre par ailleurs que la propagation de décollement à l'interface est très rapide, comme l'illustre la figure 6.13. Avec une vitesse de prise d'image de 63 images par seconde de la caméra CCD, la détermination de la longueur initiale de décollement est limitée. Pour cette éprouvette, cette mesure influence la détermination des valeurs des facteurs d'intensité de contraintes et du taux de restitution d'énergie pour les comparaisons entre éprouvettes.

6.4.5 Détermination des facteurs d'intensité de contraintes et du taux de restitution d'énergie

À partir des valeurs de déplacement d'ouverture de fissures (COD = δ_z), de déplacement de glissement (CSD = δ_x) et de la longueur de fissure d'interface (r) obtenues précédemment par la méthode de DIC, on peut donc déterminer les facteurs d'intensité de contraintes en mode I et mode II et également le taux de restitution d'énergie. Les facteurs d'intensité de contraintes en mode I et mode II sont déterminées par les

6.4. ESSAIS SUR ÉPROUVETTES BICOUCHES BÉTON/ENROBÉ

formules de Dundurs dont les équations sont rappelées respectivement ci-dessous :

$$K_I = \frac{E^* \cos(\pi\varepsilon)}{8}\sqrt{\frac{2\pi}{r}}[(\delta_z - 2\varepsilon\delta_x)\cos(\varepsilon\ln r) + (\delta_x + 2\varepsilon\delta_z)\sin(\varepsilon\ln r)] \quad (6.4)$$

$$K_{II} = \frac{E^* \cos(\pi\varepsilon)}{8}\sqrt{\frac{2\pi}{r}}[(\delta_x + 2\varepsilon\delta_z)\cos(\varepsilon\ln r) - (\delta_z - 2\varepsilon\delta_x)\sin(\varepsilon\ln r)] \quad (6.5)$$

Le taux de restitution d'énergie est calculé à partir des valeurs des facteurs d'intensité de contraintes K_I et K_{II} en utilisant l'équation suivante (§2.5.2.1.6) :

$$G_{Dundurs} = G_I + G_{II} = \frac{K_I^2}{2E^* \cosh^2(\pi\varepsilon)} + \frac{K_{II}^2}{2E^* \cosh^2(\pi\varepsilon)} \quad (6.6)$$

Le tableau 6.5 donne des valeurs critiques des facteurs d'intensité de contraintes et du taux de restitution d'énergie pour chaque éprouvette calculées par les différents modèles de Dundurs et M4-5n (VCCT). On note une bonne concordance entre les résultats. Pour l'éprouvette *I-PT-4-3*, les valeurs des K_I, K_{II} et G sont beaucoup plus grandes par rapport à celles des autres éprouvettes comme dit précédemment. La différence de ces valeurs est due au problème de détermination de la longueur critique de fissure. Cependant, ces valeurs permettent de donner comme une borne d'indication des valeurs maximales des K_I, K_{II} et G pour la phase d'initiation à condition que l'hypothèse d'élasticité linéaire reste bien vérifiée. On remarque que l'essai produit finalement essentiellement du mode I pour ce type d'interface pour les éprouvettes ayant déláminé raisonnablement.

Tableau 6.5 – *Comparaison des facteurs d'intensité de contraintes et du taux de restitution d'énergie théoriques et expérimentaux pour l'interface type I*

Éprouvette	Longueur critique de fissure (±0,5 mm)	Facteur d'intensité de contraintes Méthode Dundurs		Taux de restitution d'énergie (J/m^2) Méthode Dundurs			M4-5n		
		K_I (MPa$\sqrt{m}$)	K_{II} (MPa$\sqrt{m}$)	G_I	G_{II}	$G_{Dundurs}$	G_I	G_{II}	G_{M4-5n}
I-PT-5-1	18,5	0,67	0,27	114	18	132	117	14	131
I-PT-4-3	160	1,26	0,62	404	97	501	-	-	-
I-PT-6-2	19,5	0,78	0,31	156	25	180	159	19	178
I-PT-6-3	13,5	0,76	0,32	145	26	172	152	17	169

6.4.6 Détermination de l'énergie de rupture des éprouvettes bicouches béton/enrobé

L'énergie de rupture G_F peut être déterminée expérimentalement par la méthode de l'aire comme expliqué dans le chapitre 2-§2.5.2.1.4. Elle s'écrit sous forme suivante :

$$G_F = \frac{S}{S_R} \quad (6.7)$$

où S est l'aire calculée à partir de la courbe charge-déplacement obtenue expérimentalement, S_R est la surface de rupture.

Afin de confirmer grossièrement les valeurs déterminées précédemment sous l'hypothèse de l'élasticité linéaire, on tente ici de calculer expérimentalement l'énergie de rupture G_F de l'interface des éprouvettes testées sous eau qui ont décollées et pour lesquelles on a eu le temps d'estimer une valeur de charge à rupture de l'interface. Cette dernière hypothèse exclut l'essai *I-PT-4-3*. Les figures 6.23(a) et 6.23(b) représentent respectivement l'aire de la rupture calculée à partir de la courbe charge-flèche expérimentale des éprouvettes *I-PT-6-2* et *I-PT-6-3* testées sous eau à température ambiante ($\approx$ 20 °C). À partir des résultats d'analyse d'images, on peut déterminer la position de longueur de décollement finale a_f. Elle correspond à la charge où le décollement s'est arrêté et propagé vers la couche de béton de ciment. Cette position est déterminée à partir des résultats d'analyse d'image.

On obtient finalement, dans le tableau 6.6, l'énergie de rupture de l'interface des éprouvettes testées sous eau à température ambiante ($\approx$ 20 °C).

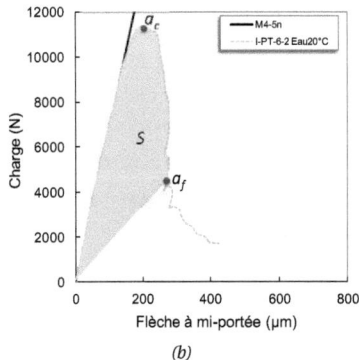 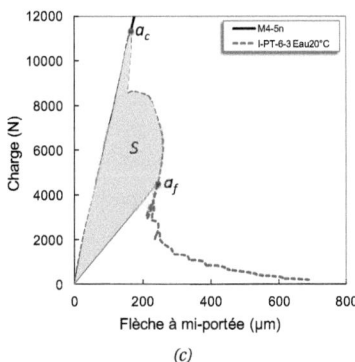

(b)   (c)

FIGURE 6.23 – *Courbe charge-flèche pour calculer l'aire de la rupture d'éprouvettes (a) I-PT-6-2 ; (b) I-PT-6-3 testées sous eau à température ambiante en déplacement imposé (0,70 mm/min)*

Tableau 6.6 – *Énergie de rupture de l'interface des éprouvettes testées sous eau à température ambiante*

Éprouvette	S (N.mm)	S_R (mm^2)	G_F (J/m^2)
I-PT-6-2 Sous eau	1513	7600	199
I-PT-6-3 Sous eau	1181	6050	195

6.5 Conclusion

Dans ce chapitre, nous avons présenté via des procédures classiques d'immersion des éprouvettes dans l'eau les résultats d'essais des éprouvettes bi-matériaux de type I (BCMC) sous eau à température ambiante ($\approx$ 20 °C). Selon ces procédures sous eau de

6.5. CONCLUSION

flexion 4 points, le décollement de l'interface s'est produit à chaque test. La technique de mesures par analyse d'images employée est capable de mesurer les déplacements d'ouverture, de glissement de fissures et la longueur de fissure d'interface contrairement à des mesures par LVDT initialement tentées dans la mise au point de l'essai. Cette technique a permis de déterminer les facteurs d'intensité de contraintes et le taux de restitution donnés par [Dundurs, 1969] en élasticité. Ces valeurs ont été comparées avec succès à celles du M4-5n. De plus, la technique d'analyse d'images a confirmé que, pour des essais sans eau à la température ambiante (20 °C), la fissuration en base de la couche de béton est en compétition avec le décollement à l'interface, comme l'explique l'analyse M4-5n présentée dans la partie II de ce mémoire. De fait, il nous a pas été possible de déterminer l'énergie de rupture de l'interface hors eau. Pour ce faire des essais supplémentaires sur l'énergie de rupture du béton seul seraient nécessaires (flexion 3 points sur éprouvette entaillée). En revanche, pour les essais sous eau, l'analyse d'image n'ayant pas détecté de fissuration dans le béton, nous avons tenté de donner son ordre de grandeur par calcul des aires correspondantes sur les courbes d'essais. Le dispositif d'essai sous eau est maintenant prêt pour tester des éprouvettes en masse afin d'étudier plus précisément l'influence de l'eau sur le comportement d'interface à 20 °C mais aussi à température plus basse. En conclusion, nous pourrons dire que les résultats d'essais sous eau à température ambiante montrent que l'eau privilégie le processus du décollement d'interface. En effet, les observations visuelles sur les faciès des éprouvettes décollées montrent une plus grande surface de rupture et une rupture d'interface en mode cohésif du béton (béton présent sur la surface de l'enrobé après décollement). Pour confirmer ces résultats et les valider, il est nécessaire d'effectuer plus d'essais à d'autres températures.

CONCLUSION GÉNÉRALE ET PERSPECTIVES

CHAPITRE 7

CONCLUSION GÉNÉRALE ET PERSPECTIVES

Dans les chaussées en béton de ciment mince collé (chaussées BCMC ou UTW), la connaissance du comportement d'interface entre le béton de ciment et l'enrobé bitumineux conditionne le dimensionnement de ces structures de chaussée. Sa tenue au collage joue un rôle important sur la durée de service de la chaussée. La présence des joints créés pour contrôler les fissures dues aux effets du retrait du béton associée au trafic et aux conditions climatiques génère en ces lieux des singularités de contraintes à partir desquelles des fissures et/ou des décollements d'interface peuvent s'initier et se propager. Ces joints donnent également accès à l'eau de s'infiltrer dans la structure de chaussée. Ce travail a pour but d'évaluer les comportements de ces interfaces afin d'aider à terme au dimensionnement de ce type de chaussée et à faire des recommandations pour prolonger sa durée de vie, réduisant ainsi les coûts associés directs et indirects à son entretien.

Le travail de cette thèse s'inscrit ainsi dans le cadre d'une étude amont du comportement d'interface entre le béton du ciment et l'enrobé bitumineux sous l'effet de l'eau. Il s'appuie principalement sur une analyse en laboratoire de ce comportement. La littérature fait apparaître différents dispositifs d'essai pour caractériser la fissuration et le décollement à l'interface entre les couches avec différents modes de rupture, mais aucun essai ne correspond à l'étude des performances mécaniques de l'interface en mode mixte sous l'effet de l'eau. Ici, on propose finalement d'adapter un essai de flexion 4 points permettant ainsi de générer de la rupture d'interface en mode mixte (mode I et II) des matériaux béton/enrobé sous sollicitation monotone. Le principe de l'essai suppose que le matériau enrobé est laissé libre de tout appuis ou efforts afin d'éviter au maximum leurs effets parasites sur le comportement de ce matériau à caractère viscoélastique.

Le travail effectué s'est concentré dans un premier temps sur l'analyse mécanique initiale de l'essai à l'aide d'un modèle élastique spécifique adapté à ce type d'essai en flexion bicouche, le M4-5n (Modèle Multiparticulaire des Matériaux Multicouches à 5n équations d'équilibre, où n est le nombre total de couches) (Chapitre 3). Ce modèle a été choisi pour ses qualités de régularisation de ses champs et faculté à modéliser simplement les contraintes responsables des délaminages à l'interface entre les couches. L'outil bicouche en flexion 4 points modélisé par le M4-5n a été programmé en fonction des paramètres géométriques et matériaux de l'éprouvette sous Scilab. Cet outil sert à une pré-analyse de l'essai en élasticité afin d'optimiser le dimensionnement des éprouvettes au délaminage. Cette étude d'optimisation a permis d'augmenter les intensités des contraintes pour favoriser le décollement à l'interface plutôt que celles responsables de la fissuration dans le béton. Cette phase a été également nécessaire pour modifier la géométrie des éprouvettes en les rendant nonsymétriques pour diminuer le coût expérimental et faciliter la mesure de la propagation de fissure sur un seul bord choisi d'interface. Concernant l'analyse à la rupture, dans le cas où il est prouvé que le bicouche étudié a un comportement majoritairement élastique linéaire avant rupture, il a été montré par la méthode VCCT que l'on peut séparer et calculer séparément par le M4-5n les différents modes de rupture à partir des valeurs de taux de restitution d'énergies associés à ces modes. Cette séparation des modes peut être intéressantes dans le cas de comparaisons de résultats d'essais tels que l'on peut l'envisager dans le cadre du TC-MCD (Technical Committees-Mechanisms of Cracking and Debonding in asphalt and composite pavements) de la Rilem.

Dans le chapitre 4, des tests de validation de la mise au point de l'essai et de l'application du modèle M4-5n sur éprouvette bicouche Alu/PVC en sollicitation monotone (0,70 mm/min) ont été réalisés. Pour les géométries choisies finalement, des ruptures à l'interface en mode mixte ont bien été observées expérimentalement. Les simulations et les résultats expérimentaux ont été validés par comparaison sur les courbes de flèche et de déformation en fonction des charges. La technique de corrélation d'images numériques (DIC) est utilisée avec succès pour déterminer le déplacement d'ouverture et de glissement de fissure à l'interface. Les facteurs d'intensité de contraintes d'interface en mode I (K_I) et mode II (K_{II}) et le taux de restitution d'énergie (G) ont été expérimentalement déterminés à l'aide de cette technique et des formules de Dundurs pour une longueur de ligament assez grande sur l'éprouvette Alu/PVC. Les résultats sont conformes aux modélisations M4-5n pour une longueur de délaminage allant du bord au premier point d'appui de la charge et permettent de valider son utilisation en élasticité pour une première approche sur le couple de matériaux de chaussée choisis dans cette thèse. Par contre, l'essai conduit à une rupture brutale et instable de l'interface. La caméra utilisée avec 63 images par seconde est limitée pour visualiser la phase d'initiation.

Dans la troisième partie de la thèse, on présente les résultats obtenus finalement sur des éprouvettes bicouches de chaussée. Dans le chapitre 5, plusieurs paramètres ont été testés pour les deux matériaux de chaussée étudiés. Deux types d'interface de type I (BCMC) et de type II (enrobé sur béton avec couche d'accrochage) ont été examinés pour deux températures différentes (ambiante et froide) essentiellement en déplacement imposé (0,70 mm/min). Cette campagne expérimentale d'essais effectués sans eau a permis d'aboutir aux conclusions suivantes :

- L'essai conduit bien à tester le délaminage des éprouvettes de matériaux de chaussée non seulement de type I (bien qu'il y ait percolation du béton dans l'enrobé) à température ambiante mais également de type II quelque soit la température (ambiante ou froide).

- La résistance de l'interface type I relativement homogène est plus forte que celle de l'interface type II quelque soit la température de l'essai ($\approx$ 5, 10, 20 °C). L'interface type I offre cependant hors eau un bon collage entre couches grâce à la percolation du béton dans la couche de l'enrobé lors de son coulage, si bien que parfois le test conduit à mettre en compétition lors des essais une rupture précoce du béton par traction avant sa propre rupture. Ceci valide ainsi les différents scénarios de rupture évoqués lors de la simulation de l'essai par le M4-5n. À température froide, le peu d'essais effectué n'a pas permis de décoller cette interface de type I hors eau.

- les techniques d'analyse d'images confirment que, pour des essais sur éprouvettes de type I hors eau à la température ambiante (20 °C), la fissuration en base de la couche de béton peut précéder le décollement d'interface.

- Le dispositif n'est pas optimum pour les éprouvettes de type II testées à température ambiante (température de la mise au point de l'essai $\approx$ 20 °C). Il met en évidence les effets viscoélastiques de la couche d'accrochage et l'influence du poids propre de l'enrobé sur cette couche d'accrochage pendant et après l'essai. Ces effets sont par contre minimisés à température froide.

- Pour l'éprouvette type II, le dispositif de l'essai devrait être modifié si l'on veut caractériser ce type d'interface. Pour le tester proprement, il suffirait, d'une part, d'inverser l'ordre de couche et le sens des appuis. Ceci nécessite d'utiliser une plate forme d'essai avec vérins autre que la presse MTS. D'autre part, le modèle élastique trouve là ses limites et l'analyse des essais sur éprouvettes de type II devrait introduire le comportement viscoélastiques de l'enrobé et de son interface. Ceci nécessite des développements dans le M4-5n non disponibles actuellement.

Dans le chapitre 6, les essais hors eau sur des éprouvettes bicouches béton/enrobé réalisés à température ambiante uniquement montrent que le dispositif d'essai mis au point dans ce travail de thèse est intéressant pour caractériser le comportement d'interface entre ces deux types de matériaux physiquement hétérogènes. Faute de temps, les essais sous eau ont été réalisés seulement à la température ambiante ($\approx$ 20 °C) sur trois éprouvettes à la vitesse monotone de 0,70 mm/min et il serait intéressant de poursuivre ce type d'essais vers les températures froides visées en amont à ce travail. Ces essais ont montré cependant que par des procédures classiques d'immersion des éprouvettes, le décollement de l'interface attendu en mode mixte s'est bien produit. L'eau semble réduire la phase de comportement endommageant du béton et concentrer ainsi les micro-fissures et rupture sur l'interface. Le processus du décollement d'interface est donc favorisé par l'eau. La longueur finale de décollement est plus importante que celle obtenue lors de ces mêmes essais hors eau. Le temps d'immersion de l'éprouvette influence la propagation de décollement à l'interface lors de l'essai. Les observations visuelles des faciès de rupture des éprouvettes décollées montrent que la présence d'eau dans les matériaux peut fragiliser l'interface béton-enrobé dans le ciment. On peut ainsi parler de rupture d'interface de type cohésive dans le ciment. Les essais montrent que l'eau privilégie le processus de décollement. Ces résultats confirment l'expérience sur chantier de chaussée BCMC de [Vandenbossche et al., 2011].

La technique de mesure par l'analyse d'images (DIC) confirme et met en évidence que, pour ces essais sous eau à température ambiante ($\approx$ 20 °C), le décollement à l'interface s'initialise avant la fissure dans la couche de béton de ciment contrairement aux essais hors eau. Conformément aux analyses de l'essai à la rupture d'interface, il a été observé que la propagation de fissure à l'interface par cet essai de flexion 4 points est un phénomène rapide qui provoque une rupture brutale lors de l'essai. Une longueur critique assez grande limitée par la caméra utilisée à 63 images par seconde de fissure d'interface a été déterminée. Les valeurs des facteurs d'intensité de contraintes et du taux de restitution donnés par [Dundurs, 1969] ont été calculées. Les valeurs du taux de restitution d'énergie ont été comparées avec succès à celles du modèle M4-5n. À partir de cette longueur critique, l'ordre de grandeur des valeurs critiques des contraintes de cisaillement et d'arrachement de l'interface béton-enrobé et du taux de restitution d'énergie obtenues a pu être déterminé. Pour le mode I, les valeurs du taux de restitution d'énergie sont dans la gamme de celles trouvées dans la littérature [Tschegg et al., 2007] sur le même type d'interface (type I).

En conclusion, le dispositif d'essai mis au point dans ce travail de thèse avec ou sans eau est intéressant pour l'étude du comportement d'interface de structures bimatériaux type BCMC.

Les essais réalisés sont peu nombreux et il reste un travail important à effectuer pour affiner les tendances mises en évidence. Pour compléter ce travail et bien différencier les phénomènes responsables du décollement d'interface, il serait intéressant à la fois de réaliser des essais monotones à différentes températures basses couplés ou non à des cycles de gel/dégel et des essais en fatigue. De même dans ce travail, pour des raisons opérationnelles une seule taille d'éprouvette est présentée. Il serait utile de pouvoir construire ce type d'essai en inversant les sens de l'éprouvette, ses appuis et ses efforts sur une plate-forme d'essai multi-fonctionnel avec vérins de façon à pouvoir réaliser également des études d'effet d'échelle et s'affranchir des efforts du poids propre et ainsi déterminer des valeurs intrinsèques de délaminage d'interface. Par ailleurs, d'un point vue des techniques de mesures par analyse d'images, afin d'analyser plus finement le mécanisme de l'essai, il conviendrait de changer la caméra avec une vitesse de prise d'images plus rapide afin de pouvoir détecter la phase réelle d'initiation et de mesurer la propagation de fissure à l'interface entre les couches. Enfin, l'introduction d'une fissure en base de la couche de béton de ciment dans la simulation par le modèle M4-5n devrait permettre d'affiner également les valeurs du taux de restitution d'énergie calculé à partir des informations de la méthode DIC. Ceci nécessite quelques développements qui n'ont pu être réalisés dans le temps imparti à ces travaux. La prise en compte de comportement viscoélastique dans le M4-5n peut être envisagée à moyen terme également pour approfondir l'interprétation des essais s'ils sont réalisés à des températures autres que froides.

On peut toutefois tirer de ce travail et de la littérature trouvée [Vandenbossche et al., 2011] une première recommandation pour la chaussée BCMC. En effet, il semble que pour ce type de chaussée, la protection des joints existants sur la surface du béton de ciment de l'infiltration d'eau serait nécessaire. Il est ainsi fortement recommandé de ponter ces joints pour minimiser les efforts de l'eau apparemment néfaste pour la liaison entre le béton de ciment et l'enrobé bitumineux et éviter que de tels effets combinés aux trafics et aux conditions climatiques (cycles gel/dégel) ne viennent endommager la structure prématurément.

BIBLIOGRAPHIE

BIBLIOGRAPHIE

Achinta, M. and Burgoyne, C. (2011). Fracture mechanics of plate debonding : Validation against experiment. *Construction and Building Materials*, 25 :2961–2971.

Al-Qadi, I., Carpenter, S., , Leng, Z., Ozer, H., and Trepanier, J. (2008). Tack coat optimization for hma overlays : Laboratory testing. Technical Report FHWA-ICT-08-023, Illinois Center for Transportation.

ALPA-StB (1999). Part 4 : Examination of interlayer bonding with the leutner shear test. *Germany*.

Aramis (2012). Gom optical measuring techniques. *http ://www.gom.com/EN/index.html*.

Armaghani, J., Luster, R., Greene, J., and Holzschuher, C., editors (2005). *Proceeding International Conference on Best Practices for ULTRATHIN and THIN Whitetoppings, April 12-15, 2005, Denver, Colorado*.

Austrian-Standard (1997). Önorm b 3639-1 : Asphalt for road construction and related purposes - testing - shear resistance in contact surfaces of asphalt layers.

Baroin, L., Chambon, D., and Potier, J. M. (2001). Premier bilan français des chaussées en béton de ciment collées sur des supports en béton bitumineux. *RGRA*, 798.

Beghin, A. (2003). *Etude de la rupture des bitumes à basse température : influence des facteurs de composition et de la rhéologie des liants*. PhD thesis, Université Paris VI.

Berry, J. (1963). Determination of fracture surface energies by the cleavage technique. *Journal of Applied Mechanics*, 34 :62–68.

Berthemet, F. (2012). Contribution au développement d'un outil de calcul rapide pour chaussées fissurées. Master's thesis, IFSTTAR Nantes, Master Pro Modélisation Numérique en Mécanique des Structure de l'Université de Nantes.

Bissonnette, B., Courard, L., Fowler, D., and Granju, J.-L. (2011). Bonded cement-based material overlays for the repair, the lining or the strengthening of slabs or pavements. *State-of-the-Art Report of the RILEM Technical Committee 193-RLS Series, Vol.*

3, ISBN 978-94-007-1238-6 (Print) 978-94-007-1239-3 (Online) Publisher Springer Netherlands, 3.

BLPC (1979). *Chaussées en béton : Problèmes posés par la présence d'eau dans leur structure*. Number Spécial VII. Ministère de l'Environnement et du Cadre de Vie - Ministère des Transports.

Bodin, D., Pijaudier-Cabot, G., De La Roche, C., Piau, J., and Chabot, A. (2004). A continuum damage approach to asphalt concrete modelling. *Journal of Engineering Mechanics (ASCE)*.

Bornert, M., Brémand, F., Doumalin, P., Dupré, J.-C., Fazzini, M., Grédiac, M., Hild, F., Mistou, S., Molimard, J., Orteu, J.-J., Robert, L., Surrel, Y., Vacher, P., and Wattrisse, B. (2009). Assessment of digital image correlation measurement errors : Methodology and results. *Experimental Mechanics*, 49 :353–370. doi :10.1007/s11340-008-9204-7.

Bower, A. F. (2009). *Applied Mechanics of Solids*, chapter 9-10. CRC Press, Taylor & Francis Group.

Brillet-Rouxel, H. (2007). *Etude expérimentale et numérique des phénomènes de fissuration dans les interconnexions de la microélectronique*. PhD thesis, Université Joseph Fourier-Grenoble 1.

Bürkli, L. (2010). Contribution au développement d'un outil d'analyse mécanique pour chaussées fissurées. Master's thesis, LCPC Nantes, Master Pro Modélisation Numérique en Mécanique des Structure de l'Université de Nantes.

Bruck, H., McNeill, S., Sutton, M. A., and Peters, W. (1989). Digital image correlation using newton-raphson method of partial differential correction. *Journal of Experimental Mechanics*, 29 :261–267.

Bui, H. (1978). *Mécanique de la rupture fragile*. Paris : Ed. Masson.

Burnham, T. (2005). Forensic investigation report for mnroad ultrathin whitetopping test cells 93, 94 and 95. Technical Report MN/RC - 2005-45, Minnesota Department of Transportation, St. Paul, MN.

Canestari, F., Ferrotti, G., Lu, X., Millien, A., Partl, M. N., Petit, C., Phelipot-Mardelé, A., Piber, H., and Raab, C. (2013). *Advances in Interlaboratory Testing and Evaluation of Bituminous Materials Chapter 6 : Mechanical Testing of Interlayer Bonding in Asphalt Pavements*, volume IX of *RILEM State-of-the-art Reports (STAR)*. Springer.

Carlsson, L. A. and Prasad, S. (1993). Interfacial fracture of sandwich beams. *Eng Fract Mec*, 44 :581–590.

Caron, J. F., Diaz Diaz, A., Carreira, R. P., Chabot, A., and Ehrlacher, A. (2006). Multiparticle modelling for the prediction of delamination in multi-layered materials. *Comp. Sc. and Technology*, 66, n. 6 :755–765.

Carreira, R. P. (1998). *Validations par éléments finis des modèles multiparticulaires de matériaux multicouches M4*. PhD thesis, Ecole Nationale des Ponts et Chaussées.

Castañeda-Pinzón, E. and Such, C. (2004). Evaluation the moisture sensitivity of bituminous mixtures complex modulus approach. 83rd *annual meeting, Transportation Research Board*.

Chabot, A. (1997). *Analyse des efforts à l'interface entre les couches des matériaux composites à l'aide de Modélisations Multiparticulaires des Matériaux Multicouches (M4)*. PhD thesis, Ecole Nationale des Ponts et Chaussées.

Chabot, A., Cantournet, S., and Ehrlacher, A. (2000). Analyse de taux de restitution d'énergie par un modèle simplifié pour un quadricouche en traction fissuré à l'interface entre 2 couches. *Comptes-rendus aux 12ème Journées Nationales sur les Composites (JNC12), 15-17 novembre, ENS de Cachan*, 2 :775–784, (ISBN 2-9515965-0-2).

Chabot, A., Chupin, O., Deloffre, L., and Duhamel, D. (2010). Viscoroute 2.0 : a tool for the simulation of moving load effects on asphalt pavement. *RMPD Special Issue on Recent Advances in Numerical Simulation of Pavements*, 11(2) :227–250. doi :10.1080/14680629.2010.9690274.

Chabot, A. and Ehrlacher, A. (1998). Modèles multiparticulaires des matériaux multicouches m4-5n et m4-(2n+1)m pour l'étude des efforts de bord. *Comptes-rendus aux 11ème Journées Nationales sur les Composites, Arcachon*, pages 1389–1397.

Chabot, A., Hun, M., and Hammoum, F. (2012). Mechanical analysis of a mixed mode debonding for composite pavements. *Construction and Building Materials*, (in press). DOI :10.1016/j.conbuildmat.2012.11.027.

Chabot, A., Pouteau, B., Balay, J., and De Larrard, F. (2008). Fabac accelerated loading test of bond between cement overlay and asphalt layers. *Pavement Cracking-Al-Qadi, Scarpas & Loizos (eds), Taylor & Francis Group, London*, pages 671–681.

Chabot, A., Tamagny, P., Tran, Q. D., and Ehrlacher, A. (2004a). Modelling of stresses for cracking in pavements. 5th *International Crow Workshop, Istanbul, Turkey*, pages 299–306.

Chabot, A., Tran, Q. D., and Ehrlacher, A. (2007). A modeling to understand where a vertical crack can propagate in pavements. *International Conference on Advanced Characterization of Pavement and Soil Engineering Materials, June 20- 22, Athens, Greece, In Taylor & Francis Group Proceedings*, 1 :431–440 (ISBN 978-0-415-44882-6).

Chabot, A., Tran, Q. D., and Pouteau, B. (2004b). Simplified modelling of a cracked composite pavement. *International Conference on Engineering Failure Analysis*, 258.

Chailleux, E., Ramond, G., Such, C., and de la Roche, C. (2006). A mathematical-based master-curve construction method applied to complex modulus of bituminous materials. *Roads Materials and Pavement Design*, 7 (EATA Special Issue) :75–92.

Chambon, S. and Crouzil., A. (2003). Dense matching using correlation : new measures that are robust near occlusions. *Proceedings of British Machine Vision Conference (BMVC'2003), East Anglia, Norwich, UK*, pages 143–152.

Charalambides, P., Lund, J. a, d. E. A., and McMeeking, R. (1989). A test specimen for determining the fracture resistance of bimaterial interfaces. *ASME Journal of Applied Mechanics*, 56 :77–82.

Charmet, J.-C. (2007). *Mécanique du solide et des matériaux : Élasticité-Plasticité-Rupture*. ESPCI - Laboratoire d'Hydrodynamique et Mécanique Physique.

Chen, J.-S. and Tsai, C.-J. (1998). Relating tensile, bending, and shear test data of asphalts binders to pavement performance. *Journal of Materials Engineering and Performance*, Vol. 7(6) :805–811.

Chkir, R., Bodin, D., Pijaudier-Cabot, G., Gauthier, G., and Gallet, T. (2009). An inverse analysis approach to determine fatigue performance of bituminous mixes. *Mechanics of Time Dependent Materials*, 13 :357–373. doi :10.1007/11043-009-9096-7.

Chupin, O., Chabot, A., Piau, J.-M., and Duhamel, D. (2010). Influence of sliding interfaces on the response of a visco-elastic multilayered medium under a moving load. *International Journal of Solids and Structures*, 47 :3435–3446. doi :10.1016/j.ijsolstr.2010.08.020.

Chupin, O., Piau, J., and Chabot, A. (2012). Evaluation of the structure-induced rolling resistance (srr) for pavements including viscoelastic material layers. *Materials and Structures*. doi :10.1617/s11527-012-9925-z.

Chupin, O., Rechenmacher, A. L., and Abedi, S. (2011). Finite strain analysis of nonuniform deformation inside shear bands in sands. *International Journal for Numerical and Analytical Methods in Geomechanics*, pages n/a–n/a, doi : 10.1002/nag.1071.

CIMbéton (décembre 2004). *Une solution durable contre l'orniérage : Le béton de ciment mince collé "BCMC"*. Collection Technique CIMbéton.

CIMbéton (février 2009). *Chaussées Composites en béton de Ciment-Tome 1 : Structures neuves en BAC collé sur GB. Guide de dimensionnement*. Collection Technique CIMbéton.

Cole, L., Mack, J., and Packard, R. (1998). Whitetopping and ultra-thin whitetopping-the us experience. 8th International Symposium on Concrete Road, pages 203–217.

Colombier, G. (1997). Cracking in pavements : nature and origin of cracks. *Prevention of Reflective Cracking in Pavements - RILEM Report 18, Edited by Vanelstraete A. et Franckien L.*, pages 1–15.

Comninou, M. (1977). The interface crack. *Journal of Applied Mechanics*, 44 :631–636.

Cook, T. and Erdogan, F. (1972). Stresses in bonded materials with a crack perpendicular to the interface. *International Journal of Engineering Science*, 10 :677–697.

Dawicke, D. and Sutton, M. (1994). Ctoa and crack-tunneling measurements in thin sheet 2024-t3 aluminum alloy. *Experimental Mechanics*, 34 :357–368. doi :10.1007/BF02325151.

De La Roche, C. and Odeon, H. (1993). Expérimentation usap/lcpc/shell-fatigue des enrobés-phase 1-rapport de synthèse. Technical report, Sujet 2.01.05.2, Document de Recherche LCPC.

de Morais, A. (2011). Novel cohesive beam model for the end-notched flexure (enf) specimen. *Engineering Fracture Mechanics*, 78(17) :3017 – 3029.

Dekkiche, A. R. (2012). Etude du comportement des enrobés bitumineux soumis à des cycles de gel-dégel. Master's thesis, IFSTTAR Nantes, Master Génie Civil de l'Ecole Centrale de Nantes.

Delcourt, C. and Jasenski, A. (1994). First application of a concrete inlay on a bitumen-paved motorway in belgium. 7th International Symposium on Concrete Roads, 2,3 :15–20.

Di Benedetto, H. and Corté, J. F. (2005). *Matériaux routiers bitumineux*, volume 2. Hermes.

Diakhaté, M., Millien, A., Petit, C., Phelipot-Mardelé, A., and Pouteau, B. (2011). Experimental investigation of tack coat fatigue performance : Towards an improved lifetime assessment of pavement structure interfaces. *Construction and Building Materials*, 25 :1123–1133.

Diakhaté, M., Phelipot, A., and Millien, A. Petit, C. (2006). Shear fatigue behaviour of tack coats in pavements. *Road Materials and Pavement Design International Journal*, 7 (2) :201–222.

Diaz Diaz, A. (2001). *Délaminage des matériaux multicouches : Phénomènes, modèles et critères*. PhD thesis, Ecole Nationale des Ponts et Chaussées.

Diaz Diaz, A., Caron, J.-F., and Ehrlacher, A. (2007). Analytical determination of the modes i, ii and iii energy release rates in a delaminated laminate and validation of a delamination criterion. *Composite Structures*, 78 :424–432.

Do, M.-T., Chanvillard, G., Lupien, C., and Aïtcin, P.-C. (1992). Etude en laboratoire de l'adhérence béton de resurfaçage - dalle de chaussée. *Canadian Journal of Civil Engineering*, 19 :1041–1048.

Donovan, E.P.and Al-Qadi, I. and Loulizi, A. (2000). Optimization of tack coat application rate for geocomposite membrane on bridge decks. *Transportation Research Record : Journal of the Transportation Research Board, 1740, TRB, National Research Council, Washington, D.C.*, pages 143–150.

Doumalin, P. (2000). *Microextensométrie locale par corrélation d'images numériques ; application aux études micromécaniques par microscopie électronique à balayage*. PhD thesis, École Polytechnique, Palaiseau, France.

Dundurs, J. (1969). Edge-bonded dissimilar orthogonal elastic wedges under normal and shear loading. *Journal of Applied Mechanics*, 36 :650–652.

Eberl, C., Thompson, R., and Gianola, D. (2006). Digital image correlation and tracking with matlab. *http ://www.mathworks.com/matlabcentral/fileexchange/12413*.

England, A. (1965). A crack between dissimilar media. *Journal of Applied Mechanics*, 32 :400–402.

Ewalds, H. and Wanhill, R. (1989). Fracture mechanics. *London : Edward Arnold*.

Fazzini, M. (2009). *Développement de méthodes d'intégration des mesures de champs*. PhD thesis, Université de Toulouse.

Ferrier, E., Bigaud, D., Clément, J., and Hamelin, P. (2011). Fatigue-loading effect on rc beams strengthened with externally bonded frp. *Construction and Building Materials*, 25(2) :539–546.

Florence, C., G., F., Tamagny, P., Sener, J., and Ehrlacher, A. (2004). Design of a new laboratory test simulating the reflective cracking in pavements with cement treated bases. *Cracking in pavement, 5th International RILEM Conference, Liège, France*.

Germaneau, A., Doumalin, P., and Dupré, J. (2007). Full 3d measurement of strain field by scattered light for analysis of structures. *Journal of Experimental Mechanics*, 47(4) :523–532.

Goacolou, H. and Marchand, J. (1982). Fissuration des couches de roulement. 5ème *Conférence internationale sur les chaussées bitumineuses, Delft, Pays-bas*.

Granju, J., Sabathier, V., Turatsinze, A., and Bissonnette, B. (2004). Shrinkage and fatigue of cement-based bonded overlays : about its modelling. *Workshop on Bonded Concrete Overlays, June 7-8, Stockholm*, pages 49–55.

Griffith, A. A. (1920). The phenomena of rupture and flow in solids. *Philosophical Transactions of the Royal Society of London. Series A*, 221 :163–168.

Grimaux, J.-P. and Hiernaux, R. (1977). Utilisation de l'orniéreur type lpc. *Bulletin de liaison des Laboratoires des Ponts et Chaussées*, Numéro Spécial V : Bitumes et Enrobés Bitumineux.

Grove, J., Harris, G., and Skinner, B. (1993). Bond contribution to whitetopping performance on low-volume roads. *Transportation Research Board*, pages 104–110.

Gubler, R., Partl, M., Canestrari, F., and Grilli, A. (2005). Influence of water and temperature on mechanical properties of selected asphalt pavements. *Materials and Structures*, 38 :523–532. doi : 10.1007/BF02479543.

Gucunski, N. (1998). Development of a design guide for ultra thin whitetopping (utw). Technical Report FHWA 2001 - 018, New Jersey Department of Transportation.

Guillo, C. (2004). Validations par éléments finis d'un modèle simplifié pour l'étude de décollement à l'interface d'un multicouche de chaussée. Master's thesis, LCPC Nantes, Master DESS Modélisation Numérique en Mécanique de l'Université de Nantes.

Hachiya, Y. and Sato, K. (1997). Effect of tack coat on bonding characteristics at interface between asphalt concrete layers. *Proceedings of 8th International Conference on Asphalt Pavements*, 1 :349–362.

Hadji-Ahmed, R., Foret, G., and Ehrlacher, A. (2001). Stress analysis in adhesive joints with a multiparticle model of multilayered materials (m4). *International Journal of Adhesion and Adhesives*, 21 :297–307.

Hammoum, F., Chabot, A., St. Laurent, D., Chollet, H., and Vulturescu, B. (2009). Accelerating and decelerating effects of tramway loads moving on bituminous pavement. *Materials and Structures*, 43 :1257–1269. doi :10.1617/s11527-009-9577-9.

He, M. Y. and Hutchinson, J. W. (1989). Crack deflection at an interface between dissimilar elastic materials. *International Journal of solides and structures*, 25 (9) :1053–1067.

Hicks, R., Santucci, L., and Aschenbrener, T. (2003). Introduction and seminar objectives. *Moisture Sensitivity of Asphalt Pavements - A National Seminar, February 4-6, San Diego, California*, pages 3–20.

Hild, F. (2002). Correli-lmt : a software for displacement field measurements by digital image correlation. internal report no. 254. *LMT-Cachan*.

Hofinger, I., Oechsner, M., Bahr, H.-A., and Swain, M. (1998). Modified four-point bending specimen for determining the interface fracture energy for thin, brittle layers. *International Journal of Fracture*, 92 :213–220. doi :10.1023/A :1007530932726.

Huet, C. (1999). Coupled size and boundary-condition effects in viscoelastic heterogeneous and composite bodies. *Mechanics of Materials*, 31 :787–829.

Huet, J. (1963). *Etude par une méthode d'impédance du comportement viscoélastique des matériaux hydraucarbonés*. PhD thesis, Faculté des sciences de l'université de Paris.

Hun, M., Chabot, A., and Hammoum, F. (2011). Analyses mécaniques d'une structure bi-couches délaminante par flexion 4 points. *20ème Congrès Français de Mécanique*, , 29 août -2 septembre 2011, Besançon, France, page 569 (S13).

Hun, M., Chabot, A., and Hammoum, F. (2012). A four-point bending test for the bonding evaluation of composite pavement. In Scarpas, A., Kringos, N., Al-Qadi, I., and A., L., editors, *7th RILEM International Conference on Cracking in Pavements*, volume 1 of *RILEM Bookseries*, pages 51–60. Springer Netherlands. doi :10.1007/978-94-007-4566-7_6.

Hutchinson, J. and Suo, Z. (1992). Mixed mode cracking in layered materials. *Advances in Applied Mechanics, New York : Academic Press*, 28.

Hutchinson, J. W., Mear, M. E., and Rice, J. R. (1987). Crack paralling an interface between dissimilar materials. *Journal of Applied Mechanics*, 109 :828–832.

Irwin, G. (1957). Analysis of stresses and strains near the end of a crack traversing a plate. *Journal of Applied Mechanics*, 24 :361–364.

Kim, D., Suliman, M., and Won, M. (2009). Literature review on concrete pavement overlays over existing asphalt structures. Technical Report FHWA/TX-08/0-5482-1, Center for Transportation Research.

Kim, H. and Buttlar, W. (2009). Multi-scale fracture modeling of asphalt composite structures. *Composites Science and Technology*, 69 :2716–2723.

Krueger, R. (2004). Virtual crack closure technique : history, approach, and applications. *Journal of Applied Mechanics*, Rev., 57(2) :109–143.

Lachaud, F. (1997). *Délaminage de matériaux composites à fibres de carbone et à matrices organiques : Etude numérique et expérimentale, suivi par émission acoustique*. PhD thesis, Toulouse : Génie mécanique, Université Paul Sabatier. N. 2820, 268 p.

Laveissiere, D. (2001). *Modélisation de la remontée de fissure en fatigue dans les structures routières par endommagement et macro-fissure.* PhD thesis, Université de Limoges.

LCPC-SETRA (1994). *Conception et dimensionnement des structures de chaussée. Guide technique.* Ministère de l'Equipement, des Transports et du Logement.

LCPC-SETRA (1998). *Catalogue des structures types de chaussées neuves.* Ministère de l'Equipement, des Transports et du Logement.

LCPC-SETRA (2000). *Chaussées en béton. Guide technique.* Ministère de l'Equipement, des Transports et du Logement.

Le Corvec, G. (2008). Simulation des effets du retrait de béton de ciment sur la flexion de matériaux de chaussée fissurée. Master's thesis, LCPC Nantes, Master Pro Modélisation Numérique en Mécanique des Structure de l'Université de Nantes.

Lee, K. M., Buyukozturk, O., and Leung, C. K. Y. (1993). Numerical evaluation of interface fracture parameters using adina. *Computers and Structures*, 47(4/5) :547Ű552.

Leguillon, D. (2002). Strength or toughness ? a criterion for crack onset at a notch. *European Journal of Mechanics - A/Solids*, 21(1) :61–72.

Leguillon, D. and Sanchez Palencia, E. (1985). Une méthode numérique pour l'étude des singularités de bord dans les composites. *C. R. Acad. Sc. Paris*, Serie II, n. 18 :1277–1280.

Lenoir, N., Bornert, M., Desrues, J., Bésuelle, P., and Viggiani, G. (2007). Volumetric digital image correlation applied to x-ray microtomography images form triaxial compression tests on argillaceaous rocks. *Strain*, 43(3) :193–205.

Leutner, R. (1996). Significance and valuation of layer adhesion on asphalt concrete layers. *Proceedings of Eurasphalt Eurobitume congress, 7-10 Mai, Strasbourg, France, ISBN 90-802884-1-1.*

Limam, O. (2003). *Dalles en béton armé renforcées à l'aide des matériaux composites : Approche de type de calcul à la rupture et étude expérimentale.* PhD thesis, Ecole Nationale des Ponts et Chaussées.

Mack, J. W., Wu, C. L., Tarr, S. M., and Refaï, T. (1997). Model development and interim design procedure guidelines for ultra-thin whitetopping pavements. *6th International Conference on Concrete Pavement Design and Rehabilitation*, 1 :231–254.

Maillard, S., De La Roche, C., Hammoum, F., Gaillet, L., D. E., and Such, C. (2003). Comportement à la rupture du bitume en film mince sous chargement répété-approches par des méthodes de control non destructif. *Journées des sciences de l'ingénieur du reseau des Laboratoires des Ponts et Chaussees, 9-11 décembre, Dourdan,France.*

Martin, R. and Davidson, B. (1999). Mode ii fracture toughness evaluation using a four point bend end notched fexure test. *Plastics, Rubber and Composites*, 28(8) :401–406.

Mauduit, C., Hammoum, F., Piau, J.-M., Mauduit, V., Ludwig, S., and Hamon, D. (2010). Quantifying expansion effects induced by freezeŮthaw cycles in partially water saturated bituminous mix : Laboratory experiments. *Road materials and pavement design*, 11/SI :443–457.

Mauduit, V., Mauduit, C., Vulcano-Greullet, N., and Coulon, N. (2007). Dégradations précoces des couches de roulement bitumineuses à la sortie des hivers. *Revue RGRA*, pages 99–104.

MCHW (2004). Ng 954 : Method for laboratory determination of interface properties using the modified leutner shear test. *UK.*

Mohammad, L., Raqib, M., and Huang, B. (2002). Influence of asphalt tack coat materials on interface shear strength. *Transportation Research Record : Journal of the Transportation Research Board, No. 1789, TRB, National Research Council, Washington, D.C.*, pages 56–65.

Murri, G. and Martin, R. (1993). Effect of initial delamination on mode i and mode ii interlaminar fracture toughness and fatigue fracture threshold. *Composite materials : Fatigue and Fracture. ASTM STP 1156, Stinchcomb WW, Ashbaugh NE, Editors, Philadelphia*, 4 :139–256.

Mézière, Y. (2000). *Tolérance au dommage : Etude de délaminage dans les matériaux composites à matrice organique.* PhD thesis, Toulouse : Génie mécanique, Université Paul Sabatier. N. 3608, 269p.

Nguyen, M. (2009). *Etude de la fissuration et de la fatigue des enrobés bitumineux.* PhD thesis, Institut National des Sciences Appliquées de Lyon.

O'Brien, T. (1998). Interlaminar fracture toughness : the long and winding road to standardization. *Composites part B : Engineering*, 29 :57–62.

O'Flaherty, C., editor (2002). *HIGHWAY : The Location, Design, Construction and Maintenance of Pavements*, chapter 8 : Subsurface moisture control for road pavements, pages 210–266. 4th edition.

Ouglova, A., Berthaud, Y., Foct, F., François, M., Ragueneau, F., and Petre-Lazar, I. (2008). The influence of corrosion on bond properties between concrete and reinforcement in concrete structures. *Materials and Structures*, 41 :969–980. doi : 10.1617/s11527-007-9298-x.

Ozdil, F., Carlsson, L., and Davies, P. (1999). Beam analysis of angle-ply laminate dcb specimens. *Composites Science and Technology*, 59(2) :305–315.

Pan, J., Leung, C., K, Y., and Luo, M. (2010). Effect of multiple secondary cracks on frp debonding from the substrate of reinforced concrete beams. *Construction and Building Materials*, 24 :2507–2516.

Pan, Y. (1995). *Bond strength of concrete patch repairs : an evaluation of tests methods and the influence of workmanship and environment.* PhD thesis, Loughborough University of Technology.

Pankow, M., Salvi, A., Waas, A., Yen, C., and Ghiorse, S. (2011). Resistance to delamination of 3d woven textile composites evaluated using end notch flexure (enf) tests : Experimental results. *Composites Part A : Applied Science and Manufacturing*, 42(10) :1463 – 1476.

Pariat, J. C. (1999). Béton de latex et fibres métalliques : Cimentarie de rochefort/nenon, suivi de chantier et carrotages. Technical report, Laboratoire Régional des Ponts et Chaussées d'Autun.

Partl, M. and Raab, C. (1999). Shear adhesion between top layers of fresh asphalt pavelents in switzerland. *Proceedings of the 7th Conference on Asphalt Pavements for Southern Africa, South Africa.*

Perez, F., Bissonnette, B., and Gagné, R. (2009). Parameters affecting the debonding risk of bonded overlays used on reinforced concrete slab subjected to flexural loading. *Materials and Structures*, 42 :645–662. doi : 10.1617/s11527-008-9410-x.

Peters, W. and Ranson, W. (1982). Digital imaging techniques in experimental stress analysis. *Optical Engineering*, 21(3) :427–431.

Petersson, O. and Silfwerbrand, J. (1993). Thin concrete overlays on old asphalt roads. 5th *International Conference on Concrete pavement design and rehabilitation, April 20-22, Purdue University, West Lafayette, Indiana*, 2 :241–246.

Petit, C., Diakhaté, M., Millien, A., Phelipot-Mardelé, A., and Pouteau, B. (2009). Pavement design for curved road sections : fatigue performance of interfaces and longitudinal top-down cracking in multi-layered pavements. *Road Materials and Pavement Design International Journal*, 10(3) :609–624.

Pommier, S., Gravouil, A., Moës, N., and Combescure, A. (2009). *La simulation numérique de la propagation des fissures.* Hermès-Lavoisier, 1ère édition. ISBN13 : 978-2-7462-2216-8.

Pop, O., Meite, M., Dubois, F., and Absi, J. (2011). Identification algorithm for fracture parameters by combining dic and fem approaches. *International Journal of Fracture*, 170 :101–114. doi : 10.1007/s10704-011-9605-y.

Poulikakos, L. and Partl, M. (2009). Evaluation of moisture susceptibility of porous asphalt concrete using water submersion fatigue tests. *Construction and Building Materials*, 23(12) :3475 – 3484.

Pouteau, B. (2004). *Durabilité mécanique du collage blanc sur noir dans les chaussées*. PhD thesis, LCPC, Ecole Centrale de Nantes, France.

Pouteau, B., Baly, J., Chabot, A., and Larrard, F. (2004). Fatigue test and mechanical study of adhesion between concrete and asphalt. 9th *International Symposium on Concrete Road, Istanbul, Turkey*.

Pouteau, B., Chabot, A., Balay, J. M., and de Larrard, F. (2006). Etude de la tenue du collage entre béton et enrobé sur chaussée expérimentale. *RGRA*, 847.

Pérez-Roméro, S. (2008). *Approche expérimentale et numérique de la fissuration réflective de chaussée*. PhD thesis, Université de Limoges.

Raju, I. S. (1987). Calculation of strain-energy release rates with higher order and singular finite elements. *Engineering Fracture Mechanics*, 28 :251–274.

Raju, I. S. and Crews, J. H. (1981). Interlaminar stress singularities at a straight free edge in composite laminates. *Computer and Structures*, 14, No. 1-2 :21–28.

Rasmussen, R. and Rozycki, D. (2004). Thin and ultra-thin whitetopping : A synthesis of highway practice. *NCHRP Synthesis 338, Transportation Research Board*.

Reeder, J. and Crews, J. (1990). Mixed-mode bending method for delamination testing. *AIAA Journal*, 28(7) :1270–1276.

Reissner, E. (1950). On a variation theorem in elasticity. *Journal of Mathematical Physics*, 29 :90–95.

Rice, J. R. and Sih, G. C. (1965). Plane problems of cracks in dissimilar media. *Transactions of the ASME*, pages 418–423.

RilemTC-MCD (2011). Mechanisms of cracking and debonding in asphalt and composite pavements. *http ://www.rilem.org/gene/main.php ?base=600024*.

Romanoschi, S. A. (1999). *Characterization of Pavement Layer Interfaces*. PhD thesis, Louisiana State University, Baton Rouge, LA.

Roux, S., Réthoré, J., and Hild, F. (2009). Digital image correlation and fracture : An advanced technique for estimating stress intensity factors of 2d and 3d cracks. *Journal of Physics D : Applied Physics*, 42 :214004 (21pp).

Réthoré, J., Gravouil, A., Morestin, F., and Combescure, A. (2005). Estimation of mixed-mode stress intensity factors using digital image correlation and an interaction integral. *International Journal of Fracture*, 132 :65–79.

Salasca, S. (1998). *Calcul par éléments finis des états de contraintes dans les chaussées rigides : évaluation des phénomènes de contact associés aux effets de retrait et de température, application à l'interprétation d'expérimentations sur site.* PhD thesis, Ecole Centrale de Nantes.

Santagata, E. and Canestari, F. (1994). Tensile and shear tests of interfaces in asphalt. mixtures : a new perspective on their failure criteria. *Proceeding of the 2nd International Symposium on Highway Surfacing, Newtownabbey, UK.*

Santagata, F., Ferrotti, G., Partl, M., and Canestrari, F. (2009). Statistical investigation of two different interlayer shear test methods. *Materials and Structures*, 42 :705–714.

Sayegh, G. (1965). *Contribution à l'étude des propriétés viscoélastiques des bitumes purs et des bétons bitumineux.* PhD thesis, Faculté des sciences de Paris.

Schuecker, C. and Davidson, B. D. (2000). Evaluation of the accuracy of the four-point bend end-notched flexure test for mode ii delamination toughness determination. *Composites Science and Technology*, 60(11) :2137 – 2146.

Scilab (2012). Logiciel de calcul numérique. *http ://www.scilab.org/.*

Shah, S. and Chandra Kishen, J. (2011). Fracture properties of concreteŰconcrete interfaces using digital image correlation. *Experimental Mechanics*, 51 :303–313. doi :10.1007/s11340-010-9358-y.

Shahin, M., Van Dam, T., Kirchner, K., and Blackmon, E. (1987). Consequence of layer seperation on pavement performance. Technical report, DOT/FAA/PM-86/48, Federal Aviation Administration, Washington, D.C.

Silfwerbrand, J. (1998). Whitetoppings. In *The 8th International Symposium on Concrete Roads, Theme IV*, pages 139–148.

Smelser, R. E. (1979). Evaluation of stress intensity factors for bimaterial bodies using numerical crack flank displacement data. *International Journal of Fracture*, 15 :135–143.

Smith, S. and Teng, J. (2002). Frp-strengthened rc beams. i : review of debonding strength models. *Engineering Structures*, 24 :385–395.

Sohm, J. (2011). *Prédiction des déformations permanentes des matériaux de chaussées*. PhD thesis, IFSTTAR, Ecole Centrale de Nantes, France.

Spilmann, N. (2007). Analyse des champs de contraintes de l'essai méfisto à l'aide du m4-5n. Master's thesis, LCPC Nantes, Master Pro Modélisation Numérique en Mécanique des Structure de l'Université de Nantes.

Sun, C. T. and Jih, C. J. (1987). On strain energy release rates for interfacial cracks in bi-material media. *Engineering Fracture Mechanics*, 28 (1) :13–20.

Sutton, M., McNeill, S., Helm, J., and Chao, Y. (2000). Advances in two-dimensional and three-dimensional computer vision. In Rastogi, P., editor, *Photomechanics, topics in applied physics*. Springer, Berlin.

Sutton, M., Mingqi, C., Peters, W., Chao, Y., and McNeill, S. (1986). Application of an optimized digital correlation method to planar deformation analysis. *Image and Vision Computing*, 4(3) :143 – 150.

Sutton, M., Wolters, W., Peters, W., Ranson, W., and McNeill, S. (1983). Determination of displacements using an improved digital correlation method. *Image and Vision Computing*, 1(3) :133 – 139.

Swiss-Standard (2000). Sn-671961 : Bituminöses mischgut, bestimmung des schichtenverbunds. *(nach Leutner)*.

Tamagny, P., Wendling, L., and Piau, J. (2004). A new explanation of pavement cracking from top to bottom : The visco-elasticity of asphalt materials. *Cracking in pavement, 5th International RILEM Conference, Liège, France*.

Tamuzs, V., Tarasovs, S., and Vilks, U. (2003). Delamination properties of translaminar-reinforced composites. *Composites Science and Technology*, 63(10) :1423–1431.

Tarr, S. M., Sheehan, M. J., and Okamoto, P. A. (2000). Guidelines for the thickness design of bonded whitetopping pavement in the state of colorado. Technical report, Final Report CDOT-DTD-R-98-10, Department of Transportation Research.

Tashman, L., Nam, K., and Papagiannakis, T. (2006). Evaluation of the influence of tack coat construction factors on the bond strength between pavement layers. *Washington Center for Asphalt Technology, Pullman, WA*.

Teng, J., Smith, S., Yao, J., and Chen, J. (2003). Intermediate crack-induced debonding in rc beams and slabs. *Construction and Building Materials*, 17(6âĂŞ7) :447–462. <ce :title>Fibre-reinforced polymer composites in construction</ce :title>.

Touchal, S. M., Morestin, F., and Brunet, M. (1997). Various experimental applications of digital image correlation method. In *International conference on computational methods and experimental measurements, Rhodes, Greece*, pages 45–58.

Tran, Q. D. (2004). *Modèle simplifié pour les chaussées fissurées multicouches*. PhD thesis, Ecole Nationale des Ponts et Chaussées.

Tran, Q. D., Chabot, A., Ehrlacher, A., and Tamagny, P. (2004). A simplified modelling for cracking in pavements. *Cracking in Pavement, Limoges, France*, pages 299–306.

Tschegg, E., Jamek, M., and Lugmayr, R. (2011). Fatigue crack growth in asphalt and asphalt-interfaces. *Engineering Fracture Mechanics*, 78(6) :1044–1054.

Tschegg, E., Macht, J., Jamek, M., and Steigenberger, J. (2007). Mechanical and fracture-mechanical properties of asphalt-concrete interfaces. *ACI Materials Journal*, pages 474–480.

Tschegg, E., Tschegg-Stanzl, S., and Litzka, J. (1996). Fracture behaviour and bond strength of bituminous layers. *Reflective Cracking in Pavements - RILEM, Edited by Franckien, L., Beuving, E. and Molenaar, A.A.A*, pages 133–142.

Turatsinze, A., Granju, J., Sabathier, V., and Farhat, H. (2005). Durability of bonded cement-based overlays : effect of metal fibre reinforcement. *Materials and Structures*, 38 :321–327. 10.1007/BF02479297.

Vacher, P., Dumoulin, S., Morestin, F., and Mguil-Touchal, S. (1999). Bidimensional strain measurement using digital images. *Journal of Mechanical Engineering Science, Part C*, 213(8) :811–817.

Vandenbossche, J., Barman, M., Mu, F., and Gatti, K. (2011). Development of design guide for thin and ultra-thin concrete overlays of existing asphalt pavements, task 1 report : Compilation and review of existing performance data and information. Technical report, University of Pittsburgh, Department of Civil and Environmental Engineering, Swanson School of Engineering.

Vic (2012). Correlated solutions inc. *http ://www.correlatedsolutions.com/*.

Viscoanalyse (2012). Interpréter, modéliser les mesures de module complexe. *http ://www.lcpc.fr/francais/produits/lcpc-produits-viscoanalyse/*.

Vismara, S., Molenaar, A., Crispino, M., and Poot, M. (2012). Characterizing the effects of geosynthetics in asphalt pavements. *7th RILEM International Conference on Cracking in pavement*, 2 :1199–1207.

Vulcano-Greullet, N., Kerzreho, J. P., Chabot, A., and Mauduit, V. (2010). Stripping phenomenon in thick pavement top layers. 11th Int. Conf. On Asphalt Pavements, August 1-6, Nagoya Aichi, Japan.

Wang, A. S. D. and Crossman, F. C. (1977). Some new results on edge effect in symmetric composite laminates. *Journal of Composite Materials*, 11 :92–106.

Wattrisse, B., Chrysochoos, A., Muracciole, J.-M., and Némoz-Gaillard, M. (2001). Analysis of strain localization during tensile tests by digital image correlation. *Journal of Experimental Mechanics*, 41(1) :29–39.

West, R., Zhang, J., and Moore, J. (2005). Evaluation of bond strength between pavement layers. Technical Report NCAT Report 05-08, National Center for Asphalt Technology, Auburn University, Auburn, Alabama.

White, D. J., Take, W. A., and Bolton, M. D. (2003). Soil deformation measurement using particle image velocimetry (piv) and photogrammetry. *Géotechnique*, 53(7) :619–631.

Williams, M. (1959). The stress around a fault or crack in dissimilar media. *Bulletin of th Seicmological Society of America*, 49 :199–204.

Woods, M. E. (2004). Laboratory evaluation of tensile and shear strengths of asphalt tack coats. Master's thesis, Mississippi State University, Starkville, MS.

Yan, J. H., Sutton, M. A., Deng, X., and Cheng, C. S. (2007). Mixed-mode fracture of ductile thin-sheet materials under combined in-plane and out-of-plane loading. *International Journal of Fracture*, 144 :297–321.

Yan, J.-H., Sutton, M. A., Deng, X., and Wei, Z. (2009). Mixed-mode crack growth in ductile thin-sheet materials under combined in-plane and out-of-plane loading. *International Journal of Fracture*, 160 :169–188.

Zhang, L. and Teng, J. (2010). Finite element prediction of interfacial stresses in structural members bonded with a thin plate. *Engineering Structures*, 32 :459–471.

ANNEXES

ANNEXE

DESCRIPTION DES MATÉRIAUX DE L'ÉTUDE

A.1 Béton bitumineux semi-grenu

Le béton bitumineux semi-grenu (BBSG) avec une granulométrie 0/10 et un bitume pur 35/50 est retenu pour cette étude (répertoriée pour nos essais sous le numéro de formule 10). Le tableau A.1 représente la recomposition de BBSG qui conforme à la norme NF EN 13108-1 et également à la norme NF P 98-130. Avec cette recomposition, on obtient sa masse volumique d'environ 2388 kg/m^3. Ce type d'enrobé est par ailleurs étudié dans l'opération 11R111 (CLEAR : Réduction de l'impact climatique sur les infrastructures de transport) de Ferhat Hammoum dans les essais au gel menés par Caroline Mauduit.

Tableau A.1 – *Composition du BBSG - N° F10*

Constituants	% (pourcentage massique)
Noubleau 0/2 mm	24%
Noubleau 2/4 mm	15,5%
Noubleau 4/6 mm	10%
Noubleau 6/10 mm	47%
Fines calcaires	3,5%
Bitume Donges 35/50	5%

A.1.1 Résultats du module complexe de l'enrobé

Le module complexe (E^*) est l'expression de la rigidité d'un matériau viscoélastique sous chargement cyclique, tel qu'un enrobé. La déformation d'un matériau viscoélastique dépend du temps de chargement et est différée dans le temps, contrairement à un matériau élastique dont la déformation est instantanée. De plus, l'enrobé est un matériau thermosusceptible, ce qui signifie que le E^* varie également en fonction de la température. Le E^* est un nombre complexe composé d'une partie réelle (E_1) et d'une partie imaginaire (E_2), tel que présenté à l'équation A.1. Sous sollicitation cyclique, le E* est le rapport entre la contrainte cyclique et la déformation cyclique, tel que présenté à l'équation A.1. La déformation accuse un retard sur la contrainte, ce qui introduit un déphasage dans l'équation qui s'exprime alors sous forme de nombre complexe. Le $|E^*|$ de l'enrobé est nommé "module dynamique" en mécanique de chaussée, il est déterminé selon l'équation A.2. Le φ est nommé " angle de phase ", il est déterminé selon l'équation A.3.

$$E^* = E_1 + iE_2 = |E^*|\cos\varphi + i|E^*|\sin\varphi = \frac{\sigma\sin(\omega t)}{\varepsilon\cos(\omega t - \varphi)} \tag{A.1}$$

$$|E^*| = \frac{\sigma}{\varepsilon} \tag{A.2}$$

$$\varphi = \arctan\left(\frac{E_1}{E_2}\right) = \omega t_{lag} \tag{A.3}$$

où

ω angle de phase (rad),
σ contrainte (MPa),
ε déformation (m/m),
t temps de chargement (s),
t_{lag} temps de déphasage entre σ et ε (s).

Le Tableau A.2 représente les mesures des différentes fréquences et températures à partir de l'essai du module complexe du BBSG 0/10. La Figure A.1 représente le module dans le plan complexe. La Figure A.2 représente les isothermes du module complexe. Les isothermes dans l'espace de Black sont illustrées sur la Figure A.3. La Figure A.4 montre les isochrones du module complexe.

A.1. BÉTON BITUMINEUX SEMI-GRENU

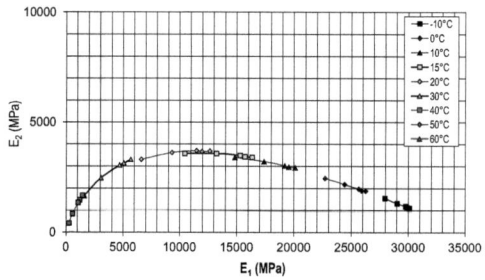

FIGURE A.1 – *Essais du module complexe sur BBSG 0/10 : Module dans le plan complexe*

Tableau A.2 – *Essai du module complexe sur BBSG : Mesures à différentes fréquences et températures*

Température (°C)	Fréquence (Hz)	E_1 (MPa)	E_2 (MPa)	$|E^*|$ (MPa)	φ (°)
-10	40	30106	1104	30126	2.1
-10	30	29906	1129	29927	2.2
-10	25	29776	1186	29800	2.3
-10	10	29026	1324	29057	2.6
-10	3	27951	1557	27995	3.2
-10	1	26784	1758	26841	3.8
0	40	26253	1882	26320	4.1
0	30	25900	1904	25970	4.2
0	25	25647	1970	25723	4.4
0	10	24418	2177	24515	5.1
0	3	22693	2454	22825	6.2
0	1	20922	2652	21089	7.3
10	40	20115	2934	20328	8.3
10	30	19565	2969	19789	8.6
10	25	19195	3026	19432	9.0
10	10	17387	3217	17682	10.5
10	3	14843	3403	15228	12.9
10	1	12425	3435	12891	15.5
15	40	16346	3402	16696	11.8
15	30	15720	3427	16089	12.3
15	25	15297	3490	15690	12.9
15	10	13214	3578	13690	15.2
15	3	10448	3575	11042	18.9
15	1	7983	3353	8659	22.8
20	40	12652	3688	13178	16.3
20	30	11956	3669	12507	17.1
20	25	11497	3703	12079	17.9
20	10	9311	3620	9990	21.3
20	3	6615	3308	7396	26.6
20	1	4475	2772	5264	31.8
30	40	5681	3305	6572	30.2
30	30	5076	3134	5966	31.7
30	25	4683	3049	5588	33.1
30	10	3080	2469	3947	38.8
30	3	1604	1654	2303	45.9
30	1	827	1001	1298	50.5
40	40	1458	1670	2217	48.9
40	30	1209	1461	1896	50.4
40	25	1060	1341	1709	51.7
40	10	564	833	1006	55.9
40	3	259	408	483	57.6
40	1	144	200	246	54.3

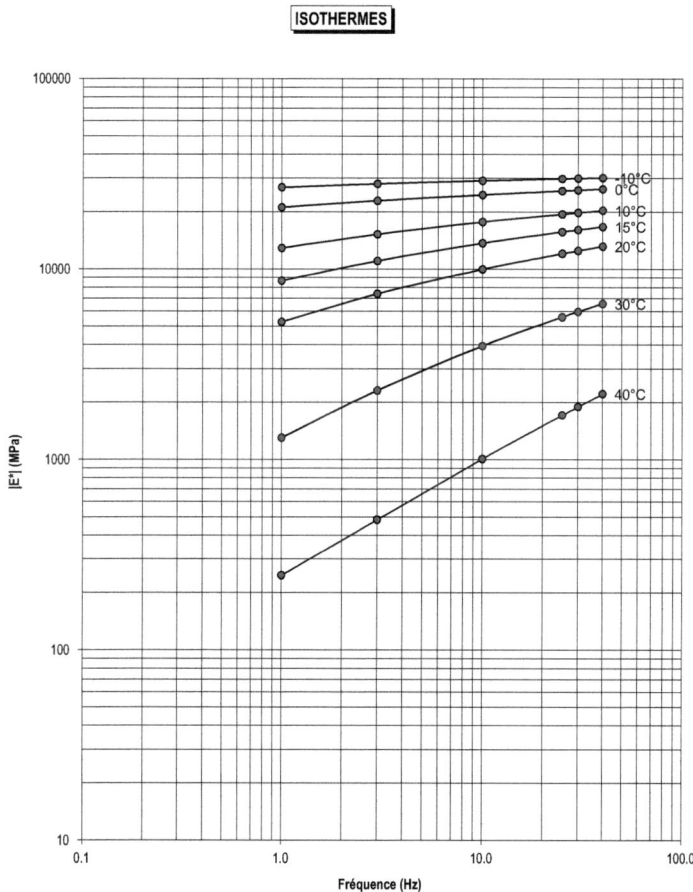

FIGURE A.2 – *Essais du module complexe sur BBSG 0/10 : Isothermes*

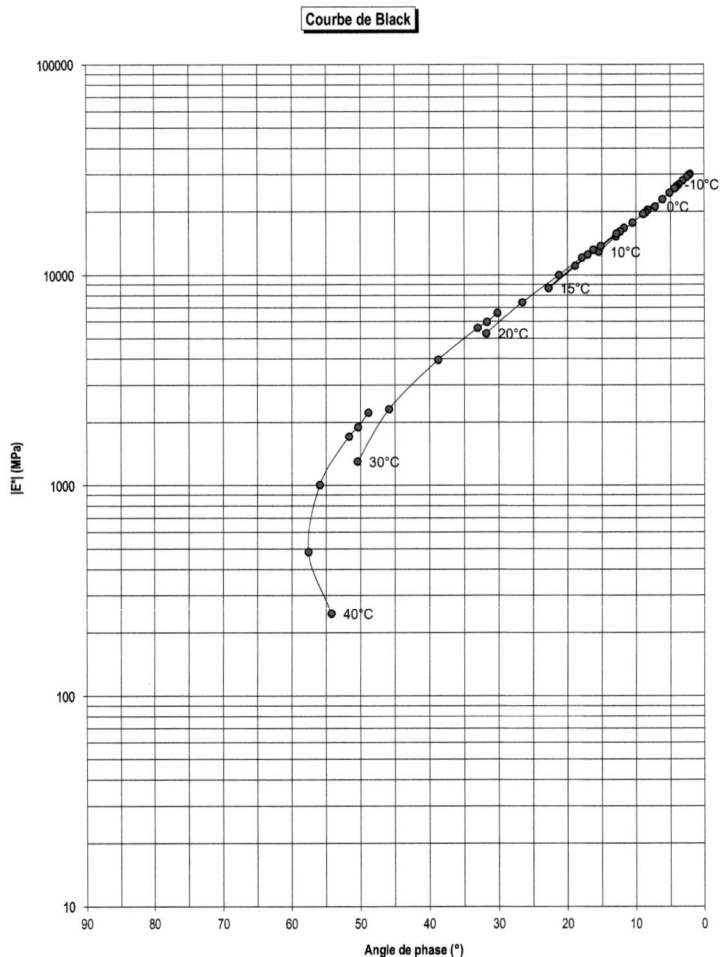

FIGURE A.3 – *Essais du module complexe sur BBSG 0/10 : Isothermes dans l'espace Black*

A.1. BÉTON BITUMINEUX SEMI-GRENU

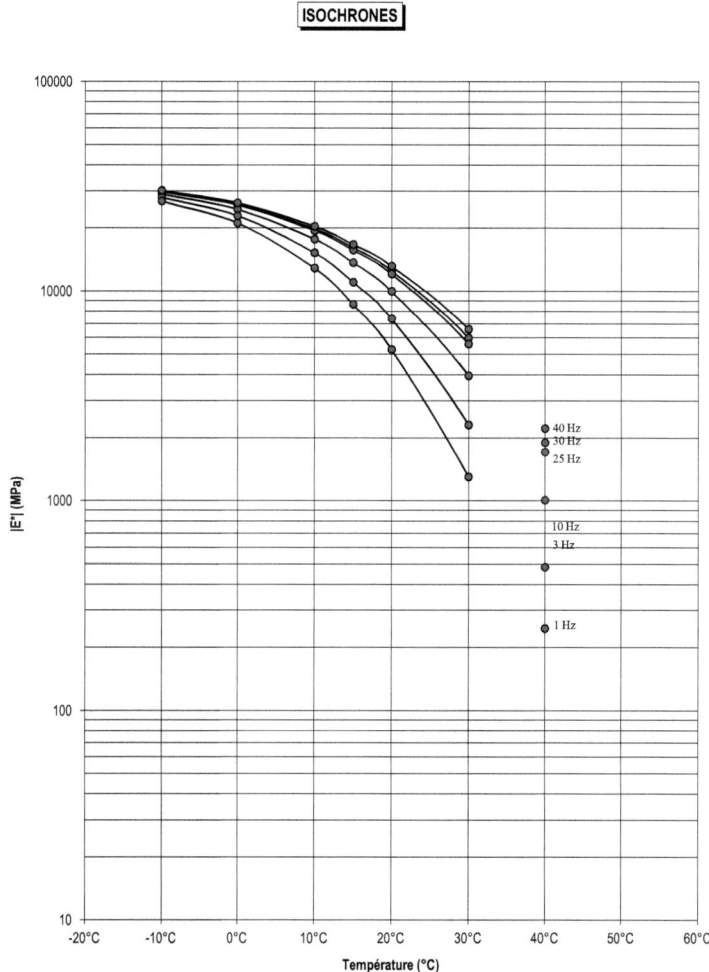

FIGURE A.4 – *Essais du module complexe sur BBSG 0/10 : Isochrones du module complexe*

A.1.2 Modélisation pour obtenir des coefficients du modèle Huet-Sayegh

Le module complexe E^* d'un enrobé peut être modélisé en utilisant le modèle analogique de Huet-Sayegh présenté à l'équation (A.4) [Huet, 1963], [Sayegh, 1965], [Huet, 1999]. Les coefficients de régression du modèle sont associés à des comportements mécaniques simples tels que des ressorts (E_0, E_∞) et des amortisseurs paraboliques (k, h), comme l'illustre la Figure A.5.

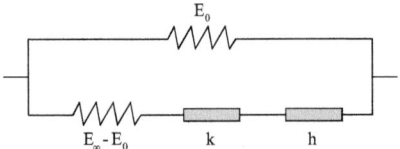

FIGURE A.5 – *Représentation du modèle analogique de Huet-Sayegh*

Le modèle est fonction de la pulsation ω (fréquence) et du temps caractéristique (τ) qui s'apparente à un temps de retard dont la valeur varie avec la température u. Cette évolution est de la forme présentée à l'équation (A.4).

$$E^* = E_0 + \frac{E_\infty - E_0}{1 + \delta (i\omega\tau)^{-k} + (i\omega\tau)^{-h}} \quad (A.4)$$

$$\tau(\theta) = e^{A_0 + A_1\theta + A_2\theta^2} \quad (A.5)$$

où

τ temps de relaxation (s),

ω pulsation ($2\pi f$) (rad/s)

E_0, E_∞ respectivement module statique (en basse fréquence) et module instantané (en haute fréquence),

δ, k, h les paramètres des éléments paraboliques du modèle. Un élément parabolique est un modèle analogique possédant une fonction de fluage de type parabolique. Ils vérifient pour les bitumes et enrobés, l'inégalité suivante : 0 < k < h < 1,

A_0, A_1, A_2 des constantes (coefficients de régression).

A l'aide de logiciel Viscoanalyse, les coefficients du modèle de Huet-Sayegh sont déterminés (cf. Tableau 4.1). Les résultats de E^* peuvent être représentés dans le plan complexe de Cole et Cole ou dans l'espace de Black. La Figure A.6 montre les résultats de E^* d'un enrobé déterminés à différentes fréquences et températures dans le plan complexe de Cole et Cole, où E_2 est représenté en fonction de E_1. La Figure A.7 montre les mêmes résultats de E^* dans l'espace de Black, où w est fonction du logarithme de $|E^*|$.

Le $|E^*|$ et le φ de l'enrobé sont illustrés sous forme polaire pour une température et une fréquence donnée dans le plan de Cole et Cole. L'espace de Black permet de visualiser le $|E^*|$ et le φ maximum de l'enrobé.

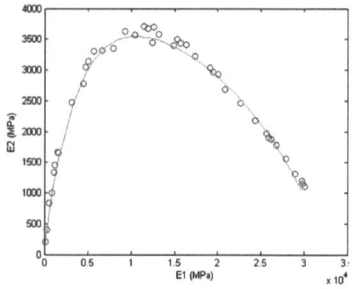

FIGURE A.6 – *Module complexe du BBSG dans l'espace de Cole et Cole*

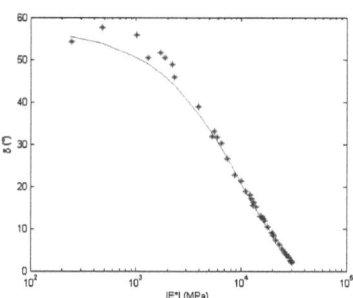

FIGURE A.7 – *Module complexe du BBSG dans l'espace de Black*

A.2   Béton de ciment

Le béton de ciment de type BC6 avec un squelette granulaire de 0/11mm a été choisi dans ce cadre de travail. La composition du béton BC6 est donnée dans le Tableau A.3. Les résultats des essais de caractérisation du béton sont présentés dans le Tableau A.4. Ce type du béton est désigné pour la technique du béton de ciment mince collé (BCMC) [CIMbéton, 2004] et conformé à la norme NF P 98-170 : "Chaussées en béton de ciment exécution et contrôle".

Tableau A.3 – *Composition théorique du béton de ciment*

Constituants	kg/m^3
Ciment CEM I 52,5 R Saint Pierre La Cour	280 kg
Filler Betocarb P2	93 kg
Sable Pilier 0/4	880 kg
Brefauchet 5/11	890 kg
Eau d'ajout	190 kg

Tableau A.4 – *Contrôle des propriétés du béton de ciment*

Propriété	visée	atteinte
Affaissement (cm)	3-8	7,80
Air occlus (%)	2-5	2,33
Masse volumique (kg/m^3)	-	2442
Module d'Young (MPa)	-	35000
Résistance en traction moyenne (MPa)	3,30	3,46
Résistance en compression moyenne (MPa)	-	35,69

ANNEXE B

DESCRIPTION DE LA FABRICATION DE L'ÉPROUVETTE BICOUCHE

Dans cette thèse, on a fabriqué deux types d'éprouvette bicouche : pour l'éprouvette type I, la couche de béton de ciment est coulé directement sur la couche de l'enrobé sans couche d'accrochage ; pour l'éprouvette type II on coule la couche de l'enrobé sur la couche de béton de ciment avec couche d'accrochage.

B.1 Réalisation de l'éprouvette type I : BC/EB

B.1.1 Fabrication de la couche du BBSG

Les éprouvettes sont des poutres en bicouche BC/BBSG. La couche du BBSG est fabriquée à partir de la composition présenté dans l'annexe A. La mise en œuvre est faite conformément à la norme NF P 98-130. Les granulats et liants, préparés dans les proportions du mélange sont mis à la température de fabrication de 160°C dans une étuve pendant une nuit. Le lendemain, après malaxage des constituants, on réalise une plaque de BBSG de 400 mm × 600 mm avec une épaisseur de 80 mm au banc de compactage MLPC. Pour la première fabrication, on a utilisé le banc de compactage MLPC à l'IFSTTAR Nantes (Figure B.1). On a rencontré le problème de la planéité de surface dû aux pneus de compactage. Donc, on a refabriqué, pour la prochaine campagne de fabrication, les plaques en utilisant la reproductibilité de texture (Figure B.2). Elle reproduit, en 4 passes avec une fréquence de 160Hz, la surface de l'enrobé pour rendre le maximum possible une surface plate avant de passe les pneus de compactage. Le temps de fabrication d'une plaque est d'une demi journée. Après 72h, le délai minimum de maturation de la plaque, on mesure son pourcentage de vide et sa masse volumique apparente par le banc gamma vertical (Figure B.3). On obtient une pourcentage de vide environ de 9,60% et une masse volumique apparente moyenne de 2388 kg/m^3.

FIGURE B.1 – *Banc de compactage MLPC à l'IFSTTAR Nantes*

FIGURE B.2 – *Banc de compactage MLPC au LRPC Angers*

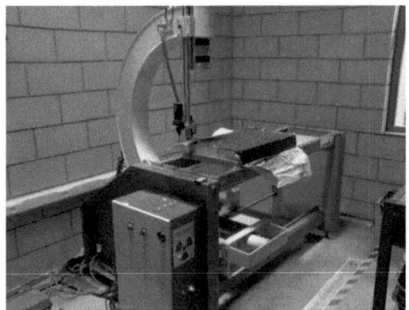

FIGURE B.3 – *Banc gamma vertical*

B.1.2   Fabrication de la couche de béton de ciment

La surface de l'enrobé est nettoyée par le soufflet pour avoir une surface propre qui conditionne la bonne tenue du collage. Afin d'obtenir une surface lisse au point du support de l'essai (sur la couche de béton de ciment) et de faciliter la mise en œuvre de la consolette des éprouvettes, on resurface la couche de l'enrobé avec la moitié du ciment (Figure B.4) et ensuite on dispose une bande de polyane adhésive sur la surface de l'enrobé pour éviter la percolation du béton sur l'enrobé (Figure B.5).

Après préparation de l'interface, on réalise un coffrage autour des plaques d'enrobé (Figure B.6). La mise en œuvre de la couche de béton de ciment, avec la composition donnée dans l'annexe A, est faite conformément à la norme NF P 98 170. Le mélange du béton est coulé et vibré à l'aiguille sur les plaques d'enrobé. Après 24h, on peut décoffrer

B.2. RÉALISATION DE L'ÉPROUVETTE TYPE II : EB/BC

FIGURE B.4 – *Resurfaçage de la surface du BBSG avec la moitié du ciment*

FIGURE B.5 – *Disposition d'une bande de polyane adhésive sur la surface du BBSG*

les plaques bicouche (Figure B.7). Après décoffrage, les plaques sont conservées dans une chambre à température 20±2 °C avec un taux d'humidité de 50±10% pour un délai minimum de 28 jours avant de scier les plaques pour obtenir une bonne géométrie de l'éprouvette.

FIGURE B.6 – *Coffrage de la plaque d'enrobé*

FIGURE B.7 – *Plaque bicouche après décoffrage*

B.2 Réalisation de l'éprouvette type II : EB/BC

La réalisation de l'éprouvette type II, enrobé coulé sur béton de ciment, est l'inverse de la réalisation de l'éprouvette type I. On réalise d'abord la plaque du béton de ciment. Puis, on prépare l'interface avant de couler la couche de l'enrobé. On utilise le décapage au jet d'eau à haute pression (Figure B.8) pour enlever la laitance afin d'assurer la bonne collage entre l'enrobé et le béton de ciment.

Ensuite, la bande de polyane adhésive est mise en place afin de limiter une zone souhaitée avant la mise en place de la couche (Figure B.9). Comme le mélange de l'enrobé est chaud, on rajoute le papier sur la bande adhésive. La couche d'accrochage est une émulsion avec le teneur en eau de 31% (soit 61% de bitume) selon la norme *prXP T 66-080*. Elle est conservée dans une étuve à 45°C. Pour la réalisation de la couche d'ac-

FIGURE B.8 – *Préparation de l'interface*

crochage, on a utilisé un dosage de 0,40kg/m² de liant résiduel (soit 0,58kg d'émulsion par m²). L'émulsion est uniformément répandue sur la surface d'enrobé par un rouleau. On laisse pendant 24h avant de couler la couche de l'enrobé en-dessus. Le lendemain on coule le mélange d'enrobé sur la plaque d'enrobé avec couche d'accrochage.

FIGURE B.9 – *Étape de fabrication de l'éprouvette type II*

B.3 Sciage des plaques pour obtenir la bonne géométrie de l'éprouvette

Pour obtenir la bonne géométrie de l'éprouvette, on utilise une machine à scier avec une précision de +/-1 mm pour scier la plaque de dimension 600 mm × 400 mm. Les étapes de sciage sont représentées dans la Figure (B.10). Tout d'abord, on scie dans le sens transversal la couche de l'enrobé au niveau de la bande adhésive qu'on a mis de chaque côté de la plaque. On arrête au niveau de la couche de béton. Les morceaux de l'enrobé peuvent s'enlever facilement grâce à la bande adhésive. Puis, en restant dans le sens traversal, on scie la couche de béton de ciment afin d'obtenir la longueur totale de l'éprouvette. Ensuite, on scie dans le sens longitudinal de la plaque par bande de 100 mm ou 120 mm (largeur de l'éprouvette) en laissant 10-30 mm de l'extrémité de plaque car l'enrobé n'est pas bien compacté dans cette zone . Enfin, pour chaque poutre composite, on réduit l'épaisseur de chaque couche de manière à obtenir des poutres composites d'épaisseur de chaque couche 60mm.

B.4 Réalisation de l'éprouvette Alu/PVC

La Figure B.11 présente les différentes étapes de la réalisation de l'éprouvette Alu/PVC. On prépare d'abord la surface de chaque couche en ponçant avec le papier à poncer afin d'obtenir une bonne collage entre couches. La surface est nettoyée avec l'acetone. Ensuite, on étale le mélange de la colle à jauge (type X60 de HBM) sur la couche d'Aluminium. Enfin, la couche de PVC est posée sur la couche d'Aluminium et on laisse pendant 1h en mettant un poids sur la couche de PVC afin d'assurer la bonne prise de collage.

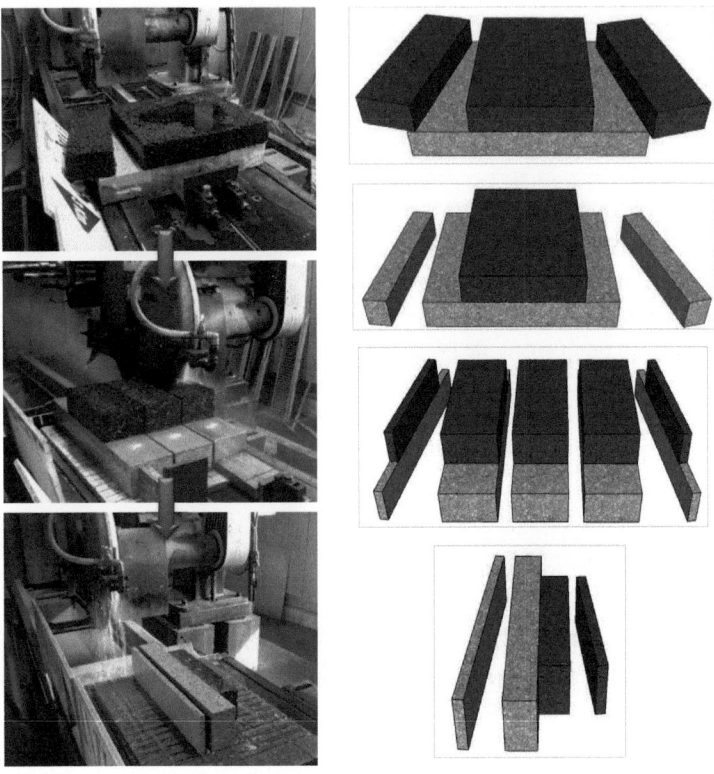

FIGURE B.10 – *Étapes de sciage de la plaque pour obtenir la géométrie de l'éprouvette*

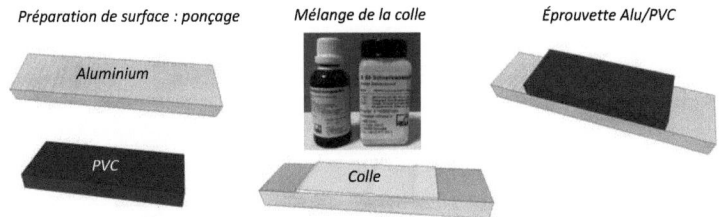

FIGURE B.11 – *Étapes de réalisation de l'éprouvette Alu/PVC*

APPLICATION DU M4-5N EN DÉFORMATION PLANE

C.1 Définition des champs inconnues appliqué au problème 2D

C.1.1 Hypothèse d'étude en déformation plane

L'hypothèse de déformations planes permet de réduire le nombre d'inconnues du problème de $15n - 3$ à $10n - 2$. Par conséquent le nombre d'équations d'équilibre et d'équations de comportement est également réduit.

L'hypothèse des déformations se fait dans le plan $(\vec{x}, \vec{z})$. C'est-à-dire que tous les champs du modèle M4-5n ne dépendent que de x. Ceci implique que toutes les dérivées des champs par rapport à y sont nulles. Alors, toutes les déformations de couche et d'interface suivant la direction y sont nulles.

$$\varepsilon_{12}^i(x,y,z) = 0 \tag{C.1}$$
$$\varepsilon_{22}^i(x,y,z) = 0 \tag{C.2}$$
$$\varepsilon_{32}^i(x,y,z) = 0 \tag{C.3}$$

D'ailleurs, le déplacement moyen de couche U_2^i (2.16) et la rotation moyenne de couche Φ_2^i (2.17) sont également nuls. Donc, la déformation de cisaillement d_2^i (2.25) et la courbure de la couche (2.24) sont nulles.

La loi de comportement élastique isotrope écrite avec les paramètres de *Lamé* (C.4) permet d'affirmer que les contraintes de cisaillement σ_{12}^i et σ_{32}^i sont également nulles.

$$\sigma_{jk}^i = \chi\, tr(\bar{\bar{\varepsilon}}) \delta_k^j + 2\mu \varepsilon_{jk} \tag{C.4}$$

Alors, l'effort membranaire N_{12}^i (2.3), le moment membranaire (2.5), l'effort tranchant (2.4) et la contrainte de cisaillement d'interface $\tau_2^{i,i+1}$ (2.6) sont nuls.

C.1.2 Les déplacements moyens

D'après l'hypothèse de déformation plane, il reste seulement $3n$ inconnues cinématiques pour le problème 2D : $U_1^i(x)$, $U_3^i(x)$, $\Phi_1^i(x)$. Dans le cas bicouche ($n = 2$), on a donc 6 inconnues cinématiques à résoudre.

C.1.3 Les déformations généralisées

Dans l'hypothèse des déformations planes, les déformations généralisées sont définies par les équations de compatibilité comme les suivantes :

$$(2.23) \Rightarrow \bar{\bar{\varepsilon}}^i(x) = \begin{pmatrix} U_1^{i'}(x) & 0 \\ 0 & 0 \end{pmatrix} \tag{C.5}$$

$$(2.24) \Rightarrow \bar{\bar{\chi}}^i(x) = \begin{pmatrix} \Phi_1^{i'}(x) & 0 \\ 0 & 0 \end{pmatrix} \tag{C.6}$$

$$(2.25) \Rightarrow d_1^i(x) = \Phi_1^i(x) + U_3^{i'}(x) \tag{C.7}$$

$$\text{et } d_2^i(x) = 0 \tag{C.8}$$

$$(2.26) \Rightarrow D_1^{i,i+1}(x) = \left(U_1^{i+1}(x) - U_1^i(x) - \frac{e^i}{2}\Phi_1^i(x) - \frac{e^{i+1}}{2}\Phi_1^{i+1}(x)\right) \tag{C.9}$$

$$\text{et } D_2^{i,i+1}(x) = 0 \tag{C.10}$$

$$(2.27) \Rightarrow D_3^{i,i+1}(x) = \left(U_3^{i+1}(x) - U_3^i(x)\right) \tag{C.11}$$

C.1.4 Les efforts généralisés

D'après l'hypothèse de déformation plane, il reste les $7n - 2$ inconnues statiques telles que : $N_{11}^i(x)$, $N_{22}^i(x)$, $M_{11}^i(x)$, $M_{22}^i(x)$, $Q_1^i(x)$, $\tau_1^{i,i+1}(x)$, $v^{i,i+1}(x)$.

C.1.5 Les équations d'équilibre

On a 3n équations d'équilibre :

$$(2.28) \Rightarrow N_{11}^{i\,'}(x,y) + \left(\tau_1^{i,i+1}(x,y) - \tau_1^{i-1,i}(x,y)\right) + F_1^i(x,y) = 0 \tag{C.12}$$

$$(2.29) \Rightarrow Q_1^{i\,'}(x,y) + \left(v^{i,i+1}(x,y) - v^{i-1,i}(x,y)\right) + F_3^i(x,y) = 0 \tag{C.13}$$

$$(2.30) \Rightarrow M_{11}^{i\,'}(x,y) + \frac{e^i}{2}\left(\tau_1^{i,i+1}(x,y) + \tau_1^{i-1,i}(x,y)\right) + M_1^i(x,y) = Q_1^i(x,y) \tag{C.14}$$

C.1.6 Les équations de comportement des couches et de l'interface

Les équations de comportement de couche s'écrivent :

(2.39) devient :

$$U_1^{i'}(x) = \frac{1}{E^i e^i} N_{11}^i(x) - \frac{v^i}{E^i e^i} N_{22}^i(x) \tag{C.15}$$

$$0 = -\frac{v^i}{E^i e^i} N_{11}^i(x) + \frac{1}{E^i e^i} N_{22}^i(x) \tag{C.16}$$

(2.40) devient :

$$\Phi_1^{i'}(x) = \frac{12}{E^i e^{i3}} M_{11}^i(x) - \frac{12 v^i}{E^i e^{i3}} M_{22}^i(x) \tag{C.17}$$

$$0 = -\frac{12 v^i}{E^i e^{i3}} M_{11}^i(x) + \frac{12}{E^i e^{i3}} M_{22}^i(x) \tag{C.18}$$

(2.41) devient :

$$\Phi_1^i(x) + U_3^{i'}(x) = \frac{12(1+v^i)}{5 e^i E^i} Q_1^i(x) - \frac{1+v^i}{5 E^i} \left(\tau_1^{i-1,i}(x) + \tau_1^{i,i+1}(x) \right) \tag{C.19}$$

Les équations de comportement d'interface s'écrivent :

(2.42) devient :

$$\begin{aligned}U_1^{i+1}(x) - U_1^i(x) - \frac{e^i}{2}\Phi_1^i(x) - \frac{e^{i+1}}{2}\Phi_1^{i+1}(x) &= -\frac{1+v^i}{5E^i}Q_1^i(x) \\ &- \frac{1+v^{i+1}}{5E^{i+1}}Q_1^{i+1}(x) - \frac{e^i(1+v^i)}{15E^i}\tau_1^{i-1,i}(x) - \frac{e^{i+1}(1+v^{i+1})}{15E^{i+1}}\tau_1^{i+1,i+2}(x) \\ &+ \frac{2}{15}\left[\frac{2e^i(1+v^i)}{E^i} + \frac{2e^{i+1}(1+v^{i+1})}{E^{i+1}}\right]\tau_1^{i,i+1}(x)\end{aligned} \tag{C.20}$$

(2.43) devient :

$$U_3^{i+1}(x) - U_3^i(x) = -\frac{9e^i}{70E^i}v^{i-1,i}(x) + \frac{13}{35}\left(\frac{e^i}{E^i} + \frac{e^{i+1}}{E^{i+1}}\right)v^{i,i+1}(x) - \frac{9e^{i+1}}{70E^{i+1}}v^{i+1,i+2}(x) \tag{C.21}$$

Ici, on a $7n - 2$ équations de comportement.

C.1.7 Les équations algébriques

De l'équation (C.16) et (C.18), on obtient 2 équations algébriques suivantes :

$$N_{22}^i(x) = v^i N_{11}^i(x) \tag{C.22}$$

$$M_{22}^i(x) = v^i M_{11}^i(x) \tag{C.23}$$

C.1.8 Les équations différentielles

En remplaçant l'équation (C.22) dans l'équation (C.15) et (C.23) dans (C.17), on obtient respectivement les équations différentielles suivantes :

$$N_{11}^i(x) = \frac{e^i E^i}{1-v^{i^2}} U_1^{i'}(x) \tag{C.24}$$

$$M_{11}^i(x) = \frac{e^{i3} E^i}{12\left(1-v^{i^2}\right)} \Phi_1^{i'}(x) \tag{C.25}$$

En remplaçant $N_{11}^{i}{}'(x)$ dans l'équation (C.12) par la dérivé première de l'équation (C.24), on obtient donc :

$$\tau_1^{i,i+1}(x) = \tau_1^{i-1,i}(x) - \frac{e^i E^i}{1-v^{i^2}} U_1^{i''}(x) - F_1^{i'}(x) \tag{C.26}$$

Par itération, on peut écrire $n-1$ équations de substitution pour $\tau_1^{i,i+1}(x)$ sous forme générale (C.27) et une équation (C.28) à partir des conditions aux limites en haut et en bas.

$$\boxed{\tau_1^{i,i+1}(x) = \tau_1^{0,1}(x) - \sum_{k=1}^{i} \left(\frac{e^k E^k}{1-v^{k^2}} U_1^{k''}(x) + F_1^{k'}(x) \right)} \tag{C.27}$$

$$\tau_1^{n,n+1}(x) = \tau_1^{0,1}(x) - \sum_{i=1}^{n} \left(\frac{e^i E^i}{1-v^{i^2}} U_1^{i''}(x) + F_1^{i'}(x) \right) \tag{C.28}$$

À partir de l'équation (C.13), on peut également écrire $n-1$ équations de substitution (C.29) et une équation à partir des conditions aux limites en haut et en bas (C.30).

$$\boxed{v^{i,i+1}(x) = v^{0,1}(x) - \sum_{k=1}^{i} \left(Q_1^{k'}(x) + F_3^k(x) \right)} \tag{C.29}$$

$$v^{n,n+1}(x) = v^{0,1}(x) - \sum_{i=1}^{n} \left(Q_1^{i'}(x) + F_3^i(x) \right) \tag{C.30}$$

Également, avec l'équation d'équilibre (C.14) et la dérivé première de l'équation (C.25) on obtient alors :

$$\begin{aligned}&\frac{e^i}{2}\left[2\tau_1^{0,1}(x) - 2\sum_{k=1}^{i-1} \left(\frac{e^k E^k}{1-v^{k^2}} U_1^{k''}(x) + F_1^{k'}(x) \right) - \left(\frac{e^i E^i}{1-v^{i^2}} U_1^{i''}(x) + F_1^{i'}(x) \right) \right] \\ &\frac{e^{i3} E^i}{12\left(1-v^{i^2}\right)} \Phi_1^{i''}(x) + M_1^i(x) = Q_1^i(x) \end{aligned} \tag{C.31}$$

C.1. DÉFINITION DES CHAMPS INCONNUES APPLIQUÉ AU PROBLÈME 2D

En combinant l'équation (C.27) avec (C.20), on obtient alors :

$$U_1^{i+1}(x) - U_1^i(x) - \frac{e^i}{2}\Phi_1^i(x) - \frac{e^{i+1}}{2}\Phi_1^{i+1}(x) = -\frac{1+v^i}{5E^i}Q_1^i(x) - \frac{1+v^{i+1}}{5E^{i+1}}Q_1^{i+1}(x)$$
$$-\frac{e^i(1+v^i)}{15E^i}\left[\tau_1^{0,1}(x) - \sum_{k=1}^{i-1}\left(\frac{e^k E^k}{1-v^{k^2}}U_1^{k''}(x) + F_1^{k'}(x)\right)\right]$$
$$-\frac{e^{i+1}(1+v^{i+1})}{15E^{i+1}}\left[\tau_1^{0,1}(x) - \sum_{k=1}^{i+1}\left(\frac{e^k E^k}{1-v^{k^2}}U_1^{k''}(x) + F_1^{k'}(x)\right)\right]$$
$$+\frac{2}{15}\left[\frac{2e^i(1+v^i)}{E^i} + \frac{2e^{i+1}(1+v^{i+1})}{E^{i+1}}\right]\left[\tau_1^{0,1}(x) - \sum_{k=1}^{i}\left(\frac{e^k E^k}{1-v^{k^2}}U_1^{k''}(x) + F_1^{k'}(x)\right)\right]$$

(C.32)

On peut donc réécrire sous forme générale ($\forall i \in [1, n-1]$) :

$$U_1^{i+1}(x) - U_1^i(x) - \frac{e^i}{2}\Phi_1^i(x) - \frac{e^{i+1}}{2}\Phi_1^{i+1}(x) = -\frac{1+v^i}{5E^i}Q_1^i(x) - \frac{1+v^{i+1}}{5E^{i+1}}Q_1^{i+1}(x)$$
$$+\frac{1}{5}\left[\frac{e^i(1+v^i)}{E^i} + \frac{e^{i+1}(1+v^{i+1})}{E^{i+1}}\right]\left[\tau_1^{0,1}(x) - \sum_{k=1}^{i}\left(\frac{e^k E^k}{1-v^{k^2}}U_1^{k''}(x) + F_1^{k'}(x)\right)\right]$$
$$-\frac{e^i(1+v^i)}{15E^i}\left(\frac{e^i E^i}{1-v^{i^2}}U_1^{i''}(x) + F_1^{i'}(x)\right)$$
$$+\frac{e^{i+1}(1+v^{i+1})}{15E^{i+1}}\left(\frac{e^{i+1}E^{i+1}}{1-v^{i+1^2}}U_1^{i+1''}(x) + F_1^{i+1'}(x)\right)$$

(C.33)

Enfin, on utilise l'équation de comportement d'interface (C.21) en combinant avec l'équation (C.29).

$$U_3^{i+1}(x) - U_3^i(x) = -\frac{9e^i}{70E^i}\left[v^{0,1}(x) - \sum_{k=1}^{i-1}\left(Q_1^{k'}(x) + F_3^k(x)\right)\right]$$
$$-\frac{9e^{i+1}}{70E^{i+1}}\left[v^{0,1}(x) - \sum_{k=1}^{i+1}\left(Q_1^{k'}(x) + F_3^k(x)\right)\right]$$
$$+\frac{13}{35}\left(\frac{e^i}{E^i} + \frac{e^{i+1}}{E^{i+1}}\right)\left[v^{0,1}(x) - \sum_{k=1}^{i}\left(Q_1^{k'}(x) + F_3^k(x)\right)\right]$$

(C.34)

On dérive une fois l'équation (C.34) dans laquelle on peut remplacer $U_3^{i'}(x)$ par l'équation de comportement de couche (C.19) et dans laquelle sont remplacées également $\tau_1^{i-1,i}(x) + \tau_1^{i,i+1}(x)$ par l'équation (C.27). On obtient alors :

$$U_3^{i+1'}(x) - U_3^{i'}(x) = -\Phi_1^{i+1}(x) + \frac{12(1+v^{i+1})}{5e^{i+1}E^{i+1}}Q_1^{i+1}(x) + \Phi_1^i(x) - \frac{12(1+v^i)}{5e^iE^i}Q_1^i(x)$$
$$- \frac{1+v^{i+1}}{5E^{i+1}}\left[2\tau_1^{0,1}(x) - \sum_{k=1}^{i}\left(\frac{e^kE^k}{1-v^{k^2}}U_1^{k''}(x) + F_1^{k'}(x)\right) - \sum_{k=1}^{i+1}\left(\frac{e^kE^k}{1-v^{k^2}}U_1^{k''}(x) + F_1^{k'}(x)\right)\right]$$
$$+ \frac{1+v^i}{5E^i}\left[2\tau_1^{0,1}(x) - \sum_{k=1}^{i-1}\left(\frac{e^kE^k}{1-v^{k^2}}U_1^{k''}(x) + F_1^{k'}(x)\right) - \sum_{k=1}^{i}\left(\frac{e^kE^k}{1-v^{k^2}}U_1^{k''}(x) + F_1^{k'}(x)\right)\right]$$
(C.35)

En dérivant l'équation de comportement d'interface (C.34) et en la remplaçant dans l'équation (C.35), on obtient donc :

$$- \frac{9e^i}{70E^i}\left[v^{0,1'}(x) - \sum_{k=1}^{i-1}\left(Q_1^{k''}(x) + F_3^{k'}(x)\right)\right] - \frac{9e^{i+1}}{70E^{i+1}}\left[v^{0,1'}(x) - \sum_{k=1}^{i+1}\left(Q_1^{k''}(x) + F_3^{k'}(x)\right)\right]$$
$$+ \frac{13}{35}\left(\frac{e^i}{E^i} + \frac{e^{i+1}}{E^{i+1}}\right)\left[v^{0,1'}(x) - \sum_{k=1}^{i}\left(Q_1^{k''}(x) + F_3^{k'}(x)\right)\right]$$
$$= -\Phi_1^{i+1}(x) + \frac{12(1+v^{i+1})}{5e^{i+1}E^{i+1}}Q_1^{i+1}(x) + \Phi_1^i(x) - \frac{12(1+v^i)}{5e^iE^i}Q_1^i(x)$$
$$- \frac{1+v^{i+1}}{5E^{i+1}}\left[2\tau_1^{0,1}(x) - \sum_{k=1}^{i}\left(\frac{e^kE^k}{1-v^{k^2}}U_1^{k''}(x) + F_1^{k'}(x)\right) - \sum_{k=1}^{i+1}\left(\frac{e^kE^k}{1-v^{k^2}}U_1^{k''}(x) + F_1^{k'}(x)\right)\right]$$
$$+ \frac{1+v^i}{5E^i}\left[2\tau_1^{0,1}(x) - \sum_{k=1}^{i-1}\left(\frac{e^kE^k}{1-v^{k^2}}U_1^{k''}(x) + F_1^{k'}(x)\right) - \sum_{k=1}^{i}\left(\frac{e^kE^k}{1-v^{k^2}}U_1^{k''}(x) + F_1^{k'}(x)\right)\right]$$
(C.36)

Finalement, on peut écrire sous forme générale ($\forall i \in [1, n-1]$) :

$$-\Phi_1^{i+1}(x) + \frac{12(1+v^{i+1})}{5e^{i+1}E^{i+1}}Q_1^{i+1}(x) + \Phi_1^i(x) - \frac{12(1+v^i)}{5e^iE^i}Q_1^i(x)$$
$$+ \frac{1+v^{i+1}}{5E^{i+1}}\left[2\sum_{k=1}^{i}\left(\frac{e^kE^k}{1-v^{k^2}}U_1^{k''}(x) + F_1^{k'}(x)\right) + \frac{e^{i+1}E^{i+1}}{1-v^{i+1^2}}U_1^{i+1''}(x) + F_1^{i+1'}(x)\right]$$
$$+ \frac{1+v^i}{5E^i}\left[-2\sum_{k=1}^{i-1}\left(\frac{e^kE^k}{1-v^{k^2}}U_1^{k''}(x) + F_1^{k'}(x)\right) - \frac{e^iE^i}{1-v^{i^2}}U_1^{i''}(x) - F_1^{i'}(x)\right]$$
$$- \frac{9e^i}{70E^i}\left(Q_1^{i''}(x) + F_3^{i'}(x)\right) + \frac{1}{2}\left(\frac{e^i}{E^i} + \frac{e^{i+1}}{E^{i+1}}\right)\sum_{k=1}^{i}\left(Q_1^{k''}(x) + F_3^{k'}(x)\right)$$
$$+ \frac{9e^{i+1}}{70E^{i+1}}\left(Q_1^{i+1''}(x) + F_3^{i+1'}(x)\right)$$
$$= \frac{1}{2}\left(\frac{e^i}{E^i} + \frac{e^{i+1}}{E^{i+1}}\right)v^{0,1'}(x) + \frac{2}{5}\left(\frac{1+v^i}{E^i} + \frac{1+v^{i+1}}{E^{i+1}}\right)\tau_1^{0,1}(x)$$
(C.37)

L'écriture finale des $3n$ équations différentielles d'ordre 2 à résoudre est représenté dans le tableau C.1.

C.2 Généralisation des équations

À partir de ces équations générales, l'écriture matricielle générale de ce système se met sous la forme :

$$AX''(x) + BX(x) = C \tag{C.48}$$

avec :

$$X(x) = \begin{pmatrix} U_1^1(x) \\ \Phi_1^1(x) \\ Q_1^1(x) \\ \vdots \\ U_1^n(x) \\ \Phi_1^n(x) \\ Q_1^n(x) \end{pmatrix} \tag{C.49}$$

La forme matricielle générale de la matrice A pour n couches s'écrit :

$$A = \begin{bmatrix} M(1,1) & N(1,2) & O & \cdots & \cdots & \cdots & \cdots & O \\ R(2,1) & M(2,2) & \ddots & \ddots & & & & \vdots \\ \vdots & \ddots & \ddots & \ddots & \ddots & & & \vdots \\ \vdots & & \ddots & \ddots & \ddots & \ddots & & \vdots \\ R(i,1) & & R(i,i-1) & M(i,i) & N(i,i+1) & O & & \vdots \\ \vdots & & & \ddots & \ddots & \ddots & & \vdots \\ \vdots & & & & \ddots & \ddots & \ddots & O \\ R(n-1,1) & R(n-1,2) & \cdots & \cdots & R(n-1,i) & \cdots & R(n-1,n-2) & M(n-1,n-1) & N(n-1,n) \\ Rr(n,1) & Rr(n,2) & \cdots & \cdots & Rr(n,i) & \cdots & Rr(n,n-2) & Rr(n,n-1) & Mr(n,n) \end{bmatrix} \tag{C.50}$$

Avec les blocs (3x3), M, N, O, R, Rr, Mr définit comme suit :

$M(i,i)$ correspond à la matrice extraite des équations précédentes (C.43), (C.44), (C.45) pour les inconnues $U_1^{i\,''}(x)$, $\Phi_1^{i\,''}(x)$, $Q_1^{i\,''}(x)$ $\forall i \in [1,n]$:

$$M(i,i) = \begin{pmatrix} -\frac{e^{i^2}E^i}{2(1-v^{i^2})} & \frac{e^{i^3}E^i}{12(1-v^{i^2})} & 0 \\ -\frac{e^{i^2}E^i}{1-v^{i^2}}\left(\frac{4e^i(1+v^i)}{15E^i} + \frac{e^{i+1}(1+v^{i+1})}{5E^{i+1}}\right) & 0 & 0 \\ \frac{e^i E^i}{5(1-v^{i^2})}\left(\frac{2(1+v^{i+1})}{E^{i+1}} - \frac{1+v^i}{E^i}\right) & 0 & \frac{13e^i}{35E^i} + \frac{e^{i+1}}{2E^{i+1}} \end{pmatrix} \tag{C.51}$$

$N(i, i+1)$ correspond à la matrice extraite des équations précédentes (C.43),

(C.44), (C.45) pour les inconnues $U_1^{i+1''}(x)$, $\Phi_1^{i+1''}(x)$, $Q_1^{i+1''}(x)$ $\forall i \in [1, n-1]$:

$$N(i, i+1) = \begin{pmatrix} 0 & 0 & 0 \\ \frac{e^{i+1^2}}{15(1-v^{i+1})} & 0 & 0 \\ \frac{e^{i+1}}{5(1-v^{i+1})} & 0 & \frac{9e^{i+1}}{70E^{i+1}} \end{pmatrix} \quad (C.52)$$

$$O(i, k) = \begin{pmatrix} 0 & 0 & 0 \\ 0 & 0 & 0 \\ 0 & 0 & 0 \end{pmatrix} \quad \text{pour} \quad n \geq 3 \quad \text{et} \quad k \geq i+2 \quad (C.53)$$

$$Mr(n, n) = \begin{pmatrix} -\frac{e^{n^2}E^n}{2(1-v^{n^2})} & \frac{e^{n^3}E^n}{12(1-v^{n^2})} & 0 \\ 0 & 0 & 1 \\ \frac{e^n E^n}{1-v^{n^2}} & 0 & 0 \end{pmatrix} \quad (C.54)$$

$$Rr(n, k) = \begin{pmatrix} -\frac{e^k e^n E^k}{1-v^{k^2}} & 0 & 0 \\ 0 & 0 & 1 \\ \frac{e^k E^k}{1-v^{k^2}} & 0 & 0 \end{pmatrix} \quad \text{pour} \quad k \leq n-1 \quad (C.55)$$

$R(i, k)$ correspond à la matrice extraite des équations précédentes (C.43), (C.44), (C.45) pour les inconnues $U_1^{k''}(x)$, $\Phi_1^{k''}(x)$, $Q_1^{k''}(x)$ $\forall k \in [1, i-1]$ $\forall i \in [1, n]$:

$$R(i, k) = \begin{pmatrix} -\frac{e^k e^i E^k}{1-v^{k^2}} & 0 & 0 \\ -\frac{e^k E^k}{5(1-v^{k^2})}\left(\frac{e^i(1+v^i)}{E^i} + \frac{e^{i+1}(1+v^{i+1})}{E^{i+1}}\right) & 0 & 0 \\ \frac{2e^k E^k}{5(1-v^{k^2})}\left(\frac{1+v^i}{E^i} - \frac{1+v^{i+1}}{E^{i+1}}\right) & 0 & \frac{1}{2}\left(\frac{e^i}{E^i} + \frac{e^{i+1}}{E^{i+1}}\right) \end{pmatrix} \quad \text{pour} \quad n \geq 3 \quad \text{et} \quad k \leq i-1 \quad (C.56)$$

La forme matricielle générale de la matrice B pour n couches s'écrit :

$$B = \begin{bmatrix} S(1,1) & T(1,2) & O & \cdots & \cdots & \cdots & \cdots & \cdots & O \\ O & S(2,2) & \ddots & \ddots & & & & & \vdots \\ \vdots & & \ddots & \ddots & \ddots & & & & \vdots \\ \vdots & & & \ddots & \ddots & \ddots & & & \vdots \\ \vdots & & & O & S(i,i) & T(i,i+1) & O & & \vdots \\ \vdots & & & & \ddots & \ddots & \ddots & & \vdots \\ \vdots & & & & & \ddots & \ddots & \ddots & O \\ \vdots & & & & & & \ddots & S(n-1,n-1) & T(n-1,n) \\ O & \cdots & \cdots & \cdots & \cdots & \cdots & & O & Sr(n,n) \end{bmatrix} \quad (C.57)$$

Avec les blocs (3x3), S, T, Sr définit comme suit :

$S(i, i)$ correspond à la matrice extraite des équations précédentes (C.43), (C.44), (C.45) pour les inconnues $U_1^{i''}(x)$, $\Phi_1^{i''}(x)$, $Q_1^{i''}(x)$ $\forall i \in [1, n]$.

Et $T(i, i+1)$ correspond à la matrice extraite des équations précédentes (C.43),

C.2. GÉNÉRALISATION DES ÉQUATIONS

(C.44), (C.45) pour les inconnues $U_1^{i+1''}(x)$, $\Phi_1^{i+1''}(x)$, $Q_1^{i+1''}(x)$ $\forall i \in [1, n-1]$.

$$S(i,i) = \begin{pmatrix} 0 & 0 & -1 \\ 1 & \frac{e^i}{2} & -\frac{1+v^i}{5E^i} \\ 0 & 1 & -\frac{12(1+v^i)}{5e^i E^i} \end{pmatrix} \tag{C.58}$$

$$T(i,i+1) = \begin{pmatrix} 0 & 0 & 0 \\ -1 & \frac{e^{i+1}}{2} & -\frac{1+v^{i+1}}{5E^{i+1}} \\ 0 & -1 & \frac{12(1+v^{i+1})}{5e^{i+1}E^{i+1}} \end{pmatrix} \tag{C.59}$$

$$Sr(i,i+1) = \begin{pmatrix} 0 & 0 & -1 \\ 0 & 0 & 0 \\ 0 & 0 & 0 \end{pmatrix} \tag{C.60}$$

La forme vectorielle générale de C pour n couches s'exprime :

$$C = \begin{pmatrix} P(1) \\ \vdots \\ P(n-1) \\ P(n) \end{pmatrix} \tag{C.61}$$

Avec les blocs (3x1), P, Pr définit comme suit :

$$P(i) = \begin{pmatrix} P_1(i) \\ P_2(i) \\ P_3(i) \end{pmatrix} \tag{C.62}$$

où

$$P_1(i) = -\frac{e^i}{2}\left(2\tau_1^{0,1}(x) - 2\sum_{k=1}^{i-1} F_1^{k'}(x) - F_1^{i'}(x)\right) - M_1^i(x)$$

$$P_2(i) = -\frac{1}{5}\left[\frac{e^i(1+v^i)}{E^i} + \frac{e^{i+1}(1+v^{i+1})}{E^{i+1}}\right]\left(\tau_1^{0,1}(x) - \sum_{k=1}^{i} F_1^{k'}(x)\right)$$
$$+ \frac{e^i(1+v^i)}{15E^i}F_1^{i'}(x) - \frac{e^{i+1}(1+v^{i+1})}{15E^{i+1}}F_1^{i+1'}(x)$$

$$P_3(i) = \frac{1}{2}\left(\frac{e^i}{E^i} + \frac{e^{i+1}}{E^{i+1}}\right)v^{0,1'}(x) + \frac{2}{5}\left(\frac{1+v^i}{E^i} + \frac{1+v^{i+1}}{E^{i+1}}\right)\tau_1^{0,1}(x) + \frac{9e^i}{70E^i}F_3^{i'}(x)$$
$$- \frac{9e^{i+1}}{70E^{i+1}}F_3^{i+1'}(x) - \frac{1}{2}\left(\frac{e^i}{E^i} + \frac{e^{i+1}}{E^{i+1}}\right)\sum_{k=1}^{i} F_3^{k'}(x)$$
$$+ \frac{1+v^i}{5E^i}\left(2\sum_{k=1}^{i} F_1^{k'}(x)\right) - \frac{1+v^{i+1}}{5E^{i+1}}\left(2\sum_{k=1}^{i+1} F_1^{k'}(x)\right)$$

$$Pr(n) = \begin{pmatrix} Pr_1(n) \\ Pr_2(n) \\ Pr_3(n) \end{pmatrix} \tag{C.63}$$

où

$$Pr_1(n) = -\frac{e^n}{2}\left(2\tau_1^{0,1}(x) - 2\sum_{k=1}^{n-1} F_1^{k'}(x) - F_1^{n'}(x)\right) - M_1^n(x)$$

$$Pr_2(n) = v^{0,1'}(x) - v^{n,n+1'}(x) - \sum_{k=1}^{n} F_3^{k'}(x)$$

$$Pr_3(n) = \tau_1^{0,1}(x) - \tau_1^{n,n+1}(x) - \sum_{k=1}^{n} F_1^{k'}(x)$$

C.3 Réduction du système

La réduction du système est une étape nécessaire, elle nous permet, non seulement de réduire un système $3n$ à un système $3n - 1$, mais surtout c'est un moyen d'introduire le chargement. Le système écrit précédemment est composé d'une équation dépendante des autres et à ce titre ne peut être résolu sans réduction car il conduit à la singularité de la matrice A, qui n'est donc pas inversible. La réduction du système se fait alors par l'équation (C.46) réécrite comme suit :

$$Q_1^{n''}(x) = v^{0,1'}(x) - v^{n,n+1'}(x) - \sum_{k=1}^{n} F_3^{k'}(x) - \sum_{k=1}^{n-1} Q_1^{k''}(x) \tag{C.64}$$

$$Q_1^{n'}(x) = v^{0,1}(x) - v^{n,n+1}(x) - \sum_{k=1}^{n} F_3^{k}(x) - \sum_{k=1}^{n-1} Q_1^{k'}(x) \tag{C.65}$$

avec $v^{0,1}(x)$, $v^{n,n+1}(x)$ et $F_3^k(x)$ dépendent de chargement appliqué sur la structure que nous allons montrer dans la prochaine annexe (D).

Par divers opérations matricielles on obtient le système suivant :

$$[A_r]_{(3n-1\times 3n-1)}\{X''\}_{(3n-1\times 1)} + [B_r]_{(3n-1\times 3n-1)}\{X\}_{(3n-1\times 1)} = \{C_r(x)\}_{(3n-1\times 1)} \tag{C.66}$$

C.3. RÉDUCTION DU SYSTÈME

Tableau C.1 – *Synthèse des 3n équations générales du problème*

Système finale de 3n équations différentielles d'ordre 2

n équations
$\forall i \in [1, n]$

$$\frac{e^i}{2}\left[-2\sum_{k=1}^{i-1}\left(\frac{e^k E^k}{1-v^{k2}}U_1^{k''}(x)\right) - \left(\frac{e^i E^i}{1-v^{i2}}U_1^{i''}(x)\right)\right] + \frac{e^{i3}E^i}{12(1-v^{i2})}\Phi_1^{i''}(x) - Q_1^i(x)$$

$$= -\frac{e^i}{2}\left(2\tau_1^{0,1}(x) - 2\sum_{k=1}^{i-1}F_1^{k'}(x) - F_1^{i'}(x)\right) - M_1^i(x)$$

(C.43)

$n-1$ équations
$\forall i \in [1, n-1]$

$$-\frac{1}{5}\left[\frac{e^i(1+v^i)}{E^i} + \frac{e^{i+1}(1+v^{i+1})}{E^{i+1}}\right]\sum_{k=1}^{i}\left(\frac{e^k E^k}{1-v^{k2}}U_1^{k''}(x)\right)$$

$$-\frac{e^i(1+v^i)}{15E^i}\left(\frac{e^i E^i}{1-v^{i2}}U_1^{i''}(x)\right) + \frac{e^{i+1}(1+v^{i+1})}{15E^{i+1}}\left(\frac{e^{i+1}E^{i+1}}{1-v^{i2}}U_1^{i+1''}(x)\right)$$

$$-U_1^{i+1}(x) + U_1^i(x) + \frac{e^i}{2}\Phi_1^i(x) + \frac{e^{i+1}}{2}\Phi_1^{i+1}(x) - \frac{1+v^i}{5E^i}Q_1^i(x) - \frac{1+v^{i+1}}{5E^{i+1}}Q_1^{i+1}(x)$$

$$= -\frac{1}{5}\left[\frac{e^i(1+v^i)}{E^i} + \frac{e^{i+1}(1+v^{i+1})}{E^{i+1}}\right]\left(\tau_1^{0,1}(x) - \sum_{k=1}^{i}F_1^{k'}(x)\right)$$

$$+ \frac{e^i(1+v^i)}{15E^i}F_1^{i'}(x) - \frac{e^{i+1}(1+v^{i+1})}{15E^{i+1}}F_1^{i+1'}(x)$$

(C.44)

$n-1$ équations
$\forall i \in [1, n-1]$

$$\frac{1+v^i}{5E^i}\left[-2\sum_{k=1}^{i-1}\left(\frac{e^k E^k}{1-v^{k2}}U_1^{k''}(x)\right) - \frac{e^i E^i}{1-v^{i2}}U_1^{i''}(x)\right]$$

$$+\frac{1+v^{i+1}}{5E^{i+1}}\left[2\sum_{k=1}^{i}\left(\frac{e^k E^k}{1-v^{k2}}U_1^{k''}(x)\right) + \frac{e^{i+1}E^{i+1}}{1-v^{i+12}}U_1^{i+1''}(x)\right]$$

$$-\frac{9e^i}{70E^i}Q_1^{i''}(x) + \frac{9e^{i+1}}{70E^{i+1}}Q_1^{i+1''}(x) + \frac{1}{2}\left(\frac{e^i}{E^i} + \frac{e^{i+1}}{E^{i+1}}\right)\sum_{k=1}^{i}Q_1^{k''}(x)$$

$$-\frac{12(1+v^i)}{5e^i E^i}Q_1^i(x) + \frac{12(1+v^{i+1})}{5e^{i+1}E^{i+1}}Q_1^{i+1}(x) - \Phi_1^{i+1}(x) + \Phi_1^i(x)$$

$$+\frac{1+v^{i+1}}{5E^{i+1}}\left[2\sum_{k=1}^{i}\left(\frac{e^k E^k}{1-v^{k2}}U_1^{k''}(x) + F_1^k(x)\right) + \frac{e^{i+1}E^{i+1}}{1-v^{i+12}}U_1^{i+1''}(x) + F_1^{i+1}(x)\right]$$

$$= \frac{1}{2}\left(\frac{e^i}{E^i} + \frac{e^{i+1}}{E^{i+1}}\right)v^{0,1'}(x) + \frac{2}{5}\left(\frac{1+v^i}{E^i} - \frac{1+v^{i+1}}{E^{i+1}}\right)\tau_1^{0,1}(x)$$

$$+\frac{9e^i}{70E^i}F_3^{i'}(x) - \frac{9e^{i+1}}{70E^{i+1}}F_3^{i+1'}(x) - \frac{1}{2}\left(\frac{e^i}{E^i} + \frac{e^{i+1}}{E^{i+1}}\right)\sum_{k=1}^{i}F_3^{k'}(x)$$

$$+\frac{1+v^i}{5E^i}\left(2\sum_{k=1}^{i}F_1^{k'}(x)\right) - \frac{1+v^{i+1}}{5E^{i+1}}\left(2\sum_{k=1}^{i+1}F_1^{k'}(x)\right)$$

(C.45)

1 équation

$$\sum_{k=1}^{n}Q_1^{k''}(x) = v^{0,1'}(x) - v^{n,n+1'}(x) - \sum_{k=1}^{n}F_3^{k'}(x)$$

(C.46)

1 équation

$$\sum_{k=1}^{n}\left(\frac{e^k E^k}{1-v^{k2}}U_1^{k''}(x)\right) = \tau_1^{0,1}(x) - \tau_1^{n,n+1}(x) - \sum_{k=1}^{n}F_1^{k'}(x)$$

(C.47)

ANNEXE D

APPLICATION DU M4-5N SUR L'ESSAI DE FLEXION 4 POINTS BICOUCHE

D.1 Les conditions aux limites

A partir des conditions limites posées dans les formules (2.35, 2.36, 2.37), on obtient dans le cas de la figure 3.1 les conditions appliquées au problème étudié du bimatériau en flexion 4 points. On divise le schéma de l'essai en trois zones différentes afin de déterminer les conditions aux limites (cf. Figure 3.1).

Dans notre cas, les efforts membranaires de forces volumiques $F_1^i(x)$ (2.8), les moments membranaires des forces volumiques $M_1^i(x)$ (2.9) et les moments des forces volumiques hors plan $M_3^i(x)$ (2.11) de la couche i sont nuls. On introduit seulement les efforts volumiques hors plan de la couche i afin de prendre en compte le poids propre des couches. Ils sont calculés à partir de l'équation (2.10) :

$$F_3^i = \rho^i e^i b g \tag{D.1}$$

où ρ^i est la masse volumique de la couche i, g est la gravité ($g = 9,81 m/s^2$).

Notons que la charge appliquée : $\vec{T} = -\frac{F}{2}\vec{e}_z$

D.1.1 Pour la zone I

Dans la zone I, il n'y a que la couche 2. Les conditions aux limites sont donc :

$$U_1^2(0) = 0 \tag{D.2}$$

$$U_3^2(0) = 0 \tag{D.3}$$

$$M_{11}^2(0) = 0 \tag{D.4}$$

Par ailleurs, les conditions de raccordement en $x = a_1$ sont :

$$^I N_{11}^2(a_1) = {}^{II} N_{11}^2(a_1) \tag{D.5}$$

$$^I M_{11}^2(a_1) = {}^{II} M_{11}^2(a_1) \tag{D.6}$$

$$^I U_3^2(a_1) = {}^{II} U_3^2(a_1) \tag{D.7}$$

$$^I U_1^2(a_1) = {}^{II} U_1^2(a_1) \tag{D.8}$$

$$^I \Phi_1^2(a_1) = {}^{II} \Phi_1^2(a_1) \tag{D.9}$$

$$^I Q_1^2(a_1) = {}^{II} Q_1^2(a_1) \tag{D.10}$$

Des équations d'équilibre (C.12), (C.13), (C.14), on en déduit :

$$N_{11}^{2\,\prime}(x) = 0 \quad \Rightarrow \quad N_{11}^2(x) = C_1^N \tag{D.11}$$

$$Q_1^{2\,\prime}(x) + F_3^2(x) = 0 \quad \Rightarrow \quad Q_1^{2\,\prime}(x) + F_3^2 \cdot x = C_1^Q \tag{D.12}$$

Selon le principe d'équilibre des forces extérieures, la somme de forces extérieures est égale à celle des réactions d'appuis. Cela nous permet d'écrire :

$$Q_1^2(0) = \frac{F_3^2}{b}\frac{L}{2} + \frac{F}{2b} \tag{D.13}$$

$$\Rightarrow \boxed{Q_1^2(x) = \frac{F_3^2}{b}\left(\frac{L}{2} - x\right) + \frac{F}{2b}} \tag{D.14}$$

$$(C.14) \Rightarrow M_{11}^{2\,\prime}(x) - Q_1^2(x) = 0 \tag{D.15}$$

$$\Rightarrow M_{11}^2(x) = \frac{F_3^2}{b}\left(\frac{L}{2}x - \frac{x^2}{2}\right) + \frac{F}{2b}x + C_2^M \tag{D.16}$$

On a $M_{11}^2(0) = 0 \Rightarrow \boxed{M_{11}^2(x) = \frac{F_3^2}{b}\left(\frac{L}{2}x - \frac{x^2}{2}\right) + \frac{F}{2b}x} \tag{D.17}$

Également pour les équations différentielles (C.24) et (C.25), on obtient donc :

$$(C.24) \Rightarrow U_1^{2\,\prime}(x) = \frac{1-v^{2^2}}{e^2 E^2} N_{11}^2(x) = \frac{1-v^{2^2}}{e^2 E^2} C_1^N \tag{D.18}$$

$$\Rightarrow U_1^2(x) = \frac{1-v^{2^2}}{e^2 E^2} C_1^N x + C_2^U \tag{D.19}$$

On a $U_1^2(0) = 0 \Rightarrow \boxed{U_1^2(x) = \frac{1-v^{2^2}}{e^2 E^2} C_1^N x} \tag{D.20}$

$$(C.25) \Rightarrow \Phi_1^{2\,\prime}(x) = \frac{12\left(1-v^{i^2}\right)}{e^{i^3} E^i} M_{11}^2(x) \tag{D.21}$$

$$\Rightarrow \Phi_1^{2\,\prime}(x) = \frac{12\left(1-v^{i^2}\right)}{e^{i^3} E^i}\left[\frac{F_3^2}{b}\left(\frac{L}{2}x - \frac{x^2}{2}\right) + \frac{F}{2b}x\right] \tag{D.22}$$

$$\Rightarrow \boxed{\Phi_1^2(x) = \frac{6\left(1-v^{i^2}\right)}{e^{i^3} E^i}\left[\frac{F_3^2}{b}\left(\frac{L}{2}x^2 - \frac{x^3}{3}\right) + \frac{F}{2b}x^2\right] + C_4^\Phi} \tag{D.23}$$

D.1. LES CONDITIONS AUX LIMITES

La constante C_4^Φ est calculée à partir de conditions de raccordement en $x = a_1$ pour $\Phi_1^i(x)$.

D.1.2 Pour la zone II

Pour la zone II, on a deux couches. Les conditions aux limites sur les bords du bicouche sont :

$$N_{11}^1(a_1) = 0 \Rightarrow U_1^{1\prime}(a_1) = 0 \tag{D.24}$$

$$N_{11}^2(a_1) = C_1^N \Rightarrow U_1^{2\prime}(a_1) = \frac{1-\nu^{2^2}}{e^2 E^2} C_1^N \tag{D.25}$$

$$M_{11}^1(a_1) = 0 \Rightarrow \Phi_1^{1\prime}(a_1) = 0 \tag{D.26}$$

$$M_{11}^2(a_1) = \frac{F_3^2}{b}\left(\frac{L}{2}a_1 - \frac{a_1^2}{2}\right) + \frac{F}{2b}a_1 \tag{D.27}$$

$$\Rightarrow \Phi_1^{2\prime}(a_1) = \frac{12\left(1-\nu^{i^2}\right)}{e^{i^3} E^i}\left[\frac{F_3^2}{b}\left(\frac{L}{2}a_1 - \frac{a_1^2}{2}\right) + \frac{F}{2b}a_1\right] \tag{D.28}$$

$$Q_1^1(a_1) = 0 \tag{D.29}$$

$$Q_1^2(a_1) = \frac{F_3^2}{b}\left(\frac{L}{2} - a_1\right) + \frac{F}{2b} \tag{D.30}$$

Les conditions aux limites au-dessus et au-dessous du bicouche s'écrivent :

$$v^{0,1}(x) = \tau_1^{0,1}(x) = 0 \tag{D.31}$$

$$\tau_1^{2,3}(x) = 0 \tag{D.32}$$

$$v^{2,3}(x) = 0 \quad \forall x \in [a_1, L_F[\cup]L_F, L_F + L_{FF}[\cup]L_F + L_{FF}, L - a_2] \tag{D.33}$$

Les équations d'équilibre s'écrivent donc :

$$(C.12) \Rightarrow \begin{cases} N_{11}^{1\,\prime}(x) + \tau_1^{1,2}(x) = 0 \\ N_{11}^{2\,\prime}(x) - \tau_1^{1,2}(x) = 0 \end{cases} \tag{D.34}$$

$$\Rightarrow N_{11}^{1\,\prime}(x) + N_{11}^{2\,\prime}(x) = 0 \tag{D.35}$$

$$\Rightarrow N_{11}^1(x) + N_{11}^2(x) = C_3^N \tag{D.36}$$

en $x = a_1$, on a $N_{11}^1(a_1) = 0$ et $N_{11}^2(a_1) = C_1^N \Rightarrow \boxed{N_{11}^1(x) + N_{11}^2(x) = C_1^N} \tag{D.37}$

$$(C.13) \Rightarrow \begin{cases} Q_1^{1'}(x) + v^{1,2}(x) = -F_3^1(x) \\ Q_1^{2'}(x) - v^{1,2}(x) = -v^{2,3}(x) - F_3^2(x) \end{cases} \quad (D.38)$$

$$\Rightarrow Q_1^{1'}(x) + Q_1^{2'}(x) = -v^{2,3}(x) - \frac{F_3^1 + F_3^2}{b}\left(\frac{L}{2} - x\right) \quad (D.39)$$

$$\Rightarrow Q_1^1(x) + Q_1^2(x) = -v^{2,3}(x).x - \frac{F_3^1 + F_3^2}{b}\left(\frac{L}{2}x - \frac{x^2}{2}\right) + C_6^Q \quad (D.40)$$

en $x = a_1 : Q_1^1(a_1) = 0$, $Q_1^2(a_1) = \frac{F_3^2}{b}\left(\frac{L}{2} - a_1\right) + \frac{F}{2b}$ et $v^{2,3}(a_1) = 0$

$$\Rightarrow C_6^{Q,1} = \frac{F_3^2}{b}\left(\frac{L}{2} - a_1\right) + \frac{F_3^1 + F_3^2}{b}\left(\frac{L}{2}a_1 - \frac{a_1^2}{2}\right) + \frac{F}{2b} \quad (D.41)$$

$$\Rightarrow Q_1^1(x) + Q_1^2(x) = -v^{2,3}(x).x - \frac{F_3^1 + F_3^2}{b}\left(\frac{L}{2}x - \frac{x^2}{2}\right) + C_6^{Q,1} \quad \forall x \in [a_1, L_F[\quad (D.42)$$

en $x = L_F : Q_1^1(L_F) + Q_1^2(L_F) = -\frac{F_3^1 + F_3^2}{b}\left(\frac{L}{2}L_F - \frac{L_F^2}{2}\right)$

$$\Rightarrow v^{2,3}(L_F) = \frac{C_6^{Q,1}}{L_F} \quad (D.43)$$

en $x = L - a_2 : Q_1^1(L-a_2) = 0$, $Q_1^2(L-a_2) = -\frac{F_3^2}{b}\left(\frac{L}{2} - a_2\right) - \frac{F}{2b}$ et $v^{2,3}(L-a_2) = 0$

$$\Rightarrow C_6^{Q,2} = -\frac{F_3^2}{b}\left(\frac{L}{2} - a_2\right) + \frac{F_3^1 + F_3^2}{b}\left(\frac{L}{2}(L-a_2) - \frac{(L-a_2)^2}{2}\right) - \frac{F}{2b} \quad (D.44)$$

$$\Rightarrow Q_1^1(x) + Q_1^2(x) = -v^{2,3}(x).x - \frac{F_3^1 + F_3^2}{b}\left(\frac{L}{2}x - \frac{x^2}{2}\right) + C_6^{Q,2} \quad \forall x \in]L_F + L_{FF}, L - a_2] \quad (D.45)$$

en $x = L_F + L_{FF} : Q_1^1(L_F+L_{FF}) + Q_1^2(L_F+L_{FF}) = -\frac{F_3^1+F_3^2}{b}\left(\frac{L}{2}(L_F+L_{FF}) - \frac{(L_F+L_{FF})^2}{2}\right)$

$$\Rightarrow v^{2,3}(L_F + L_{FF}) = \frac{C_6^{Q,2}}{L_F + L_{FF}} \quad (D.46)$$

Donc,

$$\boxed{Q_1^1(x) + Q_1^2(x) = \begin{cases} -\frac{F_3^1+F_3^2}{b}\left(\frac{L}{2}x - \frac{x^2}{2}\right) + C_6^{Q,1} & ; \text{si} \quad x \in [a_1, L_F[\\ -\frac{F_3^1+F_3^2}{b}\left(\frac{L}{2}x - \frac{x^2}{2}\right) & ; \text{si} \quad x \in [L_F, L_F + L_{FF}] \\ -\frac{F_3^1+F_3^2}{b}\left(\frac{L}{2}x - \frac{x^2}{2}\right) + C_6^{Q,2} & ; \text{si} \quad x \in]L_F + L_{FF}, L - a_2] \end{cases}} \quad (D.47)$$

D.1.3 Pour la zone III

Dans la zone III, il n'y a que la couche 2. Les conditions aux limites sont donc :

$$U_3^2(L) = 0 \tag{D.48}$$

$$N_{11}^2(L) = 0 \tag{D.49}$$

$$M_{11}^2(L) = 0 \tag{D.50}$$

Des équations d'équilibre (C.12), (C.13), (C.14), on en déduit :

$$N_{11}^{2\,'}(x) = 0 \quad \Rightarrow \quad N_{11}^2(x) = C_6^N = 0 \tag{D.51}$$

$$Q_1^{2\,'}(x) + F_3^2(x) = 0 \quad \Rightarrow \quad Q_1^{2\,'}(x) + F_3^2 . x = C_7^Q \tag{D.52}$$

Selon le principe d'équilibre des forces extérieures, la somme de forces extérieures est égale à celle des réactions d'appuis. Cela nous permet d'écrire :

$$Q_1^2(L) = -\frac{F_3^2}{b}\frac{L}{2} - \frac{F}{2b} \tag{D.53}$$

$$\Rightarrow \quad \boxed{Q_1^2(x) = \frac{F_3^2}{b}\left(\frac{L}{2} - x\right) - \frac{F}{2b}} \tag{D.54}$$

$$(C.14) \quad \Rightarrow \quad M_{11}^{2\,'}(x) - Q_1^2(x) = 0 \tag{D.55}$$

$$\Rightarrow \quad M_{11}^2(x) = \frac{F_3^2}{b}\left(\frac{L}{2}x - \frac{x^2}{2}\right) - \frac{F}{2b}x + C_7^M \tag{D.56}$$

On a $M_{11}^2(L) = 0 \Rightarrow \boxed{M_{11}^2(x) = \frac{F_3^2}{b}\left(\frac{L}{2}x - \frac{x^2}{2}\right) + \frac{F}{2b}(L-x)} \tag{D.57}$

Également pour les équations différentielles (C.24) et (C.25), on obtient donc :

$$(C.24), (D.51) \Rightarrow U_1^{2\,'}(x) = 0 \Rightarrow U_1^2(x) = C_8^U \tag{D.58}$$

On a $U_1^2(L-a_2) = \dfrac{1-\nu^{2^2}}{e^2 E^2} C_1^N(L-a_2) \Rightarrow \boxed{U_1^2(x) = \dfrac{1-\nu^{2^2}}{e^2 E^2} C_1^N(L-a_2)} \tag{D.59}$

$$(C.25) \Rightarrow \Phi_1^{2\,'}(x) = \frac{12\left(1-\nu^{i^2}\right)}{e^{i^3} E^i} M_{11}^2(x) \tag{D.60}$$

$$\Rightarrow \Phi_1^{2\,'}(x) = \frac{12\left(1-\nu^{i^2}\right)}{e^{i^3} E^i}\left[\frac{F_3^2}{b}\left(\frac{L}{2}x - \frac{x^2}{2}\right) + \frac{F}{2b}(L-x)\right] \tag{D.61}$$

$$\Rightarrow \boxed{\Phi_1^2(x) = \frac{12\left(1-\nu^{i^2}\right)}{e^{i^3} E^i}\left[\frac{F_3^2}{b}\left(\frac{L}{4}x^2 - \frac{x^3}{6}\right) + \frac{F}{2b}\left(Lx - \frac{x^2}{2}\right)\right] + C_9^\Phi} \tag{D.62}$$

De même pour la constante C_9^Φ, elle est calculée à partir de conditions de raccordement en $x = L - a_2$ pour $\Phi_1^i(x)$.

D.2 Adimensionnalisation du système à résoudre

Le but d'adimensionnalisation est de simplifier le système d'équations et d'éviter les problèmes de singularité des matrices. La notation des champs avec une barre désigne les champs adimensionnés. Pour adimensionner le système, on pose :

$$\overline{E}^i = \frac{E^i}{E^2} \quad \Rightarrow \quad E^i = \overline{E}^i E^2 \tag{D.63}$$

$$\overline{e}^i = \frac{e^i}{L_F} \quad \Rightarrow \quad e^i = \overline{e}^i L_F \tag{D.64}$$

$$\overline{x} = \frac{x^i}{L_F} \quad \Rightarrow \quad x^i = \overline{x} L_F \tag{D.65}$$

$$\overline{U}_1^i(\overline{x}) = \frac{E^2}{L_F \cdot v^{2,3}(L_F)} U_1^i(x) \quad \Rightarrow \quad U_1^i(x) = \frac{L_F \cdot v^{2,3}(L_F)}{E^2} \overline{U}_1^i(\overline{x}) \tag{D.66}$$

$$\overline{\Phi}_1^i(\overline{x}) = \frac{E^2}{v^{2,3}(L_F)} \Phi_1^i(x) \quad \Rightarrow \quad \Phi_1^i(x) = \frac{v^{2,3}(L_F)}{E^2} \overline{\Phi}_1^i(\overline{x}) \tag{D.67}$$

$$\overline{Q}_1^i(\overline{x}) = \frac{E^2}{L_F \cdot v^{2,3}(L_F)} Q_1^i(x) \quad \Rightarrow \quad Q_1^i(x) = \frac{L_F \cdot v^{2,3}(L_F)}{E^2} \overline{Q}_1^i(\overline{x}) \tag{D.68}$$

$$\overline{v}^{2,3}(\overline{x}) = \frac{v^{2,3}(x)}{v^{2,3}(L_F)} \quad \Rightarrow \quad v^{2,3}(x) = v^{2,3}(L_F) \overline{v}^{2,3}(\overline{x}) \tag{D.69}$$

D'où,

$$\frac{\partial \overline{U}}{\partial \overline{x}} = \frac{\partial \overline{U}}{\partial x} \frac{\partial x}{\partial \overline{x}} = \frac{E^2}{L_F \cdot v^{2,3}(L_F)} \frac{\partial U}{\partial x} L_F = \frac{E^2}{v^{2,3}(L_F)} \frac{\partial U}{\partial x} \tag{D.70}$$

$$\frac{\partial^2 \overline{U}}{\partial \overline{x}^2} = \frac{\partial}{\partial \overline{x}}\left(\frac{\partial \overline{U}}{\partial \overline{x}}\right) = \frac{\partial}{\partial \overline{x}}\left(\frac{E^2}{v^{2,3}(L_F)} \frac{\partial U}{\partial x}\right) = \frac{E^2}{v^{2,3}(L_F)} \frac{\partial U}{\partial \overline{x}} \frac{\partial U}{\partial x} = \frac{E^2}{v^{2,3}(L_F)} \frac{\partial U}{\partial x} \frac{\partial x}{\partial \overline{x}} \frac{\partial U}{\partial x} \tag{D.71}$$

$$\frac{\partial^2 \overline{U}}{\partial \overline{x}^2} = \frac{L_F E^2}{v^{2,3}(L_F)} \frac{\partial^2 U}{\partial x^2} \tag{D.72}$$

$$\frac{\partial \overline{\Phi}}{\partial \overline{x}} = \frac{\partial \overline{\Phi}}{\partial x} \frac{\partial x}{\partial \overline{x}} = \frac{E^2}{v^{2,3}(L_F)} \frac{\partial \Phi}{\partial x} L_F = \frac{L_F E^2}{v^{2,3}(L_F)} \frac{\partial \Phi}{\partial x} \tag{D.73}$$

$$\frac{\partial^2 \overline{\Phi}}{\partial \overline{x}^2} = \frac{\partial}{\partial \overline{x}}\left(\frac{\partial \overline{\Phi}}{\partial \overline{x}}\right) = \frac{\partial}{\partial \overline{x}}\left(\frac{L_F E^2}{v^{2,3}(L_F)} \frac{\partial \Phi}{\partial x}\right) = \frac{L_F E^2}{v^{2,3}(L_F)} \frac{\partial \Phi}{\partial \overline{x}} \frac{\partial \Phi}{\partial x} = \frac{L_F E^2}{v^{2,3}(L_F)} \frac{\partial \Phi}{\partial x} \frac{\partial x}{\partial \overline{x}} \frac{\partial \Phi}{\partial x} \tag{D.74}$$

$$\frac{\partial^2 \overline{\Phi}}{\partial \overline{x}^2} = \frac{L_F^2 E^2}{v^{2,3}(L_F)} \frac{\partial^2 \Phi}{\partial x^2} \tag{D.75}$$

$$\frac{\partial \overline{Q}}{\partial \overline{x}} = \frac{\partial \overline{Q}}{\partial x} \frac{\partial x}{\partial \overline{x}} = \frac{1}{L_F \cdot v^{2,3}(L_F)} \frac{\partial Q}{\partial x} L_F = \frac{1}{v^{2,3}(L_F)} \frac{\partial Q}{\partial x} \tag{D.76}$$

$$\frac{\partial^2 \overline{Q}}{\partial \overline{x}^2} = \frac{\partial}{\partial \overline{x}}\left(\frac{\partial \overline{Q}}{\partial \overline{x}}\right) = \frac{\partial}{\partial \overline{x}}\left(\frac{1}{v^{2,3}(L_F)} \frac{\partial Q}{\partial x}\right) = \frac{1}{v^{2,3}(L_F)} \frac{\partial Q}{\partial \overline{x}} \frac{\partial Q}{\partial x} = \frac{1}{v^{2,3}(L_F)} \frac{\partial Q}{\partial x} \frac{\partial x}{\partial \overline{x}} \frac{\partial Q}{\partial x} \tag{D.77}$$

$$\frac{\partial^2 \overline{Q}}{\partial \overline{x}^2} = \frac{L_F}{v^{2,3}(L_F)} \frac{\partial^2 Q}{\partial x^2} \tag{D.78}$$

D.3 Résolution du système d'équations différentielles

La résolution numérique n'est faite que dans la zone bicouche (zone II). La zone monocouche (zone I et III) est résolue analytiquement. Après adimensionnalisation des équations du système présentées dans le Tableau C.1, on peut donc réécrire le système d'équations adimensionnelles sous forme matricielle comme suit :

$$\overline{A}\,\overline{X}''(\tilde{x}) + \overline{B}\,\overline{X}(\tilde{x}) = \overline{C} \tag{D.79}$$

avec :

$$\overline{X}(\tilde{x}) = \begin{pmatrix} \overline{U}_1^1(\tilde{x}) \\ \overline{\Phi}_1^1(\tilde{x}) \\ \overline{Q}_1^1(\tilde{x}) \\ \overline{U}_1^2(\tilde{x}) \\ \overline{\Phi}_1^2(\tilde{x}) \\ \overline{Q}_1^2(\tilde{x}) \end{pmatrix} \tag{D.80}$$

$$\overline{A} = \begin{pmatrix} -\frac{\overline{e}^{1^2}\overline{E}^1}{2(1-\overline{v}^{1^2})} & & \frac{\overline{e}^{1^3}\overline{E}^1}{12(1-\overline{v}^{1^2})} & 0 & 0 & 0 & 0 \\ -\frac{\overline{e}^{1^2}\overline{E}^1}{1-\overline{v}^{1^2}}\left(\frac{4\overline{e}^1(1+\overline{v}^1)}{15\overline{E}^1} + \frac{\overline{e}^2(1+\overline{v}^2)}{5\overline{E}^2}\right) & 0 & 0 & \frac{\overline{e}^{2^2}}{15(1-\overline{v}^{2^2})} & 0 & 0 \\ \frac{\overline{e}^1\overline{E}^1}{5(1-\overline{v}^{1^2})}\left(\frac{2(1+\overline{v}^2)}{\overline{E}^2} - \frac{1+\overline{v}^1}{\overline{E}^1}\right) & 0 & \frac{13\overline{e}^1}{35\overline{E}^1} + \frac{\overline{e}^2}{2\overline{E}^2} & \frac{\overline{e}^2}{5(1-\overline{v}^2)} & 0 & \frac{9\overline{e}^2}{70\overline{E}^2} \\ -\frac{\overline{e}^1\overline{e}^2\overline{E}^1}{(1-\overline{v}^{1^2})} & 0 & 0 & -\frac{\overline{e}^{2^2}\overline{E}^2}{2(1-\overline{v}^{2^2})} & \frac{\overline{e}^{2^3}\overline{E}^2}{12(1-\overline{v}^{2^2})} & 0 \\ 0 & 0 & 1 & 0 & 0 & 1 \\ \frac{\overline{e}^1\overline{E}^1}{1-\overline{v}^{1^2}} & 0 & 0 & \frac{\overline{e}^2\overline{E}^2}{1-\overline{v}^{2^2}} & 0 & 0 \end{pmatrix} \tag{D.81}$$

$$\overline{B} = \begin{pmatrix} 0 & 0 & -1 & 0 & 0 & 0 \\ 1 & \frac{\overline{e}^1}{2} & -\frac{1+\overline{v}^1}{5\overline{E}^1} & -1 & \frac{\overline{e}^2}{2} & -\frac{1+\overline{v}^2}{5\overline{E}^2} \\ 0 & 1 & -\frac{12(1+\overline{v}^1)}{5\overline{e}^1\overline{E}^1} & 0 & -1 & \frac{12(1+v^2)}{5\overline{e}^2\overline{E}^2} \\ 0 & 0 & 0 & 0 & 0 & -1 \\ 0 & 0 & 0 & 0 & 0 & 0 \\ 0 & 0 & 0 & 0 & 0 & 0 \end{pmatrix} \tag{D.82}$$

$$\overline{C} = \begin{pmatrix} 0 \\ 0 \\ 0 \\ 0 \\ 0 \\ 0 \end{pmatrix} \tag{D.83}$$

Comme expliqué dans le paragraphe précédent (§C.3), on peut réduire le système $3n$ à un système $3n-1$. À partir de l'équation (D.47), on peut éliminer l'inconnue $Q_1^2(x)$.

Par divers opérations matricielles on obtient le système suivant :

$$[\overline{A}_r]_{(3n-1\times 3n-1)}\{\overline{X}''\}_{(3n-1\times 1)} + [\overline{B}_r]_{(3n-1\times 3n-1)}\{\overline{X}\}_{(3n-1\times 1)} = \{\overline{C}_r(x)\}_{(3n-1\times 1)} \qquad (D.84)$$

D.4 Résolution numérique

La linéarisation du système différentiel du deuxième ordre est réalisée par la méthode des différences finies et plus précisément par le schéma de Newmark afin de résoudre le système principal différentiel du $2^{\text{ème}}$ ordre obtenu précédemment. Avec l'approximation faite par le modèle M4 de champs explicitement polynomiaux suivant z par couche, le problème en déformation plane se réduit à résoudre des champs inconnus uni axiaux suivant l'axe de x. Ces inconnues principales ne dépendant que de la variable x, on discrétise donc le milieu multicouche étudié en uniaxial selon le schéma suivant (cf. Figure D.1).

FIGURE D.1 – *Schéma de discrétisation*

Soit l'expression de la dérivée première du vecteur X entre j et $j+1$:

$$\frac{X'_{j+1} + X'_j}{2} = \frac{X_{j+1} - X_j}{k_{j+1}} \quad \text{avec} \quad k_{j+1} = xj+1 - xj+1 \qquad (D.85)$$

La dérivée seconde du vecteur X entre j et $j+1$ s'écrit alors :

$$\frac{X''_{j+1} + X''_j}{2} = \frac{X'_{j+1} - X'_j}{k_{j+1}} \quad \text{avec} \quad k_{j+1} = xj+1 - xj+1 \qquad (D.86)$$

Le système différentiel précédent aux points j et $j+1$ s'écrit :

$$\begin{cases} X''_j = -A^{-1}BX_j + A^{-1}C_j \\ X''_{j+1} = -A^{-1}BX_{j+1} + A^{-1}C_{j+1} \end{cases} \qquad (D.87)$$

Si on somme les deux équations du système précédent, on obtient :

$$X''_j + X''_{j+1} = -A^{-1}B\left(X_j + X_{j+1}\right) + A^{-1}\left(C_j + C_{j+1}\right) \qquad (D.88)$$

En combinant l'équation (D.88) avec l'équation (D.113), on obtient alors :

$$X'_{j+1} - X'_j = \frac{k_{j+1}}{2}\left(-A^{-1}B\left(X_j + X_{j+1}\right) + A^{-1}\left(C_j + C_{j+1}\right)\right) \qquad (D.89)$$

D.4. RÉSOLUTION NUMÉRIQUE

En réécrivant (D.87) aux points j et $j+1$, on obtient :

$$X'_j - X'_{j-1} = \frac{k_j}{2}\left(-A^{-1}B\left(X_{j-1}+X_j\right) + A^{-1}\left(C_{j-1}+C_j\right)\right) \tag{D.90}$$

On décline l'équation précédente aux pas $j-1$, j et $j+1$. On somme alors membre à membre les équations obtenues pour obtenir l'équation suivante :

$$\begin{aligned}X'_{j+1} - X'_j + X'_j - X'_{j-1} &= -\frac{A^{-1}B}{2}\left(k_j X_{j-1} + \left(k_j + k_{j+1}\right)X_j + k_{j+1}X_{j+1}\right) \\ &+ \frac{A^{-1}}{2}\left(k_j C_{j-1} + \left(k_j + k_{j+1}\right)C_j + k_{j+1}C_{j+1}\right)\end{aligned} \tag{D.91}$$

On remplace les termes dérivés, dans le membre de gauche par des termes linéaires à l'aide de l'équation (D.113). Le système linéaire à résoudre s'écrit alors sous la forme matricielle suivante pour $j = 2$ à $N-1$:

$$\{X_{j-1}\ X_j\ X_{j+1}\} = \begin{bmatrix}\frac{2}{k_j}[Id] + \frac{A^{-1}B}{2}k_j \\ \left(-\frac{2}{k_j} - \frac{2}{k_{j+1}}\right)[Id] + \frac{A^{-1}B}{2}\left(k_j + k_{j+1}\right) \\ \frac{2}{k_{j+1}}[Id] + \frac{A^{-1}B}{2}k_{j+1}\end{bmatrix} = \frac{A^{-1}}{2}\left(k_j C_{j-1} + \left(k_j + k_{j+1}\right)C_j + k_{j+1}C_{j+1}\right) \tag{D.92}$$

où Id est la matrice d'identité.

On posera comme notation :

$$D1_j = \frac{2}{k_j}[Id] + \frac{A^{-1}B}{2}k_j \tag{D.93}$$

$$D2_j = \left(-\frac{2}{k_j} - \frac{2}{k_{j+1}}\right)[Id] + \frac{A^{-1}B}{2}\left(k_j + k_{j+1}\right) \tag{D.94}$$

$$D3_j = \frac{2}{k_{j+1}}[Id] + \frac{A^{-1}B}{2}k_{j+1} \tag{D.95}$$

$$Z_j = \frac{A^{-1}}{2}\left(k_j C_{j-1} + \left(k_j + k_{j+1}\right)C_j + k_{j+1}C_{j+1}\right) \tag{D.96}$$

On peut alors écrire $\forall j \in [2, N-1]$:

$$\{D1_j\ D2_j\ D3_j\}\begin{bmatrix}X_{j-1}\\ X_j\\ X_{j+1}\end{bmatrix} = Z_j \tag{D.97}$$

Pour linéariser par la méthode le terme dérivé, nous utilisons l'équation (D.113) et l'équation (D.87) pour $j=1$ de façon à exprimer X'_1 en fonction de X_1 et X_2.

$$X'_1 = X_1\left(\frac{k_2}{4}A^{-1}B - \frac{1}{k_2}Id\right) + X_2\left(\frac{k_2}{4}A^{-1}B + \frac{1}{k_2}Id\right) - \frac{k_2}{4}A^{-1}(C_1 + C_2) \tag{D.98}$$

De la même manière qu'à l'autre extrémité du bicouche, on obtient pour $j = N-1$:

$$X'_N = X_N\left(\frac{k_N}{4}A^{-1}B - \frac{1}{k_N}Id\right) + X_{N-1}\left(-\frac{k_N}{4}A^{-1}B - \frac{1}{k_N}Id\right) + \frac{k_N}{4}A^{-1}(C_{N-1} + C_N) \tag{D.99}$$

On peut donc écrire sous forme symétrique de la dérivée première du vecteur X en fonction de lui-même aux points $j+1$ et j :

$$X'_{j+1} = X_{j+1}\left(-R_{j+1}\right) + X_j\left(-T_{j+1}\right) + S_{j+1} \quad (D.100)$$

$$X'_j = X_{j+1}\left(T_{j+1}\right) + X_j\left(R_{j+1}\right) - S_{j+1} \quad (D.101)$$

avec

$$T_{j+1} = \frac{k_{j+1}}{4}A^{-1}B + \frac{1}{k_{j+1}}Id \quad (D.102)$$

$$R_{j+1} = \frac{k_{j+1}}{4}A^{-1}B - \frac{1}{k_{j+1}}Id \quad (D.103)$$

$$S_{j+1} = \frac{k_{j+1}}{4}A^{-1}\left(C_j + C_{j+1}\right) \quad (D.104)$$

Afin de résoudre le système (matrice non singulière), il faut appliquer les conditions aux limites de la structure au vecteur X. Le tableau D.1 représente les conditions aux limites de la zone dans laquelle on va résoudre le système d'équations différentielles. Les conditions aux limites pour $x_1 = a_1$ et $x = L - a_2$ du système M4-5n exprimées en fonction des variables principales $U_1^1(x)$, $U_1^2(x)$, $\Phi_1^1(x)$, $\Phi_1^2(x)$, $Q_1^1(x)$, s'exprime alors dans le tableau D.1 :

Tableau D.1 – *Récapitulatif des conditions aux limites du bicouche modélisé*

Conditions aux limites analytiques ($x_1 = a_1$)		Conditions aux limites numériques	Conditions aux limites analytiques ($x_N = L - a_2$)	
$U_1^{1'}(x_1) = 0$			$U_1^{1'}(x_N) = 0$	
$\Phi_1^{1'}(x_1) = 0$			$\Phi_1^{1'}(x_N) = 0$	
$Q_1^1(x_1) = 0$			$Q_1^1(x_N) = 0$	
$U_1^2(x_1) = 0$			$U_1^{1'}(x_N) = 0$	
$\Phi_1^{1'}(x_1)$ $\frac{6a_1\left(1-v^{2^2}\right)}{be^{2^3}E^2}\left[F_3^2(L-a_1)+F\right]$	=		$\Phi_1^{1'}(x_N)$ $\frac{6a_2\left(1-v^{2^2}\right)}{be^{2^3}E^2}\left[F_3^2(L-a_2)-F\right]$	=

Au final le système linéaire assemblé équivalent à :

D.4. RÉSOLUTION NUMÉRIQUE

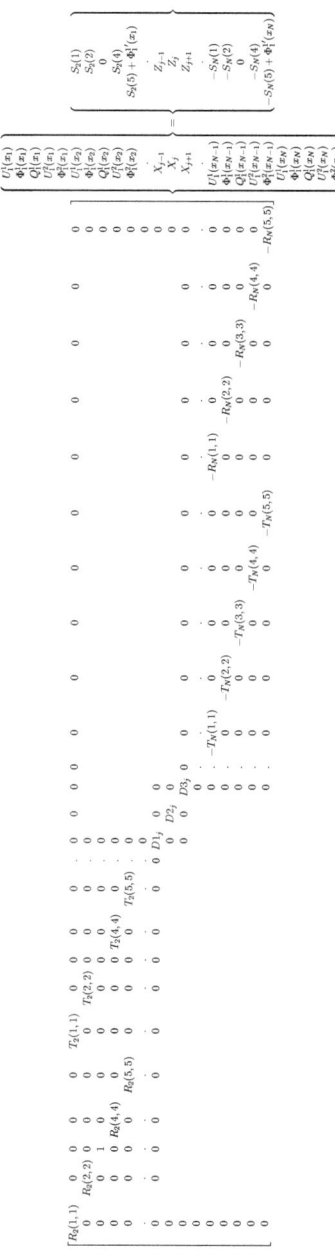

FIGURE D.2 – *Matrice assemblée pour la résolution numérique*

D.5 Obtention des inconnues secondaires

Par la méthode de Newmark, la résolution du système principal a permis de récupérer les valeurs de $U_1^i(x), \Phi_1^i(x), Q_1^i(x)$ pour toutes les couches ($i \in [1, n]$) et pour tous les points ($j \in [1, N]$).

L'effort de cisaillement entre les couches i et $i+1$ est déterminé algébriquement en fonction des inconnues principales d'après l'équation (C.20) rappelé ci-dessous.

$$U_1^{i+1}(x) - U_1^i(x) - \frac{e^i}{2}\Phi_1^i(x) - \frac{e^{i+1}}{2}\Phi_1^{i+1}(x) = -\frac{1+v^i}{5E^i}Q_1^i(x)$$
$$-\frac{1+v^{i+1}}{5E^{i+1}}Q_1^{i+1}(x) - \frac{e^i\left(1+v^i\right)}{15E^i}\tau_1^{i-1,i}(x) - \frac{e^{i+1}\left(1+v^{i+1}\right)}{15E^{i+1}}\tau_1^{i+1,i+2}(x)$$
$$+\frac{2}{15}\left[\frac{2e^i\left(1+v^i\right)}{E^i} + \frac{2e^{i+1}\left(1+v^{i+1}\right)}{E^{i+1}}\right]\tau_1^{i,i+1}(x)$$

(D.105)

On calcule numériquement cette grandeur en résolvant le système suivant pour $i \in [1, n-1]$:

$$\begin{cases} \tau_1^{0,1} = 0 \\ \tau_1^{n,n+1} = 0 \\ -\frac{e^i(1+v^i)}{15E^i}\tau_1^{i-1,i}(x) - \frac{e^{i+1}(1+v^{i+1})}{15E^{i+1}}\tau_1^{i+1,i+2}(x) + \frac{2}{15}\left[\frac{2e^i(1+v^i)}{E^i} + \frac{2e^{i+1}(1+v^{i+1})}{E^{i+1}}\right]\tau_1^{i,i+1}(x) \\ \quad = U_1^{i+1}(x) - U_1^i(x) - \frac{e^i}{2}\Phi_1^i(x) - \frac{e^{i+1}}{2}\Phi_1^{i+1}(x) + \frac{1+v^i}{5E^i}Q_1^i(x) + \frac{1+v^{i+1}}{5E^{i+1}}Q_1^{i+1}(x) \end{cases}$$

(D.106)

L'effort membranaire $N_{22}^i(x)$ et le moment membranaire $M_{22}^i(x)$, sont obtenus si $N_{11}^i(x)$ et $M_{11}^i(x)$ sont connues par les relations (C.22) et (C.23). Pour l'obtention des inconnues $N_{11}^i(x)$, $M_{11}^i(x)$ et $v^{i,i+1}(x)$, des sous-systèmes différentiels doivent être résolus (équations (C.24), (C.25) et (C.29)). On a besoin de calculer les valeurs dérivées des grandeurs primaires. Le calcul se fait par la résolution de l'approximation de Newmark :

$$X'_{j+1} - X'_j = \frac{k_{j+1}}{2}\left(-A^{-1}B\left(X_j + X_{j+1}\right) + A^{-1}\left(C_j + C_{j+1}\right)\right) \quad \text{(D.107)}$$

$$\forall j \in [2, N-1] \begin{cases} X'(x_1) - X'(x_2) = \frac{2(X(x_1) - X(x_2))}{x_2 - x_1} \\ X'_{j+1} - 2X'_j - X'_{j-1} = \frac{k_{j+1}}{2}\left(-A^{-1}B\left(X_j + X_{j+1}\right) + A^{-1}\left(C_j + C_{j+1}\right)\right) \\ \qquad - \frac{k_j}{2}\left(-A^{-1}B\left(X_{j-1} + X_j\right) + A^{-1}\left(C_{j-1} + C_j\right)\right) \\ X'(x_N) + X'(x_{N-1}) = \frac{2(X(x_N) - X(x_{N-1}))}{x_{N-1} - x_N} \end{cases}$$

(D.108)

Pour la contrainte d'arrachement $v^{i,i+1}$, on utilise la relation d'équilibre en efforts

D.5. OBTENTION DES INCONNUES SECONDAIRES

tranchants (C.13) pour résoudre finalement le système ci-dessous :

$$\begin{cases} v^{0,1} = 0 \\ v^{i,i+1} = v^{i-1,i} - Q_1^{i'}(x) - F_3^i(x) \end{cases} \quad \text{pour} \quad i \in [1, n] \quad \text{(D.109)}$$

Enfin, les déplacements selon la direction z, $U_3^i(x)$, sont obtenus à l'aide de l'intégration des équations de comportement de couche i (C.19) :

$$U_3^{i'}(x) = \frac{12(1+v^i)}{5e^i E^i} Q_1^i(x) - \Phi_1^i(x) - \frac{1+v^i}{5E^i} \left(\tau_1^{i-1,i}(x) + \tau_1^{i,i+1}(x) \right) \quad \text{(D.110)}$$

Et à l'aide des équations de comportement à l'interface i et $i+1$ (C.21) :

$$U_3^{i+1}(x) = U_3^i(x) - \frac{9e^i}{70E^i} v^{i-1,i}(x) + \frac{13}{35} \left(\frac{e^i}{E^i} + \frac{e^{i+1}}{E^{i+1}} \right) v^{i,i+1}(x) - \frac{9e^{i+1}}{70E^{i+1}} v^{i+1,i+2}(x) \quad \text{(D.111)}$$

Comme on connaît les conditions aux limites en $x = 0$ et $x = L$, on calcule d'abord le $U_3^i(x)$ de la zone I. Il peut être calculé soit par la combinaison des équations de comportement de couche i (D.110) et des conditions de raccordement de $\Phi_1^i(x)$, soit par l'approximation de Newmark. Pour être cohérent avec la solution des inconnues principale, on calcule par l'approximation de Newmark (D.113).

$$\begin{cases} U_3^2(0) = 0 \\ \frac{U_3^{2'}(x_{j+1}) + U_3^{2'}(x_j)}{2} = \frac{U_3^2(x_{j+1}) + U_3^2(x_j)}{x_{j+1} - x_j} \end{cases} \quad \text{pour} \quad j \in [1, N_1 - 1] \quad \text{(D.112)}$$

En utilisant les conditions de raccordement en $x = a_1$, on peut donc calculer les déplacements $U_3^i(x)$ de la zone II ($i \in [1,2]$).

$$\begin{cases} {}^I U_3^2(a_1) = {}^{II} U_3^2(a_1) \\ \frac{U_3^{i'}(x_{j+1}) + U_3^{i'}(x_j)}{2} = \frac{U_3^i(x_{j+1}) + U_3^i(x_j)}{x_{j+1} - x_j} \end{cases} \quad \text{pour} \quad j \in [1, N - 1] \quad \text{(D.113)}$$

De même pour la zone III, avec les conditions de raccordement en $x = L - a_2$ et l'approximation de Newmark, on peut obtenir le $U_3^i(x)$.

D.5.1 Correction de l'erreur

Dans la résolution du système d'équations différentielles, on a utilisé deux types de conditions aux limites : la condition aux limites de Dirichlet (en X) nous assure l'unicité de la solution ; la condition aux limites de Neumann (en X') nous donne la solution à une constante près, soit une infinité de solution.

Dans notre problème, deux conditions aux limites ($U_3^2(0) = U_3^2(L) = 0$) ne font pas intervenir dans le système d'inconnues principales. On n'utilise qu'une condition pour l'intégration de $U_3^2(x)$. Il faut donc identifier les constantes qui nous manque avec l'autre condition. [Le Corvec, 2008] a calculé l'erreur due à ces conditions. Ici, on vérifie les équations de compatibilités (C.19), (C.20) et (C.21) qui permettent de calculer cet erreur.

$$\tilde{\Phi}_1^i(x) + \tilde{U}_3^{i''}(x) = \frac{12(1+v^i)}{5e^i E^i} Q_1^i(x) - \frac{1+v^i}{5E^i}\left(\tau_1^{i-1,i}(x) + \tau_1^{i,i+1}(x)\right) \tag{D.114}$$

$$\tilde{U}_1^{i+1}(x) - \tilde{U}_1^i(x) - \frac{e^i}{2}\tilde{\Phi}_1^i(x) - \frac{e^{i+1}}{2}\tilde{\Phi}_1^{i+1}(x) = -\frac{1+v^i}{5E^i}Q_1^i(x)$$
$$- \frac{1+v^{i+1}}{5E^{i+1}}Q_1^{i+1}(x) - \frac{e^i(1+v^i)}{15E^i}\tau_1^{i-1,i}(x) - \frac{e^{i+1}(1+v^{i+1})}{15E^{i+1}}\tau_1^{i+1,i+2}(x)$$
$$+ \frac{2}{15}\left[\frac{2e^i(1+v^i)}{E^i} + \frac{2e^{i+1}(1+v^{i+1})}{E^{i+1}}\right]\tau_1^{i,i+1}(x) \tag{D.115}$$

$$\tilde{U}_3^{i+1}(x) - \tilde{U}_3^i(x) = -\frac{9e^i}{70E^i}v^{i-1,i}(x) + \frac{13}{35}\left(\frac{e^i}{E^i} + \frac{e^{i+1}}{E^{i+1}}\right)v^{i,i+1}(x) - \frac{9e^{i+1}}{70E^{i+1}}v^{i+1,i+2}(x) \tag{D.116}$$

Grâce à des solutions des systèmes différentiels, les valeurs de $Q_1^i(x)$, $\tau_1^{i,i+1}(x)$ et $v^{i,i+1}(x)$ sont correctes. On peut donc calculer l'erreur sur $\Phi_1^i(x)$, $U_1^i(x)$ et $U_3^i(x)$.

D.5.1.1 Erreur sur Φ_1^i

On pose :

$$\Phi_1^i(x) = \tilde{\Phi}_1^i(x) + \varepsilon_r^i \tag{D.117}$$

$$(D.114) \Rightarrow U_3^{i''}(x) = \tilde{U}_3^{i''}(x) - \varepsilon_r^i \tag{D.118}$$

$$\Rightarrow U_3^i(x) = \tilde{U}_3^i(x) - \varepsilon_r^i.x + C_{err}^\Phi \tag{D.119}$$

À partir de l'équation (D.116), on peut donc écrire :

$$U_3^{i+1}(x) - U_3^i(x) = \tilde{U}_3^{i+1}(x) - \tilde{U}_3^i(x) \tag{D.120}$$

$$\Rightarrow \varepsilon_r^{i+1} = \varepsilon_r^i \tag{D.121}$$

Alors $\varepsilon_r^i = \varepsilon_r \quad \forall i \in [1, n]$ \hfill (D.122)

Pour la couche 2, on a $U_3^2(x) = \tilde{U}_3^2(x) - \varepsilon_r.x + C_{err}^\Phi$

Pour satisfaire les conditions aux limites $U_3^2(0) = 0$ et $U_3^2(L) = 0$, on intègre numériquement en posant la condition $\tilde{U}_3^2(0) = 0$.

$$\begin{cases} 0 = C_{err}^\Phi \\ 0 = \tilde{U}_3^2(L) - \varepsilon_r.L + C_{err}^\Phi \end{cases} \tag{D.123}$$

D.6. CALCUL DE L'ÉNERGIE DE DÉFORMATION

On obtient alors :

$$\varepsilon_r = \frac{\tilde{U}_3^2(L)}{L} \tag{D.124}$$

D.5.1.2 Erreur sur U_1^i

De l'expression (D.115), on peut s'exprimer :

$$\tilde{U}_1^{i+1}(x) - \tilde{U}_1^i(x) - \frac{e^i}{2}\tilde{\Phi}_1^i(x) - \frac{e^{i+1}}{2}\tilde{\Phi}_1^{i+1}(x) = U_1^{i+1}(x) - U_1^i(x) - \frac{e^i}{2}\Phi_1^i(x) - \frac{e^{i+1}}{2}\Phi_1^{i+1}(x) \tag{D.125}$$

(D.117) et (D.126), on obtient alors :

$$U_1^{i+1}(x) - U_1^i(x) = \tilde{U}_1^{i+1}(x) - \tilde{U}_1^i(x) + \left(\frac{e^i}{2} + \frac{e^{i+1}}{2}\right)\varepsilon_r \tag{D.126}$$

Par récurrence, on obtient $U_1^i(x)$.

$$\begin{cases} U_1^2(x) = \tilde{U}_1^2(x) \\ U_1^i(x) = U_1^2(x) - \tilde{U}_1^2(x) + \tilde{U}_1^1(x) - \left(\frac{e^i}{2} + \frac{e^{i+1}}{2}\right)\varepsilon_r \end{cases} \tag{D.127}$$

D.6 Calcul de l'énergie de déformation

Nous décomposons le produit $\tilde{\tilde{A}} : \tilde{\tilde{B}} : \tilde{A}$ et $\tilde{A} : \tilde{\tilde{B}} : \tilde{A}$ de la manière suivante :

$$\tilde{\tilde{A}} : \tilde{\tilde{B}} : \tilde{A} = A_{ij} B_{ijkl} A_{kl} \tag{D.128}$$

$$\begin{aligned}
&= A_{11}(B_{1111}A_{11} + 2B_{1112}A_{12} + B_{1122}A_{22}) \\
&+ A_{12}(B_{1211}A_{11} + 2B_{1212}A_{12} + B_{1222}A_{22}) \\
&+ A_{21}(B_{2111}A_{11} + 2B_{2112}A_{12} + B_{2122}A_{22}) \\
&+ A_{22}(B_{2211}A_{11} + 2B_{2212}A_{12} + B_{2222}A_{22})
\end{aligned} \tag{D.129}$$

$$\tilde{\tilde{A}} : \tilde{\tilde{B}} : \tilde{A} = B_{1111}A_{11}^2 + B_{2122}A_{22}^2 + 2B_{1122}A_{11}A_{22} \\ + 4B_{1212}A_{12}^2 + 4B_{1211}A_{11}A_{12} + 4B_{1222}A_{22}A_{12} \tag{D.130}$$

$$\tilde{A} : \tilde{\tilde{B}} : \tilde{A} = A_i B_{ij} A_j = B_{11}A_1^2 + B_{22}A_2^2 + 2B_{12}A_1A_2 \tag{D.131}$$

$$\tilde{A} : \tilde{\tilde{B}} : \tilde{A} = A_i B_{ij} A_j = B_{11}A_1^2 \tag{D.132}$$

Dans les calculs de l'énergie de déformation de l'éprouvette, on ne prend pas en compte le poids propre des couches. Le développement de ces calculs, pour la zone I $x \in [0, a_1]$, est présenté :

$$W_{I,monocouche} = \int_0^{a_1} \omega_c^{5n2,I} dx + \int_0^{a_1} \omega_v^{5n2,I} dx + \int_0^{a_1} \omega_Q^{5n2,I} dx \tag{D.133}$$

$$\int_0^{a_1} \omega_c^{5n2,I} dx = \frac{1}{2} \int_0^{a_1} \tilde{N}^2 : \frac{\tilde{\tilde{S}}^2}{e^2} : \tilde{N}^2 dx + \frac{1}{2} \int_0^{a_1} \tilde{M}^2 : \frac{12\tilde{\tilde{S}}^2}{e^{23}} : \tilde{M}^2 dx \qquad (D.134)$$

$$\int_0^{a_1} \omega_c^{5n2,I} dx = \frac{1}{2} \frac{12}{e^{23}} \int_0^{a_1} \left(S_{1111}^2 M_{11}^{2\,2} + S_{2222}^2 M_{22}^{2\,2} + 2 S_{1122}^2 M_{11}^2 M_{22}^2 \right) dx \qquad (D.135)$$

$$\int_0^{a_1} \omega_c^{5n2,I} dx = \frac{6}{e^{23}} \int_0^{a_1} \left(\frac{1}{E^2} M_{11}^{2\,2} + \frac{1}{E^2}(v^2 M_{11}^2)^2 + 2\left(\frac{-v^2}{E^2}\right) M_{11}^1 (v^2 M_{11}^2) \right) dx \qquad (D.136)$$

$$\int_0^{a_1} \omega_c^{5n2,I} dx = \frac{6}{e^{23}} \int_0^{a_1} \frac{M_{11}^{2\,2}}{E^2} \left(1 - v^{2\,2}\right) dx \qquad (D.137)$$

On a

$$M_{11}^2(x) = \frac{F}{2b} x \qquad (D.138)$$

$$\int_0^{a_1} \omega_c^{5n2,I} dx = \frac{6\left(1 - v^{2\,2}\right)}{e^{23} E^2} \int_0^{a_1} \left[\frac{F}{2b} x\right]^2 dx \qquad (D.139)$$

Après l'intégration, on obtient donc :

$$\boxed{\int_0^{a_1} \omega_c^{5n2,I} dx = \frac{a_1^3 \left(1 - v^{2\,2}\right)}{2 e^{23} E^2} \left(\frac{F}{b}\right)^2} \qquad (D.140)$$

$$\boxed{\int_0^{a_1} \omega_v^{5n2,I} dx = 0} \qquad (D.141)$$

$$\int_0^{a_1} \omega_Q^{5n2,I} dx = \frac{1}{2} \int_0^{a_1} \left(\tilde{Q} \frac{\tilde{S}_Q^2}{e^2} \tilde{Q} + \tilde{Q} \frac{\tilde{S}_Q^2}{5e^2} \tilde{Q} \right) dx \qquad (D.142)$$

$$\int_0^{a_1} \omega_Q^{5n2,I} dx = \left(\frac{1}{2} + \frac{1}{10}\right) \frac{1}{e^2} \int_0^{a_1} Q_1^{2\,2} S_{Q11} dx \qquad (D.143)$$

$$\int_0^{a_1} \omega_Q^{5n2,I} dx = \frac{3}{5e^2} \int_0^{a_1} Q_1^{2\,2} \frac{1}{G^2} dx = \frac{6(1+v^2)}{5e^2 E^2} \int_0^{a_1} Q_1^{2\,2} dx \qquad (D.144)$$

$$Q_1^2(x) = \frac{F}{2b} \qquad (D.145)$$

Après l'intégration, on obtient :

$$\boxed{\int_0^{a_1} \omega_Q^{5n2,I} dx = \frac{3 a_1 (1+v^2)}{10 e^2 E^2} \left(\frac{F}{b}\right)^2} \qquad (D.146)$$

Donc, l'énergie de déformation de la zone I monocouche est :

$$\boxed{W_{I,monocouche} = \left[\frac{a_1^3 \left(1 - v^{2\,2}\right)}{2 e^{23} E^2} + \frac{3 a_1 (1+v^2)}{10 e^2 E^2}\right] \left(\frac{F}{b}\right)^2} \qquad (D.147)$$

D.6. CALCUL DE L'ÉNERGIE DE DÉFORMATION

Pour la zone bicouche $x \in [a_1, a_{x2}]$ avec a_{x2} varie de $L - a_2$ à $L_F + L_{FF}$, l'énergie de déformation élastique est calculé par le suivant :

$$W_{II,bicouche} = \sum_{i=1}^{2} \int_\omega \left(\omega_c^{5ni,II} + \omega_v^{5ni,II} + \omega_Q^{5ni,II} \right) dx \tag{D.148}$$

$$\omega_c^{5ni,II} = \frac{1}{2} \tilde{N}^i : \frac{\tilde{\tilde{S}}^i}{e^i} : \tilde{N}^i + \frac{1}{2} \tilde{M}^i : \frac{12 \tilde{\tilde{S}}^i}{e^{i3}} : \tilde{M}^i \tag{D.149}$$

$$\omega_c^{5ni,II} = \frac{1}{2} \frac{1}{e^i} \left(S_{1111}^i {N_{11}^i}^2 + S_{2222}^i {N_{22}^i}^2 + 2 S_{1122}^i N_{11}^i N_{22}^i \right)$$
$$+ \frac{1}{2} \frac{12}{e^{i3}} \left(S_{1111}^i {M_{11}^i}^2 + S_{2222}^i {M_{22}^i}^2 + 2 S_{1122}^i M_{11}^i M_{22}^i \right) \tag{D.150}$$

$$\omega_c^{5ni,II} = \frac{1}{2} \frac{1}{e^i} \left(\frac{1}{E^i} {N_{11}^i}^2 + \frac{1}{E^i} v^i {N_{11}^i}^2 + 2 \left(\frac{-v^i}{E^i} \right) N_{11}^i (v^i N_{11}^i) \right)$$
$$+ \frac{1}{2} \frac{12}{e^{i3}} \left(\frac{1}{E^i} {M_{11}^i}^2 + \frac{1}{E^i} v^i {M_{11}^i}^2 + 2 \left(\frac{-v^i}{E^i} \right) M_{11}^i (v^i M_{11}^i) \right) \tag{D.151}$$

$$\boxed{\omega_c^{5ni,II} = \frac{1 - v^{i2}}{2 E^i} \left(\frac{1}{e^i} {N_{11}^i}^2 + \frac{12}{e^{i3}} {M_{11}^i}^2 \right)} \quad ; i \in [1,2] \tag{D.152}$$

$$\omega_v^{5ni,II} = \frac{1}{2} S_v^i \left[e^i \left(\frac{v^{i,i+1} + v^{i-1,i}}{2} \right)^2 + \frac{e^i}{12} \left(\frac{6}{5} \left(v^{i,i+1} - v^{i-1,i} \right) \right)^2 + \frac{e^i}{700} \left(v^{i,i+1} - v^{i-1,i} \right)^2 \right] \tag{D.153}$$

$$\omega_v^{5ni,II} = \frac{e^i}{2} \frac{1}{E^i} \left[\frac{(v^{i,i+1} + v^{i-1,i})^2}{4} + \frac{1}{12} \frac{36}{25} \left(v^{i,i+1} - v^{i-1,i} \right)^2 + \frac{1}{700} \left(v^{i,i+1} - v^{i-1,i} \right)^2 \right] \tag{D.154}$$

$$\boxed{\omega_v^{5ni,II} = \frac{e^i}{2 E^i} \left[\frac{(v^{i,i+1} + v^{i-1,i})^2}{4} + \frac{17}{140} \left(v^{i,i+1} - v^{i-1,i} \right)^2 \right]} \quad ; i \in [1,2] \tag{D.155}$$

$$\omega_Q^{5ni,II} = \frac{1}{2} \left[\tilde{Q}^i \cdot \frac{\tilde{\tilde{S}}_Q^i}{e^i} \cdot \tilde{Q}^i + \left(\tilde{\tau}^{i,i+1} - \tilde{\tau}^{i-1,i} \right) \cdot \frac{\tilde{\tilde{S}}_Q^i e^i}{12} \cdot \left(\tilde{\tau}^{i,i+1} - \tilde{\tau}^{i-1,i} \right) \right.$$
$$\left. + \left(\tilde{Q}^i - \frac{e^i}{2} \left(\tilde{\tau}^{i,i+1} - \tilde{\tau}^{i-1,i} \right) \right) \cdot \frac{\tilde{\tilde{S}}_Q^i}{5 e^i} \cdot \left(\tilde{Q}^i - \frac{e^i}{2} \left(\tilde{\tau}^{i,i+1} + \tilde{\tau}^{i-1,i} \right) \right) \right] \tag{D.156}$$

$$\omega_Q^{5n1,II} = \frac{1}{2} \left[\frac{1}{G^1} \frac{Q_1^{12}}{e^1} + \frac{e^1}{12 G^1} \tau_1^{1,2 \, 2} + \frac{1}{5 G^1 e^1} \left(Q_1^1 - \frac{e^1}{2} \tau_1^{1,2} \right)^2 \right] \tag{D.157}$$

$$\omega_Q^{5n1,II} = \frac{1}{2} \left[Q_1^{12} \left(\frac{1}{e^1 G^1} + \frac{1}{5 e^1 G^1} \right) - \frac{Q_1^1}{5 G^1} \tau_1^{1,2} + \tau_1^{1,2 \, 2} \left(\frac{e^1}{12 G^1} + \frac{e^1}{20 G^1} \right) \right] \tag{D.158}$$

$$\boxed{\omega_Q^{5n1,II} = \frac{3}{5e^1 G^1} Q_1^{1^2} - \frac{1}{10 G^1} Q_1^1 \tau_1^{1,2} + \frac{e^1}{15 G^1} \tau_1^{1,2^2}}$$ (D.159)

$$\boxed{\omega_Q^{5n2,II} = \frac{3}{5e^2 G^2} Q_1^{2^2} - \frac{1}{10 G^2} Q_1^2 \tau_1^{1,2} + \frac{e^2}{15 G^2} \tau_1^{1,2^2}}$$ (D.160)

Pour la zone III monocouche $x \in [a_{x2}, L]$, le calcul se fait comme dans la zone I :

$$W_{III,monocouche} = \int_{a_{x2}}^{L} \omega_c^{5n2,III} dx + \int_{a_{x2}}^{L} \omega_v^{5n2,III} dx + \int_{a_{x2}}^{L} \omega_Q^{5n2,III} dx$$ (D.161)

$$\int_{a_{x2}}^{L} \omega_c^{5n2,III} dx = \frac{6(1 - v^{2^2})}{e^{2^3} E^2} \int_{a_{x2}}^{L} \left[^{III} M_{11}^2\right]^2 dx$$ (D.162)

On a

$$^{III} M_{11}^2 (x) = \frac{F}{2b}(L - x)$$ (D.163)

Après l'intégration, on obtient donc :

$$\boxed{\int_{a_{x2}}^{L} \omega_c^{5n2,III} dx = \frac{(1 - v^{2^2})(L - a_{x2})^3}{2 e^{2^3} E^2} \left(\frac{F}{b}\right)^2}$$ (D.164)

$$\boxed{\int_{a_{x2}}^{L} \omega_v^{5n2,III} dx = 0}$$ (D.165)

$$\int_{a_{x2}}^{L} \omega_Q^{5n2,III} dx = \frac{3}{5 e^2 G^2} \int_{0}^{a_1} \left[^{III} Q_1^2\right]^2 dx$$ (D.166)

On a

$$^{III} Q_1^2 (x) = -\frac{F}{2b}$$ (D.167)

Après l'intégration, on obtient :

$$\boxed{\int_{a_{x2}}^{L} \omega_Q^{5n2,III} dx = \frac{3(1 + v^2)(L - a_{x2})}{10 e^2 E^2} \left(\frac{F}{b}\right)^2}$$ (D.168)

Donc, l'énergie de déformation de la zone III monocouche est :

$$\boxed{W_{III,monocouche} = \left[\frac{(1 - v^{2^2})(L - a_{x2})^3}{2 e^{2^3} E^2} + \frac{3(1 + v^2)(L - a_{x2})}{10 e^2 E^2}\right] \left(\frac{F}{b}\right)^2}$$ (D.169)

On obtient finalement l'énergie potentielle élastique W_e pour l'éprouvette bicouche comme indiquée ci-dessous.

D.6. CALCUL DE L'ÉNERGIE DE DÉFORMATION

$$\begin{aligned}
W_e = & \left[\frac{\left(1-v^{2^2}\right)\left[a_1^3 + (L-a_{x2})^3\right]}{2e^{2^3}E^2} + \frac{3(1+v^2)\left[a_1 + (L-a_{x2})\right]}{10e^2 E^2} \right] \left(\frac{F}{b}\right)^2 \\
& + \frac{1-v^{1^2}}{2E^1} \left(\frac{1}{e^1} \int_{a_1}^{a_{x2}} \left[N_{11}^1\right]^2 dx + \frac{12}{e^{1^3}} \int_{a_1}^{a_{x2}} \left[M_{11}^1\right]^2 dx \right) \\
& + \frac{1-v^{2^2}}{2E^2} \left(\frac{1}{e^2} \int_{a_1}^{a_{x2}} \left[N_{11}^2\right]^2 dx + \frac{12}{e^{2^3}} \int_{a_1}^{a_{x2}} \left[M_{11}^2\right]^2 dx \right) \\
& + \frac{13 e^1}{70 E^1} \int_{a_1}^{a_{x2}} \left[v^{1,2}\right]^2 dx + \frac{e^2}{2E^2} \int_{a_1}^{a_{x2}} \left[\frac{\left(v^{2,3}+v^{1,2}\right)^2}{4} + \frac{17}{140}\left(v^{2,3}-v^{1,2}\right)^2 \right] dx \\
& + \frac{3}{5 e^1 G^1} \int_{a_1}^{a_{x2}} \left[Q_1^1\right]^2 dx + \frac{3}{5 e^2 G^2} Q_1^{2^2} \int_{a_1}^{a_{x2}} \left[Q_1^2\right]^2 dx - \frac{1}{10} \int_{a_1}^{a_{x2}} \left(\frac{Q_1^1}{G^1} + \frac{Q_1^2}{G^2}\right) \tau_1^{1,2} dx \\
& + \frac{1}{15} \left(\frac{e^1}{G^1} + \frac{e^2}{G^2} \right) \int_{a_1}^{a_{x2}} \left[\tau_1^{1,2}\right]^2 dx
\end{aligned}$$

(D.170)

On a pour $i = [1,2]$:

(C.24) : $\quad N_{11}^i(x) = \dfrac{e^i E^i}{1-v^{i^2}} U_1^{i'}(x)$ \hfill (D.171)

(C.25) : $\quad M_{11}^i(x) = \dfrac{e^{i^3} E^i}{12\left(1-v^{i^2}\right)} \Phi_1^{i'}(x)$ \hfill (D.172)

(C.26) : $\quad \tau_1^{i,i+1}(x) = \tau_1^{i-1,i}(x) - \dfrac{e^i E^i}{1-v^{i^2}} U_1^{i''}(x)$ \hfill (D.173)

(C.29) : $\quad v^{i,i+1}(x) = v^{0,1}(x) - \sum_{k=1}^{i} Q_1^{k'}(x)$ \hfill (D.174)

$\quad\quad\quad$: $\quad G^i = \dfrac{E^i}{2\left(1+v^i\right)}$ \hfill (D.175)

Alors, l'énergie potentielle élastique W_e peut s'écrire :

$$W_e = \left[\frac{\left(1-v^{2^2}\right)\left[a_1^3 + (L-a_{x2})^3\right]}{2e^{2^3}E^2} + \frac{3(1+v^2)[a_1 + (L-a_{x2})]}{10e^2E^2}\right]\left(\frac{F}{b}\right)^2$$

$$+ \frac{e^1E^1}{2\left(1-v^{1^2}\right)}\int_{a_1}^{a_{x2}}\left[U_1^{1\prime}\right]^2 dx + \frac{e^2E^2}{2\left(1-v^{2^2}\right)}\int_{a_1}^{a_{x2}}\left[U_1^{2\prime}\right]^2 dx$$

$$+ \frac{e^{1^3}E^1}{12\left(1-v^{1^2}\right)}\int_{a_1}^{a_{x2}}\left[\Phi_1^{1\prime}\right]^2 dx + \frac{e^{1^3}E^1}{12\left(1-v^{2^2}\right)}\int_{a_1}^{a_{x2}}\left[\Phi_1^{1\prime}\right]^2 dx$$

$$+ \frac{13e^1}{70E^1}\int_{a_1}^{a_{x2}}\left[Q_1^{1\prime}\right]^2 dx + \frac{e^2}{2E^2}\int_{a_1}^{a_{x2}}\left[\frac{\left(2Q_1^{1\prime}+Q_1^{2\prime}\right)^2}{4} + \frac{17}{140}\left(Q_1^{2\prime}\right)^2\right]dx \quad \text{(D.176)}$$

$$+ \frac{6(1+v^1)}{5e^1E^1}\int_{a_1}^{a_{x2}}\left[Q_1^1\right]^2 dx + \frac{6(1+v^2)}{5e^2E^2}\int_{a_1}^{a_{x2}}\left[Q_1^2\right]^2 dx$$

$$+ \frac{e^1E^1}{5\left(1-v^{1^2}\right)}\int_{a_1}^{a_{x2}}\left[\frac{(1+v^1)}{E^1}Q_1^1 + \frac{(1+v^2)}{E^2}Q_1^2\right]U_1^{1\prime\prime} dx$$

$$+ \frac{2}{15}\left(\frac{e^1E^1}{1-v^{1^2}}\right)^2\left(\frac{e^1(1+v^1)}{E^1} + \frac{e^2(1+v^2)}{E^2}\right)\int_{a_1}^{a_{x2}}\left[U_1^{1\prime\prime}\right]^2 dx$$

D.7 Confrontation des résultats : M4-5n avec éléments finis

D.7.1 Définition des efforts généralisés éléments finis

Les efforts intérieurs généralisés éléments finis approchés sont définis à partir des définitions des efforts généralisés de la couche i d'un multicouche du modèle M4-5n. On fait rappeler respectivement les définitions d'efforts membranaires, les efforts tranchants et les moments membranaires de la couche i du modèle M4-5n :

$$N_{\alpha\beta}^i(x,y) = \int_{h_i^-}^{h_i^+} \sigma_{\alpha\beta}(x,y,z)\, dz \quad \text{(D.177)}$$

$$Q_{\alpha}^i(x,y) = \int_{h_i^-}^{h_i^+} \sigma_{\alpha 3}(x,y,z)\, dz \quad \text{(D.178)}$$

$$M_{\alpha\beta}^i(x,y) = \int_{h_i^-}^{h_i^+} \left(z - \overline{h}_i\right)\sigma_{\alpha\beta}(x,y,z)\, dz \quad \text{(D.179)}$$

Le Figure D.3 illustre l'ensemble de notations afin de calculer les efforts généralisés éléments finis.

Les efforts intérieurs généralisés éléments finis approchés pour chaque tranche i

d'éléments s'écrivent donc :

$$N_{xx}^{couche}(i) = \sum_{j=1}^{m} (z_j - z_{j-1}) \sigma_{xx}^j(j) \tag{D.180}$$

$$Q_{x}^{couche}(i) = \sum_{j=1}^{m} (z_j - z_{j-1}) \sigma_{xz}^j(j) \tag{D.181}$$

$$M_{xx}^{couche}(i) = \sum_{j=1}^{m} \left(\frac{z_j + z_{j-1}}{2} - \frac{z_m + z_0}{2} \right) \frac{z_j - z_{j-1}}{2} \sigma_{xx}^j(j) \tag{D.182}$$

avec

i une tranche d'éléments entre les nœuds d'abscisses x_j et x_{j+1}

z_j les cotes de chaque nIJud où l'indice j varie de 0 à m (m étant le nombre d'éléments selon l'épaisseur e^{couche} d'une couche

$z_j - z_{j-1}$ la hauteur de l'élément j

σ_{xx}^j contrainte membranaire moyenne de l'élément j

σ_{xz}^j contrainte de cisaillement moyenne de l'élément j

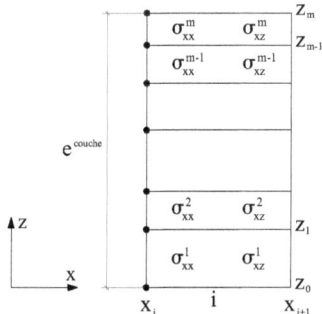

FIGURE D.3 – *Notations dans une tranche i d'éléments et contraintes moyennes par élément*

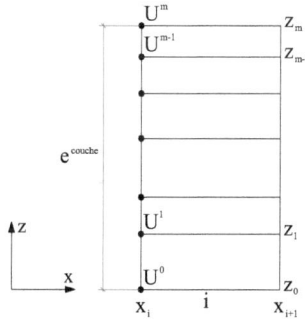

FIGURE D.4 – *Calcul du déplacement moyen d'une couche*

D.7.2 Définition des efforts généralisés éléments finis

On rappelle les définitions des déplacements généralisées du M4-5n. En utilisant ces mêmes définitions, on peut calculer les champs de déplacements généralisés approchés éléments finis :

- Champ de déplacement membranaire moyen de la couche i :

$$U_{\alpha}^i(x) = \int_{h_i^-}^{h_i^+} \frac{U_{\alpha}(x,z)}{e^i} dz \tag{D.183}$$

- Champ de déplacement vertical moyen de la couche i :

$$U_3^i(x) = \int_{h_i^-}^{h_i^+} \frac{U_3(x,z)}{e^i} \mathrm{d}z \qquad (D.184)$$

- Champ de rotation moyen de la couche i :

$$\Phi_\alpha^i(x) = \int_{h_i^-}^{h_i^+} \frac{12\left(z - \bar{h}^i\right)}{e^i} U_\alpha(x,z)\mathrm{d}z \qquad (D.185)$$

Sur la Figure D.4, les notations des déplacements calculés par éléments finis aux différents nœuds d'ordonnées à l'abscisse sont représentées.

Afin de comparer les résultats calculés par éléments finis CESAR-CLEO avec ceux calculés par M4-5n, on calcule les champs de déplacement moyen d'une couche comme les suivants :

- Déplacement membranaire transverse moyen U_x^{couche} d'une couche en $x = x_i$:

$$U_x^{couche}\bigg|_{x=x_i} = \frac{U_x^0\left(\frac{z_1-z_0}{2}\right) + \sum_{j=1}^{m-1} U_x^j\left(\frac{z_{j+1}-z_{j-1}}{2}\right) + U_x^m\left(\frac{z_m-z_{m-1}}{2}\right)}{e^{couche}}\bigg|_{x=x_i} \qquad (D.186)$$

- Déplacement vertical moyen U_3^{couche} d'une couche en $x = x_i$:

$$U_3^{couche}\bigg|_{x=x_i} = \frac{U_3^0\left(\frac{z_1-z_0}{2}\right) + \sum_{j=1}^{m-1} U_3^j\left(\frac{z_{j+1}-z_{j-1}}{2}\right) + U_3^m\left(\frac{z_m-z_{m-1}}{2}\right)}{e^{couche}}\bigg|_{x=x_i} \qquad (D.187)$$

- Et la rotation éléments finis approchée Φ_x^{couche} d'une couche en $x = x_i$:

$$\Phi_x^{couche}\bigg|_{x=x_i} = \frac{12}{e^{couche^3}} \left[\sum_{j=1}^{m}\left(\frac{z_j+z_{j-1}}{2} - \frac{z_m+z_0}{2}\right)(z_j-z_{j-1})\left(\frac{U_x^{j-1}+U_x^j}{2}\right)\right]_{x=x_i} \qquad (D.188)$$

où

U_x^i est le déplacement membranaire au nœud d'ordonnée z_j

U_3^i est le déplacement vertical au nœud d'ordonnée z_j

D.7.3 Comparaison des contraintes de cisaillement et d'arrachement

Les Figure D.5 et Figure D.6 sont représentées respectivement le champ de contrainte de cisaillement et d'arrachement éléments finis et M4-5n aux interfaces entre couche 1,2. Selon les diagrammes montrés dans ces figures, on note d'excellentes corrélations à l'intérieur du multicouche. Par contre au bord du multicouche, il existe des différences. Les courbes indiquent la convergence du calcul en fonction de la finesse de maillage. De fait, la convergence est rapidement obtenue ce qui nous a permis de relâcher le maillage au voisinage du bord de la couche. Pour comparer les résultats, sur la Figure D.7, sont données les résultantes d'effort obtenues avec des différents types de maillages de CESAR-CLEO2D ainsi que celles M4-5n.

D.7. CONFRONTATION DES RÉSULTATS : M4-5N AVEC ÉLÉMENTS FINIS 243

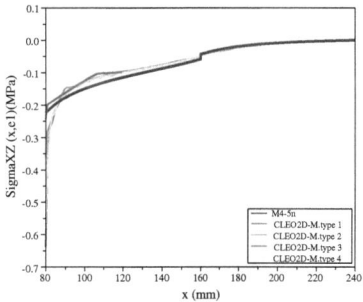
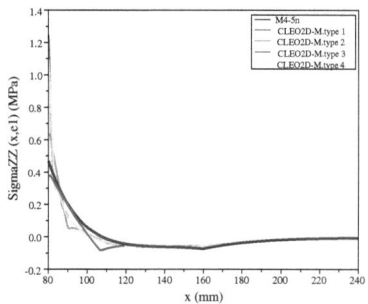

FIGURE D.5 – *Comparaison EF/M4-5n : Contrainte de cisaillement* $\tau_1^{1,2}(x)$ *ou* $\sigma_{xz}(x, e^1)$

FIGURE D.6 – *Comparaison EF/M4-5n : Contrainte d'arrachement* $v^{1,2}(x)$ *ou* $\sigma_{zz}(x, e^1)$

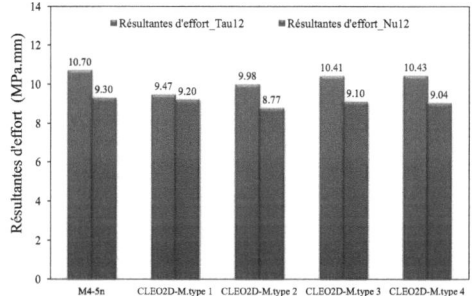

FIGURE D.7 – *Résultantes d'effort calculées par M4-5n et par CESAR-CLEO2D*

D.7.4 Comparaisons des champs d'efforts EF et des champs analytiques du M4-5n

D.7.4.1 Effort membranaire de la couche i

Par l'intégrale de $\sigma_{xx}(x, z)$ sur l'épaisseur de la couche i, les efforts membranaires transverse dans les deux couches sont représentés sur les Figure D.8 et Figure D.9.

D.7.4.2 Moment membranaire de la couche i

Sur les Figure D.10 et Figure D.11 sont illustrés respectivement les moments membranaires $M_{11}^i(x)$ de la couche 1 et de la couche 2. La solution analytique est comparable avec la solution éléments finis.

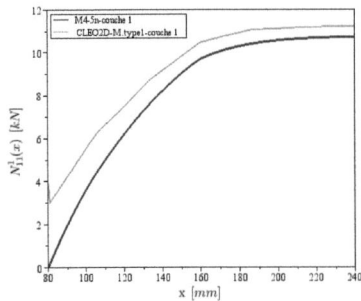

FIGURE D.8 – *Comparaison EF/M4-5n : Effort membranaire de la couche 1*

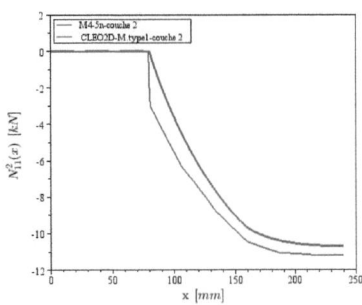

FIGURE D.9 – *Comparaison EF/M4-5n : Effort membranaire de la couche 2*

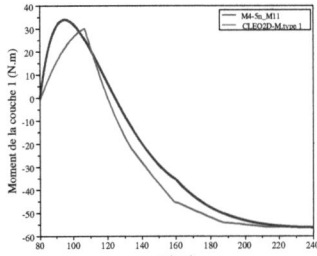

FIGURE D.10 – *Comparaison EF/M4-5n : Moment membranaire de la couche 1 $M_{11}^1(x)$*

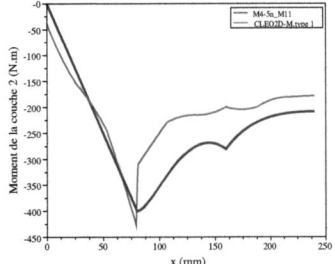

FIGURE D.11 – *Comparaison EF/M4-5n : Moment membranaire de la couche 2 $M_{11}^2(x)$*

D.7.4.3 Effort tanchant de la couche i

Les efforts tranchants dans chaque couche sont représentés sur les Figure D.12 et Figure D.13. La bonne concordance des résultats par les deux calculs est vérifiée.

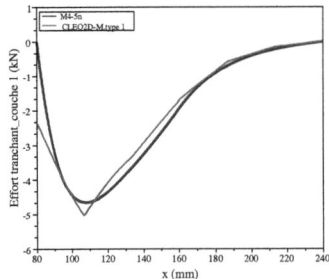

FIGURE D.12 – *Comparaison EF/M4-5n : Effort tranchant de la couche 1 $Q_1^1(x)$*

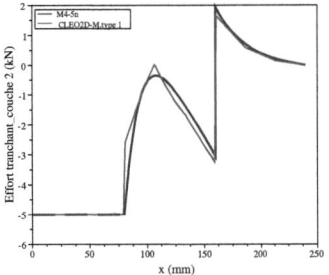

FIGURE D.13 – *Comparaison EF/M4-5n : Effort tranchant de la couche 2 $Q_1^2(x)$*

D.7.4.4 Contrainte σ_{xx} de la couche i

Les Figure D.15 et Figure D.14 représentent respectivement la contrainte $\sigma_{xx}(x,z)$ en dessus de la couche 2 et en bas de la couche 1.

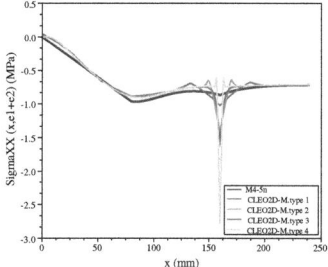

FIGURE D.14 – *Comparaison EF/M4-5n : Contrainte $\sigma_{xx}(x, e^1 + e^2)$ en dessus de la couche 2*

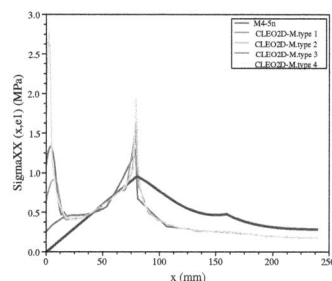

FIGURE D.15 – *Comparaison EF/M4-5n : Contrainte $\sigma_{xx}(x, e^1)$ en bas de la couche 2*

D.7.5 Comparaisons des champs de déplacements EF et des champs analytiques du M4-5n

Les champs de déplacements éléments finis ne sont calculés que pour le maillage de type 1. Et pour les maillages de type 2, 3 et 4, on a exploité au niveau de ligne neutre de chaque couche afin de comparer avec les solutions analytiques du modèle M4-5n.

D.7.5.1 Déplacement membranaire transverse de la couche i

Les allures de courbes de déplacements membranaires moyens éléments finis et du modèle M4-5n sont représentées sur les Figure D.16 et Figure D.17. On note une excellence résultat du M4-5n par rapport aux EF.

D.7.5.2 Déplacement vertical de la couche i

Les Figure D.18 et Figure D.19 sont réprésentées respectivement le déplacement vertical de la couche 1 et de la couche 2.

D.7.5.3 Rotation de la couche i

Les Figure D.18 et Figure D.19 sont réprésentées respectivement la rotation de la couche 1 et de la couche 2.

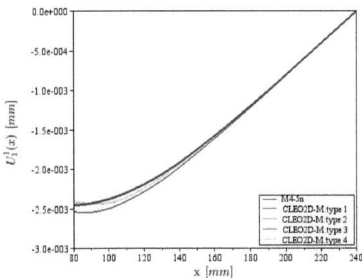

FIGURE D.16 – *Comparaison EF/M4-5n : Déplacement membranaire transverse de la couche 1*

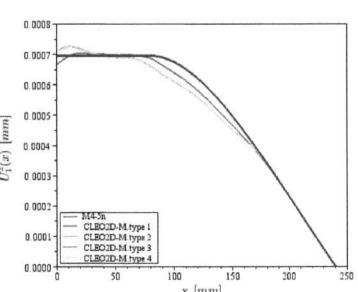

FIGURE D.17 – *Comparaison EF/M4-5n : Déplacement membranaire transverse de la couche 2*

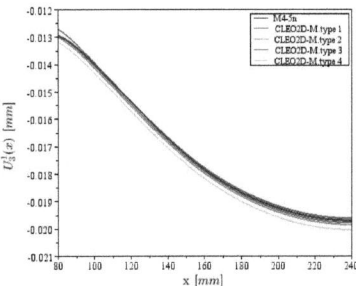

FIGURE D.18 – *Comparaison EF/M4-5n : Déplacement vertical de la couche 1*

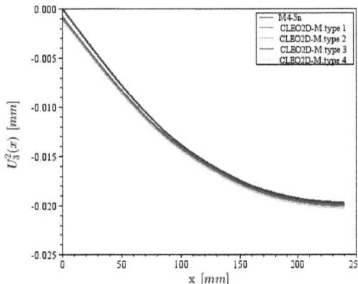

FIGURE D.19 – *Comparaison EF/M4-5n : Déplacement vertical de la couche 2*

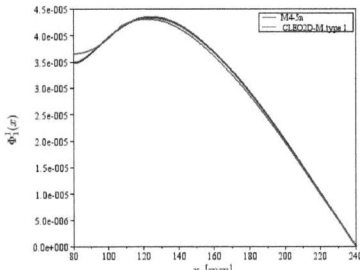

FIGURE D.20 – *Comparaison EF/M4-5n : Rotation de la couche 1*

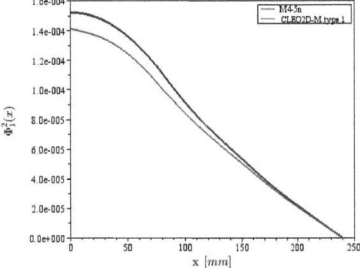

FIGURE D.21 – *Comparaison EF/M4-5n : Rotation de la couche 2*

DISPOSITIF EXPÉRIMENTAL DE L'ESSAI DE FLEXION 4 POINTS

E.1 Description des matériels utilisés

Les capteurs utilisés pour mesurer le déplacement s'appellent les capteurs LVDT de chez Tesa, type GT22HP. Ses caractéristiques sont :
- Course mécanique : ±2,5mm
- Étendue de mesure : ±2mm
- Température d'emploi : -10 à 65°C
- Fréquence limite de fonctionnement mécanique : 60Hz
- Erreur de linéarité de 0,07+0,4L sur une plage de 0,2mm

La vérification du capteur est faite à l'aide de la valise Depco et de l'affichage de la presse MTS. Le Tableau représente la vérification de mesure des capteurs.

La jauge de déformation de 50mm de longueur de chez HBM est utilisée dans cette étude. Cette longueur doit être supérieur ou égal à 3 fois de la taille maximale de granulat de matériau ($L_{jauge} \geq 3D_{max}$). Ses caractéristiques sont présentées ci-dessous :
- Jauge type 50/120LY41
- Résistance : 120Ω±0,3%
- Facteur de jauge k : 2,11±1%
- Température d'emploi : -10 à 45°C

E.2 Préparation de jauge

La Figure E.1 illustre les étapes de préparation de jauge de déformation. On prépare d'abord la jauge. On met le scotch pour limiter la zone de collage sur la surface

Tableau E.1 – *Vérification de mesure du capteur par la valise Depco*

Valise Depco (µm)	Affichage de la presse MTS (µm) - Conditions ambiantes 20°C ± 1°C							
	Capteur R1	Ecart pour R1	Capteur R2	Ecart pour R2	Capteur R3	Ecart pour R3	Capteur R4	Ecart pour R4
10	9.7	-3.0%	10.6	6.0%	10.3	3.0%	10.6	6.0%
20	20.1	0.5%	20.5	2.5%	20.6	3.0%	20.8	4.0%
30	30.6	2.0%	30.8	2.7%	30.4	1.3%	30.8	2.7%
40	40.8	2.0%	41.0	2.5%	40.4	1.0%	40.8	2.0%
50	50.9	1.8%	50.6	1.2%	50.2	0.4%	50.8	1.6%
100	100.6	0.6%	100.9	0.9%	99.9	-0.1%	100.9	0.9%
200	201.3	0.7%	201.5	0.8%	200.4	0.2%	202.5	1.3%
300	301.3	0.4%	301.1	0.4%	300.1	0.0%	302.8	0.9%
400	401.5	0.4%	400.8	0.2%	400.1	0.0%	403.5	0.9%
500	501.6	0.3%	500.1	0.0%	500.1	0.0%	503.9	0.8%
600	601.4	0.2%	599.3	-0.1%	599.3	-0.1%	603.7	0.6%
700	702.2	0.3%	698.1	-0.3%	699.6	-0.1%	704.0	0.6%
800	802.2	0.3%	796.9	-0.4%	798.6	-0.2%	804.0	0.5%
900	901.8	0.2%	895.4	-0.5%	898.1	-0.2%	903.9	0.4%
1000	1000.6	0.1%	995.6	-0.4%	997.2	-0.3%	1003.3	0.3%
1500	1493.8	-0.4%	1475.1	-1.7%	1488.3	-0.8%	1495.6	-0.3%
1800	1784.5	-0.9%	1796.9	-0.2%	1786.2	-0.8%	1776.0	-1.3%
2000	1973.5	-1.3%	1996.3	-0.2%	1966.1	-1.7%	1970.0	-1.5%

qui est déjà poncée avec le papier à poncer et bien nettoyée avec l'acétone. Ensuite, on positionne la jauge sur l'alignement marqueur. On mélange la colle bi-composant de chez Vishay, type AE-10, pendant 5 min avant de mettre en place sur l'éprouvette. Puis on applique une pression uniforme (35 à 135 kN/m^2). Enfin, on laisse sécher la colle à la température de 20 °C pendant 24 à 48 heures pour obtenir une capacité de l'allongement maximale de 10%.

FIGURE E.1 – *Collage de la jauge*

E.3 Préparation de surface de l'éprouvette pour DIC

Pour obtenir le mouchetis sur l'éprouvette, les bombes aérosols sont utilisées. Le scotch est utilisé pour limiter la zone d'étude et également pour éviter la dispersion de spray lors de l'application de la bombe. On met d'abord une couche en noir et ensuite on crée un brouillard de peinture blanche pour créer le mouchetis (Figure E.2)

E.3. PRÉPARATION DE SURFACE DE L'ÉPROUVETTE POUR DIC

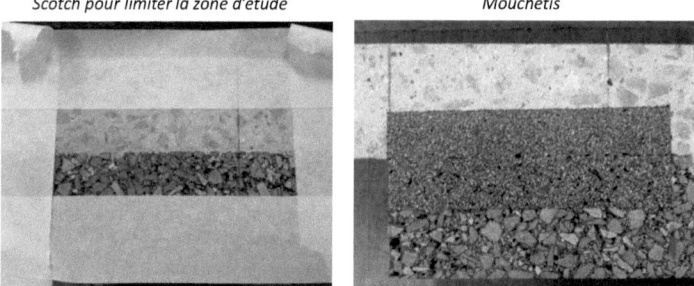

FIGURE E.2 – *Réalisation de motif sur l'éprouvette*

Influence de l'eau sur le décollement d'une interface par flexion d'un bicouche de chaussée urbaine

Résumé : Afin d'investiguer les mécanismes de décollement de chaussées urbaines, cette thèse se concentre sur leurs caractérisations en laboratoire. Dans ce travail, il s'agit de savoir si la présence d'eau (par infiltration dans les matériaux) combinée à des sollicitations mécaniques de flexion peut jouer un rôle dans la détérioration des interfaces couplant plus particulièrement du béton de ciment à de l'enrobé bitumineux. Un essai de flexion 4 points permettant de générer de la rupture d'interface en mode mixte (mode I et II) est choisi a priori et adapté. L'analyse mécanique de l'essai est menée en déformations planes à l'aide d'un Modèle élastique Multiparticulaire à Matériaux Multicouches spécifique dédié à l'étude des effets de bords dans les structures multicouches en flexion, le M4-5n. Le problème écrit analytiquement et résolu sous Scilab permet d'optimiser la géométrie des éprouvettes afin de favoriser le délaminage. Le montage de l'essai est mis au point en laboratoire. Des éprouvettes bicouches Alu/PVC sont utilisées pour calibrer le montage. Un aquarium spécifique est construit afin de pouvoir immerger les éprouvettes lors des essais sous eau. Les résultats expérimentaux mettent en évidence l'effet de la température sur la résistance de l'interface. Les techniques de corrélation d'images numériques sont utilisées pour mesurer expérimentalement les déplacements d'ouverture et de glissement de fissure. Ces techniques permettent de déterminer les facteurs d'intensité de contraintes et les taux de restitution donnés par Dundurs. Ces valeurs sont comparées avec succès à celles du M4-5n. A 20°C sous eau, les essais montrent que l'eau privilégie le processus de décollement.

Mots-clés : décollement, effet de l'eau, flexion 4 points, M4-5n, corrélation d'images numériques, chaussée

Water effect on interface debonding of a bilayer urban road structure subjected to bending

Abstract: In order to investigate the mechanisms of debonding of urban roads, this thesis focuses on their characterization in the laboratory. In this work, the idea is to know whether the presence of water (by infiltration into materials) combined with mechanical bending can play a role in the deterioration of the interfaces coupling especially of the cement concrete to the asphalt concrete. A 4-point bending test allowing to generate interface failure in mixed mode (mode I and II) is chosen a priori and adapted. The mechanical analysis of the test is conducted in plane strain with a Multi-particle elastic Model of Multilayer Materials specifically dedicated to the study of edge effects in multilayer structures under bending, the M4-5n. The problem written analytically and solved in Scilab allows optimizing the geometry of the specimens in order to facilitate the delamination. The testing device is developed in the laboratory. Bilayer specimens Alu/PVC are used to calibrate the testing device. In order to immerse the specimens in water during the tests, a specific aquarium is constructed. The experimental results demonstrate the effect of temperature on the resistance of the interface. The techniques of Digital Image Correlation are used to experimentally measure the crack opening and sliding displacement. These techniques are used to determine the stress intensity factors and the energy release rate given by Dundurs. These values are compared successfully with those of M4-5n. In the 20°C water, the experiments show that water privileges the process of debonding.

Keywords: debonding, water effect, 4-point bending, M4-5n, Digital Image Correlation, pavement

Discipline : Sciences de l'Ingénieur

Oui, je veux morebooks!

i want morebooks!

Buy your books fast and straightforward online - at one of world's fastest growing online book stores! Environmentally sound due to Print-on-Demand technologies.

Buy your books online at
www.get-morebooks.com

Achetez vos livres en ligne, vite et bien, sur l'une des librairies en ligne les plus performantes au monde!
En protégeant nos ressources et notre environnement grâce à l'impression à la demande.

La librairie en ligne pour acheter plus vite
www.morebooks.fr

VDM Verlagsservicegesellschaft mbH
Heinrich-Böcking-Str. 6-8　　Telefon: +49 681 3720 174　　info@vdm-vsg.de
D - 66121 Saarbrücken　　　Telefax: +49 681 3720 1749　　www.vdm-vsg.de

Printed by Books on Demand GmbH, Norderstedt / Germany